KB211437

조리 이론과 실무를 체계적으로 다룬 조리지침서

기초조리 이론 및 실무

최영진 · 김기남 · 이제웅 공저

백산출판사

머리말

고대 그리스의 의학자 히포크라테스는 "음식으로 치유할 수 없는 병은 약으로도 치유할 수 없다."라고 했습니다. 의사는 첨단 의학기술로 사람을 치료하고, 약사는 약을 통해 사람을 치료하는 것처럼 조리사는 음식을 통해 많은 이들에게 기쁨과 사랑을 전할 뿐만 아니라 보다 건강한 삶을 살아갈 수 있도록 해줍니다. 만약 의사가 수술에 대한 기초지식 없이 환자를 수술하거나 약사가 약에 대한 기초지식 없이 약을 조제한다면 어떠한 일이 벌어질지는 여러분들이 더 잘 알 것입니다. 마찬가지로 조리사가 조리에 대한 기초기능과 기초지식 없이 음식을 만든다면 고객을 만족시키지 못할 뿐만 아니라 건강에 악영향을 끼칠 수도 있습니다.

조리에 입문하게 되면 누구나 최고의 조리사를 꿈꾸게 됩니다. 하지만 이처럼 기초적인 지식 없이는 최고가 되더라도 그 자리를 지키기 힘들 것입니다. 최고의 조리사를 꿈꾸는 여러분들에게 좀 더 기본에 충실하라는 당부의 말씀을 전하고자 합니다. 이에 저자들은 여러분이 이론과 실무를 겸비한 조리사가 되길 바라면서 오랜 실무경험과 교육경험을 바탕으로 본서를 집필하게 되었습니다.

본 교재는 조리에 필요한 이론과 실무를 체계적으로 다룬 조리지침서로서, 전문조리사가 되기 위해서는 반드시 숙지해야 할 내용들이며, 조리에 입문한 학생들뿐만 아니라 현장에 있는 조리실무자에게도 유익한 길잡이가 될 것입니다. 저자들 또한 실무를 경험한 선배 조리사이자 교육자로서 훌륭한 멘토가 되도록 최선의 노력을 다하겠습니다.

이 한 권의 책이 여러분에게 단비 같은 존재가 되었으면 하는 작은 소망을 가져봅니다.

2013년

저자 일동

차 례

Part 1 • 기초조리 이론편

Part 2 • 기초조리 기본편

Part 3 • 기초조리 실기편

Part 4 • 조리전문용어

응시자격

Ⅰ. 기술사

1. 기사의 자격을 취득한 후 응시하고자 하는 종목이 속하는 직무분야(노동령으로 정하는 유사 직무분야를 포함한다. 이하 "동일 직무분야"라 한다)에서 4년 이상 실무에 종사한 자.
2. 산업기사의 자격을 취득한 후 응시하고자 하는 종목이 속하는 동일 직무분야에서 6년 이상 실무에 종사한 자.
3. 기능사의 자격을 취득한 후 응시하고자 하는 종목이 속하는 동일 직무분야에서 8년 이상 실무에 종사한 자.
4. 4년제 대학 졸업자 또는 이와 동등 이상의 학력이 있다고 인정되는 자(이하 "대학 졸업자 등"이라 한다)로서 졸업 후 응시하고자 하는 종목이 속하는 동일 직무분야에서 7년 이상 실무에 종사한 자.
5. 기술자격 종목별로 기사의 수준에 해당하는 교육훈련을 실시하는 기관으로서 고용노동부령이 정하는 교육훈련기관의 기술훈련과정을 이수한 자로서 이수 후 동일 직무분야에서 7년 이상 실무에 종사한 자.
6. 전문대학 졸업자 또는 이와 동등 이상의 학력이 있다고 인정되는 자(이하 "전문대학 졸업자 등"이라 한다)로서 졸업 후 응시하고자 하는 종목이 속하는 동일 직무분야에서 9년 이상 실무에 종사한 자.

※ 4년제 대학 전 과정의 1/2 이상을 마치고 9년 이상 실무에 종사한 자도 포함.

7. 기술자격 종목별로 산업기사의 수준에 해당하는 교육훈련을 실시하는 기관으로서 고용노동부령이 정하는 교육훈련기관의 기술훈련과정을 이수한 자로서 이수 후 동일 직무분야에서 9년 이상 실무에 종사한 자.
8. 응시하고자 하는 종목이 속하는 동일 직무분야에서 11년 이상 실무에 종사한 자.
9. 외국에서 동일한 등급 및 종목에 해당하는 자격을 취득한 자.

Ⅱ. 기능장

1. 응시하고자 하는 종목이 속하는 동일 직무분야의 산업기사 또는 기능사의 자격을 취득한 후 기능대학법에 의하여 설립된 기능대학의 기능장 과정을 이수한 자 또는 그 이수 예정자.
2. 산업기사 자격을 취득한 후 동일 직무분야에서 6년 이상 실무에 종사한 자.
3. 기능사의 자격을 취득한 후 응시하고자 하는 종목이 속하는 동일 직무분야에서 8년 이상 실무에 종사한 자.
4. 응시하고자 하는 종목이 속하는 동일 직무분야에서 11년 이상 실무에 종사한 자.
5. 외국에서 동일한 등급 및 종목에 해당하는 자격을 취득한 자.

Ⅲ. 산업기사

1. 기능사의 자격을 취득한 후 응시하고자 하는 종목이 속하는 동일 직무분야에서 1년 이상 실무에 종사한 자.
2. 다른 종목의 산업기사의 자격을 취득한 자.
3. 전문대학 졸업자 등 또는 그 졸업 예정자(2학년에 재학 중인 자 또는 1학년 수료 후 중퇴자를 포함한다) ※ 4년제 대학 전 과정의 1/2 이상 마친 자도 포함.
4. 기술자격 종목별로 산업기사의 수준에 해당하는 교육훈련을 실시하는 기관으로서 고용노동부령이 정하는 교육훈련기관의 기술훈련과정을 이수한 자 또는 그 이수 예정자.

5. 국제기능올림픽대회나 고용노동부장관이 인정하는 국내기능대회에서 입상한 자와 기능장려법에 의하여 명장으로 선정된 자.

※ 입상한 자의 범위는 1, 2, 3위를 말함.

6. 응시하고자 하는 종목이 속하는 동일 직무분야에서 2년 이상 실무에 종사한 자.
7. 외국에서 동일한 등급 및 종목에 해당하는 자격을 취득한 자.
8. 학점인정등에관한법률 제8조의 규정에 의하여 전문대학 졸업자와 동등의 학력을 인정받은 자 또는 동법 제7조의 규정에 의하여 41학점 이상을 인정받은 자.

※ 정규대학 재학(휴학) 중인 자는 해당되지 않음. (학점인정법률에 의한 학점 이수자는 고등교육법에 의거 정규대학 재학 또는 휴학 중인자는 해당되지 않으며 한국교육개발원에서 학력 또는 학점을 인정받아야 함)

Ⅳ. 기능사

자격등급	검정방법	
	필기시험	면접시험 또는 실기시험
식품기술사	단답형 또는 주관식 논문형 (100점 만점에 60점 이상)	구술형 면접시험 (100점 만점에 60점 이상)
조리기능장	객관식 4지택일형(60문항) (100점 만점에 60점 이상)	작업형(100점 만점에 60점 이상) 한식 포함 전공(양 · 일 · 중 · 복어) 선택
조리산업기사 (한 · 일 · 양 · 중식, 복어)	객관식 4지택일형 과목당 20문항(100점 만점에 60점 이상) 과목당 40점 이상(전 과목 평균 60점 이상)	작업형 (100점 만점에 60점 이상)
기능사	객관식 4지택일형(60문항) (100점 만점에 60점 이상)	작업형 (100점 만점에 60점 이상)

Part 1

기초조리 이론편

Part 1

기초조리 이론편

1. 조리의 의의와 목적

1) 조리의 의의

조리란 식품에 조미료를 첨가하여 가열하거나, 또는 다른 수단으로 음식물을 만드는 과정을 말한다. 즉 조리란 식품에 물리적 · 화학적 방법을 가하여 합리적인 음식물로 만드는 과정이다. 그래서 조리는 식품에 조미료를 첨가해서 맛을 내 기호에 맞도록 해야 하며, 우리의 건강을 지킬 수 있도록 위생적이어야 하고 영양효율을 높이며, 소화 · 흡수되기 쉬운 상태로 만드는 데 의의가 있다.

2) 조리의 목적

(1) 식품의 기호적 가치를 높인다

식품은 영양가, 맛 등이 잘 갖추어졌다 하더라도 식품 자체가 볼품이 없어 식욕을 자극하지 못하면 음식으로서의 가치가 떨어진다. 조리의 가장 큰 목적은 식품의 기호 즉 맛, 향, 질감, 시각적 효과를 높임으로써 식욕을 증진시켜 음식의 기호도를 높이는 데 있다.

(2) 식품의 영양적 가치를 높인다

물리적 · 화학적 · 기술적 방법을 이용하여 음식을 만드는 과정에서 조리사는 고객에게 제공될 음식의 소화 흡수 및 영양을 고려하여 만들어야 한다. 단단한 부분을 연하게 하여 먹기 좋게 만들고, 소화 흡수율을 높여 영양효과를 증진시키고 가열조리와 같은 조작 등으로 인하여 발생되는 영양소의 유출과 파괴를 최소화하는 방법을 연구하는 것이 조리의 중요한 목적 중 하나이다.

(3) 식품의 안전성을 높인다

인류 질병의 80%가 소화기 질환으로서 식생활과 직 · 간접적으로 관련이 있기 때문에 위생과 식품은 절대적인 관계가 있는 매우 중요한 구성요소이다. 주방에서 조리사 한 사람이 만드는 조리식품은 수많은 사람의 생명과 직결되는 것이므로 병원성 세균, 해충, 독성을 제거하고 식품의 부패와 변패 등의 위해요인으로부터 식품의 안전성을 확보하여 위생적으로 관리해야 한다. 위생관리는 어느 특정인이나 특정한 기관에서 주관하여 담당하는 것이 아니므로 조리사 자신이 위생의식을 투철하게 갖춰 조리업무에 임해야 한다.

(4) 저장성을 높여준다

조리과정을 통하여 식품의 수분함량을 줄이거나 소금 등의 첨가로 수분활성을 낮춰 미생물의 생육 및 번식을 막을 수 있고 가열에 의한 효소의 불활성화를 통하여 식품의 변패를 막을 수 있다.

2. 조리사의 자세

조리사란 여러 가지 식재료를 혼합하여 그 식재료의 고유한 맛을 유지하거나 한층 더 맛을 돋우는가 하면 새로운 방법으로 독특한 맛을 창조하는 사람을 말한다. 음식을 잘 만드는 것은 기본이고 새로운 메뉴의 개발 및 창의성 등이 필요하며, 조리사에게는 전문기술과 지식뿐만 아니라 자기가 만든 음식을 통하여 먹는 이에게 기쁨과 행복은 물론이며 건강까지 책임진다는 자부심을 가져야 할 것이다. 또한 조리는 과학이며, 종합예술이라는 생각을 가지고 예술적 감각과 과학적 지식을 습득하고 식품을 조리함에 있어 정성을 다하고, 위생적으로 안전하게, 시각적으로 보기 좋게, 미각적으로 맛있게, 영양적으로 영양소 파괴를 최소화시키며, 경제적으로는 절약하는 자세가 필요하다.

1) 조리사의 기본자세

(1) 예술가의 자세

조리는 인간의 기본적 욕구를 충족시켜 주는 창작행위이다. 조리는 과학이며, 또한 예술이라는 의식을 갖고, 조리에 있어서 예술적인 감각을 가미시킬 수 있는 자질을 향상시킬 수 있도록 노력하여 고객이 다시 한 번 기억할 수 있게 정성을 다한 최상의 요리를 제공할 수 있는 노력을 해야 한다.

(2) 철저한 위생정신을 갖는다

위생은 조리사의 생명임을 명심하여, 개인의 위생은 물론이며, 작업환경을 항상 청결히 유지시키도록 하고, 식자재 선별에서부터 요리가 완성되어 고객에게 제공될 때까지 투철한 위생관념으로 위생상 문제가 제기되지 않도록 주의를 게을리하지 않는다.

(3) 항상 바른 자세를 갖는다

올바른 자세가 바른 생활의 근간임을 명심하여, 모든 생활 자세를 항상 바르게 갖도록 노력한다.

(4) 건강에 유념하여 심신을 바르게 한다

건강한 신체를 가짐으로써, 바른 정신이 깃들 수 있음을 주지하여 늘 건강한 신체를 유지할 수 있도록 노력한다.

(5) 정성을 다한 요리를 만든다

요리마다 최고의 정성을 다함으로써 고객이 감동할 수 있는 요리를 제공하도록 한다. 또한 고객의 기호에 맞고 영양가도 높으며 보다 더 맛있는 요리를 만들기 위해 노력한다.

(6) 철저한 시간관념을 갖는다

정확한 시간관념이 자기관리의 기본임을 명시하고, 일상생활 및 제반업무에 있어서 투철한 시간관념을 갖고 임하도록 한다.

(7) 바르고 순화된 언어만을 사용한다

올바르고 고운 언어만을 사용하여, 바른 마음가짐과 행동을 할 수 있도록 한다.

(8) 상부상조하며, 상호 협동하는 정신을 기른다

상호간에 서로 돕고, 협동하여 모든 업무에 있어서 능률을 배가시킬 수 있도록 한다. 그리고 인화 단결하는 작업 분위기를 조성하기 위하여 솔선수범하는 자세가 필요하다.

(9) 꾸준히 연구 개발하는 자세를 갖는다

항상 새로운 요리를 고객에게 제공할 수 있도록 연구, 개발하는 분위기를 조성하기 위한 노력을 게을리하지 않는다.

(10) 근검절약한다

일상생활에서는 근검절약을, 제반업무에는 원가절감을 실천할 수 있도록 한다. 즉 회사의 발전이 곧 나의 발전임을 인식하여 맡은바 직무에 최선을 다한다.

3. 위생과 안전

1) 개인위생 및 주방시설위생

(1) 개인위생

조리사가 모든 조리작업에 임하기 전에 자신이 어떠한 오염으로부터 안전한 상태를 유지하는 것을 개인위생이라 하며, 조리사가 전염병이나 다른 오염에 감염되었을 때는 1차적인 감염에 그치지 않고 다른 곳으로 전염시키는 중간역할을 하기 때문에 식품이나 기구오염보다 전염범위를 확산시킬 수 있다.

① 개인위생 점검사항

- 감기, 인후염, 피부병 및 전염성 질환의 감염 시 업무에 임하지 않는다.
- 손에 상처를 입었을 때는 즉시 소독 치료하고 직접적인 조리에는 임하지 않는다.
- 손은 항상 깨끗하게 유지하고 손톱은 짧게 깎고, 반지는 끼지 않는다.
- 샤워나 목욕을 자주 하여 신체를 깨끗하게 유지한다.
- 위생복의 상태를 항상 점검하고 더러워지면 즉시 갈아입는다.
- 조리 시 기침이나 재채기, 대화를 삼간다.
- 맛을 볼 때는 개별 기물을 이용하고 다시 사용할 경우 깨끗하게 씻는다.
- 화장실을 다녀온 후나 다른 물건을 만진 후에는 필히 손을 깨끗하게 닦는다.
- 멸균된 키친타월을 항상 휴대하며 더러워지면 바로 교환한다.
- 과로, 과음을 피하고 충분한 유식을 취한 후 조리에 임한다.
- 정기적인 신체검사 및 예방 접종을 받는다.
- 외출이나 타인과의 접촉 후에는 반드시 자신의 청결상태를 확인하는 습관을 갖는다.

② 위생의무 점검사항

- 항상 지신의 건강상태를 체크한다.
- 질병 예방에 따른 올바른 지식과 철저한 실천을 한다.
- 정기적인 신체검사와 예방접종을 받는다.
- 개인위생과 식품위생을 준수한다.
- 정기적인 위생교육을 이수한다.
- 시계, 반지 등을 착용하지 않는다.
- 손가락 및 국자에 입을 대어 맛보지 말고, 작은 그릇에 담아 맛을 본다.
- 더러운 도구나 장비가 음식에 닿지 않도록 한다.

(2) 주방시설 위생

주방에서 시설이란 주방이 차지하고 있는 공간에서부터 식품을 다루는 모든 기구와 장비를 총칭하는 말이다. 위생적인 음식을 만들고, 각종 장비의 청결관리로 사용기간을 연장하며, 식자재의 안전한 유지, 보수 및 원활한 사용을 위해 주방의 시설위생이 필수적이라 할 수 있다. 식용 가능한 식품을 이용하여 음식상품이 만들어지는 과정에서 조리사와 장비 및 식품취급상 인체의 위해를 방지할 수 있도록 충분하게 위생적으로 관리하여 식품에 세균이나 기타 인체에 위해한 물질이 함유되지 않도록 해야 할 것이다.

① 위생적 시설을 유지하기 위한 사항

■ 주방청소

- 주방은 1일 1회 이상 청소하여야 한다.
- 벽이나 바닥은 세균이나 곰팡이의 번식을 막을 수 있는 타일이나 항균재료를 사용하고 세척이 용이해야 한다.
- 주방의 적정온도는 섭씨 16~18℃와 65~75%의 습도를 유지한다.
- 통풍이 잘 되도록 통풍구와 환기시설을 갖추고 정기적으로 점검한다.
- 주방은 정기적으로 방제소독을 실시한다.
- 식재료 구입 시 들여온 포장지는 바로 회수토록 하여 각종 오염이나 해충의 번식을 막는다.
- 쓰고 남은 폐유는 버리지 말고 따로 모아 전문기관에서 수거하도록 한다.
- 주방에는 외부인의 출입을 금지하고 부득이한 경우 다른 장소를 이용한다.

■ 냉장고, 냉동고

- 내부는 항상 깨끗하게 사용하며 온도관찰에 유의한다. (특히 영업종료 시간 후 익일 영업개시까지)
- 냉장, 냉동고의 보관 식재료는 육류, 생선류, 채소류, 과일류, 소스류, 완제품, 반제품 등으로 철저히 분류하여 저장하고 소스류 등의 음식은 반드시 뚜껑을 덮어 보관한다.

• 선반과 구석진 곳은 특별히 청결하게 하며, 냉장고 청소 후에는 내부를 완전히 말린 후에 사용한다.

■ 기기류

• 사용 후 즉시 물과 세제를 이용하여 깨끗이 닦는다.
• 기기 내의 칼날을 비롯한 부속품은 물기를 제거하여 곰팡이나 병원균이 서식할 수 없도록 한다.
• 기계 내부 부속품에 물이 들어가지 않도록 한다.
• 딥팻프라이어(deep fat frier)의 경우 기름은 매일 뽑아내어 거르고 용기는 세제로 세척하여 찌꺼기가 남지 않도록 한다.
• 스팀솥(steam kettle)은 조리 후나 세척 후 물기가 남지 않도록 세워둔다.
• 이중냄비(bain-marie)는 물때가 끼지 않도록 하고 자주 닦아낸다.

■ 기물류

• 각종 기물이나 소도구는 파손이나 분실되지 않도록 사용 후에는 반드시 세척하여 제자리에 놓는다.
• 브로일러(broiler)와 쇠꼬챙이는 사용 후 세척하고 탄소화되어 눌어붙은 부분은 쇠솔로 깨끗이 닦아낸다.
• 오븐(oven) 속에서 자주 사용하는 팬(pan)은 음식물과 기름이 눌어붙어 탄소화되지 않도록 매번 닦는다.
• 프라이팬(fry pan) 사용 후에는 다음 사용자를 위하여 깨끗이 세척하여 열처리를 마친 후 제자리에 보관한다. (이때 세제는 사용하지 않는다.)
• 칼은 사용 후 깨끗이 닦아 물기를 없애 녹이 슬지 않도록 보관한다.
• 도마는 사용 후 깨끗이 닦아 물기를 제거하여 세워서 보관한다. (나무도마의 경우는 일광욕을 시킨다.)
• 모든 기구나 기물은 주방바닥에 내려놓은 채로 방치하지 않는다.
• 기물 세척 시 재질이 서로 다른 기물은 분리하여 세척한다.

■ 기 타

- 주방 내의 온도는 16~20℃, 습도는 70% 정도가 적합하며 항상 통풍이 잘되도록 환기시설을 가동시켜야 한다.
- 주방 내의 조명도는 50~100Lux 정도가 가장 좋으며 가능한 한 자연채광이 좋다.
- 쓰레기통은 잔반류(물기 제거), 일반쓰레기, 캔 및 병류로 구분 분리하여 환경오염을 막는다.
- 폐유는 하수구를 통해 버리지 말고 따로 모아 비누제조업체 등에 이관하여 환경오염을 막는다.
- 주방에서의 잡담을 금하고 담배를 피우거나 침을 뱉지 않는다.
- 주방은 정기적인 방제소독을 하여야 한다. (쥐 및 각종 해충 구제)

2) 주방 안전

(1) 조리공간의 안전과 화재예방

조리장의 규모가 대형화되고 각종 기기들의 도입이 늘어나 이제는 조리공간이 커다란 공장을 연상하게 한다. 이렇게 조리장의 대형화는 재해에서도 대형사고를 유발하게 되어 인명 또는 재산상의 손실을 불러일으키고 있다. 따라서 안전은 주방 또는 관련된 사업장에서 발생할 수 있는 신체상, 재산상의 피해를 사전에 예방할 수 있는 대책과 실행을 의미한다. 우선 개인적으로 조리 시에 발생할 수 있는 각종 사고요인을 파악하고 조리 시 전전 수칙에 대한 주의를 기울인다면 사고발생을 현저하게 줄일 수 있을 것이다. 현대화된 각종 조리장비는 업무능률을 향상시키는 데 많은 도움을 주지만 잘못된 기기 작동이나 부주의로 피해를 입는 경우가 자주 발생하고 있다. 또한 아무리 기술이 발달했다 할지라도 조리와 불은 서로 뗄 수 없는 관계이다. 우리가 기억하고 있는 대형 화재사건의 대부분이 주방에서 화기 부주의로 일어났다는 생각을 해 볼 때 조리 시 화재 방지에 대한 생활화는 아무리 강조해도 지나치지 않다.

(2) 조리사의 개인안전수칙

① 칼을 사용하고 있을 때는 시선을 칼끝에 두고 자세를 안정되게 잡는다.

② 작업장 내에서는 절대 뛰지 않는다.

③ 칼이나 위험한 물건은 다른 사람들의 눈에 잘 띄는 곳에 두며 안전한 보관함을 이용한다.

④ 칼이 떨어졌을 때는 한 걸음 물러나 피한다.

⑤ 바닥은 항상 마른 상태를 유지하고 기름이나 물이 떨어졌을 때는 즉시 제거한다.

⑥ 뜨거운 용기를 잡을 때는 마른 타월을 이용한다.

⑦ 무거운 짐이나 뜨거운 음식을 옮길 때는 주위 사람들에게 알린다.

⑧ 조리복은 몸에 맞고 열전달이 느린 면 종류를 선택하고, 발에 맞는 안전화를 신는다.

⑨ 구급함을 비치하고 구급품을 정기적으로 점검한다.

⑩ 무거운 통이나 짐을 들 때는 허리를 구부리지 말고 쪼그리고 앉아서 들고 일어나도록 한다.

(3) 조리기기 사용 시 안전수칙

① 물 묻은 손으로 전기기구를 조작하지 않는다.

② 기구를 청소할 때는 스위치를 확인하고 콘센트를 뽑은 후에 닦는다.

③ 기계 작동순서와 안전수칙을 숙지하고 사용한다.

④ 물청소를 할 때 조리기기의 스위치에 물이 튀지 않도록 한다.

⑤ 육가공 절단기를 사용할 때는 안전장비를 갖춘다.

⑥ 룸 냉장, 냉동실은 안에서 잠금장치를 해제할 수 있는 시설을 갖춘다.

⑦ 슬라이스 기계 및 초퍼 사용 시에는 재료 외에 다른 이물질이 들어가지 않도록 각별한 주의를 한다.

⑧ 기계사용 시 작업이 완전히 끝날 때까지 자리를 비우지 않는다.

⑨ 칼을 날카롭게 한다. 날카로운 칼은 무딘 것보다 더 안전하기 때문이다. 그

이유는 압력을 덜 가하기 때문이다.

⑩ 도마를 이용할 때는 미끄럼 방지용으로 도마 아래에 젖은 수건을 둔다.

⑪ 타 작업자와 항상 일정한 거리를 두고 떨어져서 작업한다.

⑫ 병뚜껑을 여는 데 칼을 쓰지 말고 칼은 단지 자르는 용도로만 쓴다.

⑬ 싱크대나 물속 그리고 안 보이는 장소에 칼을 두지 않는다.

⑭ 칼은 주의하여 닦으며 이때 날은 반대쪽으로 둔다.

⑮ 포트 싱크대에 깨지기 쉬운 유리그릇을 넣지 않는다.

⑯ 이가 빠지고 금이 간 접시와 유리컵은 버린다.

⑰ 깨진 유리는 줍지 말고 쓸어 담는다.

⑱ 깨진 접시, 유리컵 등은 다른 쓰레기와 섞여 버리지 않도록 한다.

⑲ 싱크대에 깨진 유리 조각이 있으면 그것을 건지기 전에 배수부터 한다.

(4) 가스 사용 시 주의사항

① 가스의 성질에 대해 사전지식을 숙지한다.

② 가스기구를 사용하기 전에 환기를 생활화한다.

③ 화기 주변에 가연성 물질을 놓지 않는다.

④ 연소기 주변을 정기적으로 청소하여 이물질이 생기지 않도록 한다.

⑤ 가스냄새가 나면 코크 밸브는 물론이고 중간 밸브를 꼭 잠근 다음 환기한다.

⑥ 가스기기에서 조리 시 자리를 뜨지 않는다.

⑦ 정기적인 가스안전 교육으로 예방의식을 강화한다.

(5) 화재예방과 초기진압

① 가스기기 최초 사용자는 밸브의 개폐여부, 누설여부를 확인하고 안전이 확보된 다음 점화한다.

② 소화기는 눈에 잘 띄는 곳에 설치하고 사용법을 숙지한다.

③ 용량에 맞는 전기기구와 가스기기를 사용한다.

④ 조리작업 종료 시에는 코크–중간밸브–메인밸브 순으로 잠그고 메인밸브에

는 시건장치를 한다.

⑤ 화재진압체계를 구축한다.

⑥ 화재발생 시 침착하게 판단하고 초기 화재 시 소화기로 불길을 제압한다.

⑦ 초기에 진화할 수 있다고 판단될지라도 방제실 또는 비상관제실에 연락한다.

⑧ 화재발생 시 주위 근무자에게 즉시 알린다.

✲ 화재발생 시 진압요령

- 당황하지 말고 침착하게 행동한다.
- 주위 사람에게 알린다. (큰소리로 "불이야!" 하고 반복하여 외친다.)
- 전원 스위치 및 열원을 차단하고 소화기구를 이용하여 초기에 진압한다.
- 통보시설을 이용하여 비상관제실에 통보한다.

4. 주방의 개요 및 직무

1) 주방의 개요 및 분류

(1) 주방의 개요

주방이란 조리 상품을 생산하기 위한 여러 가지 조리기구와 식자재의 저장시설을 갖추고 조리사의 기능 및 위생적인 작업수행으로 고객에게 판매할 음식을 생산하는 작업공간을 말한다. 또한 주방은 생산과 소비가 동시에 이루어지는 곳으로 외식업소의 경영성과 기능에 중요한 역할을 하고, 수익을 창출해 내는 곳이라 할 수 있다.

(2) 주방의 분류(Classification of kitchen)

주방은 그 업종의 기능에 따라 다양하게 개발되어 왔으며 기본적인 기능 즉 식재료의 입하에서부터 저장, 조리, 준비, 조리 서비스에 이르는 일련의 과정을 인식하고 설계되어야 한다. 또한 식재료의 반입에서부터 조리 상품을 효율적으로 생산하기 위해서는 작업방법이 고도로 전문화되어 각 주방마다 업무가 기능적으로 구분되어야 한다. 주방을 분류하는 데는 어떤 시각에서 접근하느냐에 따라 조금씩 차이가 있다.

기능적 주방은 뜻 그대로 주방의 기능을 최대화하기 위해서 분리 독립시킨 것이다. 주방은 크게 지원주방(support kitchen)과 영업주방(business kitchen)으로 분류된다.

① Support kitchen

지원주방은 요리의 기본과정을 통해 준비하여 손님에게 직접 음식을 판매하는 주방을 지원하는 주방이다.

② Hot kitchen

각 주방에서 필요로 하는 기본적인 더운 요리를 생산하여 공급하게 되는데, 흔히 Production이라고 한다. 많은 양의 stock, soup, sauces 등을 한꺼번에 생산하여 각 주방으로 분배하여 준다. 이유는 각 주방에서 개별적으로 생산하는 것보다 시간과 공간, 재료의 낭비를 줄일 수 있고 일정한 맛을 유지할 수 있으므로 일정한 규모를 갖춘 레스토랑이면 대부분 이러한 시스템을 이용하고 있다.

③ Cold kitchen & gardemanger

찬요리와 더운 요리 주방을 구분하는 가장 근본적인 원인은 요리의 품질을 유지하기 위함이다. 기본적으로 더운 요리는 뜨겁게 찬요리는 차갑게 제공해야 하는데, 더운 요리 주방의 경우 많은 열기구의 사용으로 같은 공간을 사용할 경우 서로 간에 적정온도를 유지하는 데 어려움이 따르고 찬요리는 쉽게 부패할 수 있는 요인이 있다. 찬요리 주방에서는 salad, sandwiches, showpiece, canape, terrine, galantine, pate 등을 생산한다.

④ Bakery & pastry kitchen

레스토랑에서 사용되는 모든 종류의 빵과 쿠키, 디저트를 생산하는 곳으로 Chocolate, compote도 이곳에서 담당하고 있다. 특히 제빵 주방은 매일 신선한 빵을 고객에게 제공하기 위하여 24시간 계속해서 운영하는 것이 특징이며 다음날 판매할 빵 제조는 야간근무자가 담당하는 것이 일반적이다.

⑤ Butcher kitchen

육가공 주방 역시 다른 업장을 지원해 주는 역할을 담당한다.

각 업장에서 필요로 하는 육류 및 가금류, 생선 등을 크기별로 준비하여 준다. 여러 단위업장에서 필요로 하는 육류 및 생선을 생산하다 보면 부분별로 사용이 적당하지 않은 것은 따로 모아 sausage나 특별한 모양을 요구하지 않는 제품을 만들게 되는데 이런 육류의 부산물들이 근래에 와서는 새롭게 각광받는 요리로 탄생하기도 하였다. 육가공 주방은 전문적으로 분리되기 이전에는 gardemanger와 같이 차가운 요리를 담당하고 육류를 보관하는 창고 역할을 하였으나 시대가 변화하면서 기능 분화와 함께 새로운 하나의 주방으로 발전되었다.

⑥ Steward

현대에 와서 기물관리의 중요성이 새롭게 부각되고 있는 것은 요리에 필요한 기물이 그만큼 다양해졌다는 것을 단적으로 말해주는 것이라 할 수 있다.

일반적으로 대규모 주방을 제외하고 대부분 조리 분야와 구분 없이 기물관리가 운영되고 있으나 시설이 현대화되고 조직이 비대해지면 기능을 분리하여 운영하는 것이 보다 더 효율적이고 경제적이다.

기물세척 주방의 기능은 각 단위주방은 물론이고 모든 주방의 기구 및 기물의 세척과 공급, 품질유지를 담당하고 있다.

⑦ Business kitchen

영업장을 갖추고 고객이 요구하는 메뉴를 적정 시간 내 생산하는 주방을 말하며, 영업 주방은 지원 주방의 도움을 받아 각 주방별로 요리를 완성하여 고객에게 제공한다. 대부분의 영업 주방은 불특정 다수가 이용하고 있으므로 오랜 시간이 요구되는 요리보다는 단시간 내에 조리 가능한 메뉴를 주로 구성하고 있다. 영업 주방으로는 프랑스 식당, 이태리 식당, 커피숍, 룸서비스, 연회주방, 뷔페주방, 한식당, 일식당, 중식당, 바 등이 있다.

2) 주방조직과 직무

(1) 주방조직도

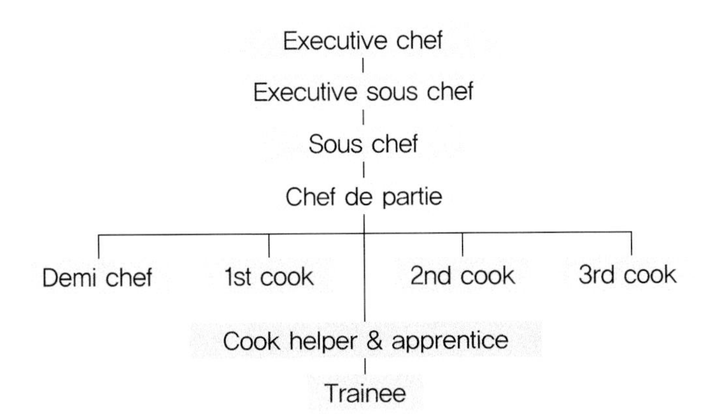

(2) 직무

① Executive chef

주방의 총괄적 책임자로 경영전반에 걸쳐 정책결정에 적극 참여하여 기획, 집행, 결재를 담당한다. 요리 생산을 위한 재료의 구매에 관한 견적서 작성, 인사관리에 따른 노동비 산출, 종사원의 안전, 메뉴의 객관화, 새로운 메뉴창출 등의 책임과 의무가 있다. 회사 이익 극대화의 의무를 가지며 새로운 요리기술개발과 시장성 창출에 필요한 경영입안을 제시한다.

② Executive sous chef

총주방장을 보좌하며 부재 시에 그 직무를 대행하는 실질적인 집행의 수반이다. 각 주방의 메뉴계획을 수립하고 조리인원 적재적소배치와 실무적인 교육, 훈련을 지휘 감독한다. 경쟁사 및 시장조사 실시로 총주방장이 제시한 기획, 입안을 실질적으로 실행하는 데 기본적인 책임과 의무가 있다.

③ Sous chef

총주방장과 부총주방장을 보좌하며 단위 주방부서의 장으로서 조리와 인사에 관련된 제반책임을 지고 있으며, 경영진과 현장 직원 간의 중간역할을 한다. 조리부 단위부서의 교육과 훈련을 실질적으로 집행하며, 조리와 관련된 재료 구매서 작성, 월별 또는 연별 계획서를 제출하여 집행하며, 현황을 분기 또는 단기별로 보고하여야 한다. 고객의 기호나 시장변화에 적극적으로 대처하고 여기에 알맞은 메뉴를 개발하여야 한다.

④ Chef de partie

단위 주방장으로부터 지시를 받아 당일의 행사, 메뉴를 점검하여 고객에게 제공하는 등 생산에서 서브까지 세분화된 계획을 세운다.

일간 또는 주간 필요한 재료 불출서를 작성하여 수령을 지시하고 전표와 직원들의 업무계획서를 일정 기간별로 작성하여 능률과 생산성을 최대화한다.

⑤ Demi chef

기술은 조리사로서 충분히 갖추고 있지만 장(chef)으로의 수련 중임을 나타내기 때문에 조리사와 조리장의 중간단계로 직접적으로 생산업무를 담당하면서 틈틈이 리더로서의 역할을 배워야 한다.

⑥ 1st cook

기술적인 측면에서 최고기술을 낼 수 있는 단계이며 실제적으로 조리가공에 가장 많은 활동을 한다. 기구의 사용, 화력조절 등 조리의 중추적인 생산라인을 담당하는 숙련된 기술자라고 할 수 있다. 조리의 처음 단계에서 마지막 마무리까지 상세한 노하우(know-how)를 갖고 있어야 한다.

⑦ 2nd cook

1급 조리사와 함께 생산업무에 가담하여 전반적인 생산라인에서 최고의 음식맛을 낼 수 있는 기술을 발휘한다. 직급 면에서 1급 조리사와 같은 업무를 담당하지만 실무적으로 1급 조리사로부터 지시를 받아 상황대처 능력을 키워나간다. 뿐만 아니라 1급 조리사 부재 시 그 업무를 대행하고 때에 따라서는 3급 조리사 역할도 수행해야 하는 막중한 업무를 맡고 있다.

⑧ 3rd cook

조리를 담당할 수 있는 초년생으로 역할범위가 제한되어 있어 매우 단순한 조리작업을 수행할 수 있지만 점차적으로 실질적인 조리기술을 습득하기 위한 훈련을 반복해야 한다. 요리생산을 위한 식재료의 2차적 가공이나 기술보조를 함으로써 미래에 자신이 해야 할 업무를 간접적으로 체험하는 시기이다.

⑨ Cook helper & apprentice

조리에 대한 기술보다는 시작단계에서 단순작업을 수행하고 식재료의 운반, 조리기구사용법 습득, 단순한 1차적 손질 등을 한다.

상급자로부터 기본적인 조리기술을 계속적으로 지도받으며 광범위한 요리체계를 일반적인 선에서 학습하는 단계이다.

⑩ Trainee

현장에서 조리를 처음 접하는 사람으로 조리를 전공한 학생들이나 조리에 관심 있는 사람이 호텔 조리부에 입사하여 조리를 배우는 단계이다.

5. 조리기기 및 도구의 종류

1) 조리기기의 개요

조리기기란 기계와 기구를 합하여 말하는 것으로 기계부분을 가지고 있는 것을 조리기계, 그렇지 않은 것을 조리기구라고 한다. 오늘날 조리기기가 매우 세분화 · 과학화되어 있는 반면, 가격 면에서 고가이고 구입을 해놓고도 그 성능을 제대로 활용하지 못하거나, 필요하지도 않은 기기를 구입하여 창고에 방치하거나 실무자들이 사용하지 않아 제 기능을 발휘하지 못하는 경우가 많다. 그러므로 조리기기의 용도를 정확하게 파악하고 레스토랑의 규모나 요리의 성격에 따라 조리기기를 선택해야 한다.

2) 조리용 기기의 종류 및 용도

■ **Vegetable cutter(베지터블 커터)**
오이, 무, 당근 등을 칼날의 형태에 따라 다양하게 절단할 수 있음

■ **Food blender(푸드 블렌더)**
음식물을 곱게 가는 데 사용

■ **Slicer(슬라이서)**
육류, 채소, 햄 등 다양한 식재료를 얇게 자르는 데 사용

■ **Meat mincer(미트 민서)**
고기를 곱게 으깰 때 사용

■ **Food chopper(푸드 초퍼)**
고기 또는 채소 등을 다질 때 사용

■ **Meat saw(미트 소)**
뼈 또는 큰 덩어리의 언 고기를 자를 때 사용

■ **Flour mixer(플라워 믹서)**
밀가루를 섞을 때 사용하지만 때로는 다른 식재료를 섞을 때도 사용됨

■ **Microwave oven(마이크로웨이브 오븐)**
음식을 익히거나 데우는 데 사용

■ **Waffle machine(와플 머신)**
요철모양의 와플을 만드는 데 사용

■ **Coffee machine(커피 머신)**
여러 종류의 커피를 만드는 기계

■ **Toaster(토스터)**
로터리식으로 대량으로 빵을 토스트할 때 사용

■ **Sandwich maker(샌드위치 메이커)**
뜨거운 샌드위치를 만들거나 빵을 토스트할 때 쓰이며 그릴 마크가 만들어지기도 함

	■ **Griddle(그리들)** 두꺼운 철판으로 만들어졌으며 육류, 채소, 생선 등을 볶거나 익힐 때 사용됨
	■ **Grill(그릴)** 무쇠로 만들어진 석쇠로 육류, 생선, 채소 등을 구울 때 사용됨
	■ **Broiler(브로일러)** 그릴과 달리 열원이 위쪽에 있고 육류, 생선 등을 구울 때 사용됨
	■ **Salamander(샐러맨더)** 열원이 위에 있는 조리기구로 음식물을 익히거나 색을 낼 때 사용됨
	■ **Induction range(인덕션 레인지)** 전기를 열원으로 하는 레인지로 음식물을 볶거나 삶을 때 사용됨

	■ **Deep fryer(딥 프라이어)** 여러 가지 음식물을 튀길 때 사용됨
	■ **Rice cooker(라이스 쿠커)** 가스를 사용하며 자동으로 불이 조정되어 밥이 지어지는 기계
	■ **Convection oven(컨벡션 오븐)** 대류열을 이용한 오븐으로 열이 골고루 전달되며 음식물을 익히거나 데울 때 사용

3) 조리용 도구의 종류 및 용도

	■ **Ball cutter/Parisian scoop(볼 커터/파리지엔 스쿱)** 과일이나 채소를 원형으로 깎을 때 사용
	■ **Kitchen fork(키친 포크)** 뜨겁고 커다란 고깃덩어리를 집을 때 사용

	■ **Straight spatula(스트레이트 스패튤러)** 크림을 바르거나 작은 음식을 옮길 때 사용
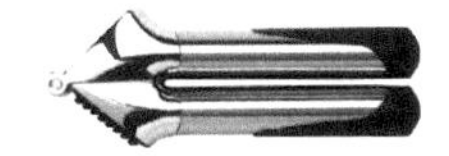	■ **Garlic press(갈릭 프레스)** 마늘을 으깰 때 사용

	■ **Grill spatula(그릴 스패튤러)** 뜨거운 음식을 뒤집거나 옮길 때 사용
	■ **Sharpening steel(샤프닝 스틸)** 무뎌진 칼날을 세울 때 사용
	■ **Roll cutter(롤 커터)** 피자나 얇은 반죽을 자를 때 사용
	■ **Zester(제스터)** 오렌지나 레몬의 껍질을 벗길 때 사용
	■ **Channel knife(샤넬 나이프)** 오이나 호박 등의 채소에 홈을 낼 때 사용
	■ **Cheese scraper(치즈 스크레이퍼)** 단단한 치즈를 얇게 긁을 때 사용

	■ **Apple corer(애플 코러)** 통사과의 씨방을 제거할 때 사용
	■ **Whisk(위스크)** 재료를 휘젓거나 거품을 낼 때 사용
	■ **Wave roll cutter(웨이브 롤 커터)** 라비올리나 패스트리 반죽을 자를 때 사용
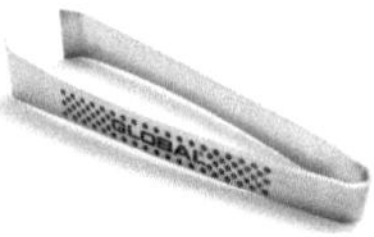	■ **Fish bone picker(피시 본 피커)** 생선살에 박혀 있는 뼈를 제거할 때 사용
	■ **Meat tenderizer(미트 텐더라이저)** 고기를 두드려서 연하게 할 때 사용
	■ **Can opener(캔 오프너)** 캔을 오픈할 때 사용
	■ **Potato ricer(포테이토 라이서)** 삶은 감자를 으깰 때 사용

■ **Egg slicer(에그 슬라이서)**
달걀을 일정한 두께로 자를 때 사용

■ **Chinois(시누아)**
스톡이나 고운 소스를 거를 때 사용

■ **China cap(차이나 캡)**
토마토소스, 삶은 감자 등을 거를 때 사용

■ **Colander(콜랜더)**
음식물의 물기를 제거할 때 사용

■ **Food mill(푸드 밀)**
감자나 고구마 등을 으깨서 내릴 때 사용

■ **Skimmer(스키머)**
스톡 등을 끓일 때 거품 제거에 사용

■ **Soled spoon(솔드 스푼)**
주방에서 요리용으로 쓰이는 커다란 스푼

■ **Slotted spoon(슬로티드 스푼)**
주방에서 액체와 고형물을 분리할 때 사용

■ **Ladle(래들)**
육수나 소스, 수프 등을 뜰 때 사용

■ **Sauce ladle(소스 래들)**
주로 소스를 음식에 끼얹을 때 사용

■ **Rubber spatula(루버 스패튤러)**
고무 재질로 음식을 섞거나 모을 때 사용

■ **Wooden paddle(우든 패들)**
나무주걱으로 음식물을 저을 때 사용

■ **Pepper mill(페퍼 밀)**
후추를 잘게 으깰 때 사용

■ **Terrine mould(테린 몰드)**
테린을 만들 때 사용

	■ **Pate mould(파테 몰드)** 파테를 만들 때 사용
	■ **Mesh skimmer(메시 스키머)** 음식물을 거를 때나 물기 제거에 사용
	■ **Grill tong(그릴 텅)** 뜨거운 음식물을 집을 때 사용
	■ **Mandoline(만돌린)** 다용도 채칼. 와플형으로 만들 때 사용

	■ **Wire brush(와이어 브러시)** 그릴의 기름때를 제거할 때 사용
	■ **Grater(그레이터)** 치즈나 채소 등을 갈 때 사용
	■ **Dough divider(도우 디바이더)** 반죽을 일정한 간격으로 자를 때 사용
	■ **Fish kettle(피시 케틀)** 적은 양의 생선이나 갑각류를 스팀으로 익힐 때 사용

6. 계량 및 환산법

1) 계량의 기본단위

식품의 계량은 합리적이고 과학적인 조리의 기초를 마련하는 것이다. 계량을 하면 일정한 맛을 낼 수 있고, 조리시간이 단축되며, 재료의 낭비를 줄일 수 있는 등 유용한 이점이 많다. 계량을 나타내는 단위로는 무게를 나타내는 gram(그램), ounces(온스), pounds(파운드), 양을 나타내는 spoons(스푼), cup(컵), gallons(갤런)이 있으며, 온도를 나타내는 ℃ : Celsius(섭씨)와 ℉ : Fahrenheit(화씨)를 기본적으로 사용하고 있다.

※ **계량단위 환산법**

한국	서양
1ts = 5ml = 5cc 1Ts = 15ml = 15cc = 3ts 1C = 200ml	1C = 240cc = 16Ts = 8온스 1온스(ounce) = 2Ts = 30cc 1쿼트(quart) = 32온스 = 960cc = 4C 1갤런(gallon) = 128온스 = 3840cc = 16C 1파인트(pint) = 2컵 = 480cc = 0.5쿼트(quart) 1온스 = 28.35g 1파운드 = 454g

2) 환산법

(1) 식품의 계량단위별 무게

식재료/단위	1ts	1Ts	1C(200ml)
물	5.5g	16.5g	200g
버터	4g	13g	170(녹인 것)
쇼트닝	4g	12g	160(녹인 것)
설탕	3g	10g	160g
소맥분	4g	8g	120g
정제소금	5.5g	17g	250g
보통소금	4g	12g	160g
우유	5g	15g	180g
전분	2g	7.5g	130g
생 레몬주스	4.5g	13g	180g
베이킹파우더	3.5g	12g	150g
젤라틴가루	3g	8g	100g

(2) 섭씨(℃ : Centigrade)와 화씨(℉ : Fahrenheit)의 온도 전환법

섭씨(℃)를 화씨(℉)로 고치는 공식 ⇨ ℉ = (9/5×℃)+32

화씨(℉)를 섭씨(℃)로 고치는 공식 ⇨ ℃ = 5/9×(℉−32)

(3) 섭씨(℃ : Centigrade)와 화씨(℉ : Fahrenheit)의 비교

0℉ = -18℃	212℉ = 100℃
32℉ = 0℃	250℉ = 121℃
100℉ = 38℃	300℉ = 149℃
200℉ = 93℃	400℉ = 204℃

3) 계량기구의 종류 및 사용법

(1) 저울

저울은 눈금이 정확하고 보기 편리한 것을 선택한다. 전자저울은 정확하지만 사용 중 물이 들어가지 않도록 주의해야 하고, 눈금저울은 적은 양도 잴 수 있도록 눈금이 자세히 표기되어 쉽게 측정할 수 있는지 확인한다. 설탕과 같은 분말은 저울로 재는 것이 정확하며 무게를 잴 때는 평평한 장소에 저울을 놓고 눈금이 "0"에 가 있는지 확인한 다음 재료를 올려놓고 시선을 저울 눈금과 수평이 되게 해서 읽는 것이 정확하다. 가루 종류는 그릇에 담아서 올린 후 반드시 그릇의 무게를 빼주어야 한다.

(2) 계량컵

계량컵은 200~250cc 크기가 편리하고 눈금이 보기 쉽도록 투명한 것을 준비한다. 평평한 장소에 컵을 두고 원하는 눈금에 맞게 재료를 붓는다. 눈높이를 컵과 수평이 되게 하여 정확하게 눈금을 읽는다. 조금 모자라거나 넘칠 때는 숟가락으로 넣거나 덜어가면서 잰다. 가루 종류는 체에 친 뒤 계량해야 정확하다.

(3) 계량스푼

액채나 가루 등의 적은 양을 잴 때 사용한다. 일반적으로 대 · 중 · 소로 나뉘는데 1큰술은 15cc, 1중간술은 10cc, 1작은술은 5cc이다. 간장, 청주 등의 액체를 계량할 때는 스푼 위에 장력으로 인해 볼록해졌을 때의 양이 정확하다. 하지만 설탕이나 소금 같은 가루나 다진 재료를 잴 때는 계량스푼에 가득 담은 뒤 평평하게 깎아내야 한다.

7. 기본조리법

1) 조리 시 열 전달방법

식품이 가열 조리되기 위해서는 에너지가 열원에서부터 식품까지 전달되어야 한다. 그러한 에너지의 종류에는 여러 가지가 있겠지만 열에너지는 조리에 가장 많은 부분을 차지한다. 이러한 열에너지는 요리의 색, 맛, 향, 풍미, 모양 등을 바꾸어 놓는다.

열전달은 분자의 빠른 이동으로 이루어지는데 요리는 이러한 열전달에 의해 조리되고, 그 모양이나 영양성분이 변하게 되는데 조리 시에 이루어지는 열전달은 크게 conduction(전도), convection(대류), radiation(복사) 등으로 구분된다.

(1) 전도(Conduction)

조리의 대부분을 차지하는 전도는 어떠한 열원에서 다른 곳으로 전달되어 조리하는 방식으로 직접적으로 열을 가하여 다른 곳으로 옮겨가는 원리이다. 쉬운 예로 가스불이 팬에 닿으면 팬이 뜨거워지고 그 표면에서 조리를 하는 것이다. 전도를 이용한 조리는 금속성 기구가 대부분이며 금속의 종류에 따라 전도율은 조금씩 차이가 있다.

(2) 대류(Convection)

대류는 열의 흐름이 순환되면서 조리가 진행되는 방식인데 전도와 함께 이루어진다. 대류는 끓는 물에서 쉽게 설명이 되는데, 냄비의 아래 부분에서 더워진 물이 위로 올라가고 위에서 식은 물은 아래로 내려오는 순환작용이 끊임없이 진행된다. 공기나 기름에서도 같은 원리가 작용된다. 대류에는 크게 자연대류(natural convection)와 강제대류(mechanical convection)가 있다.

① 자연대류(natural convection) : 자연대류는 앞에서 언급한 것과 같이 더운 물질은 위로 올라가고 차가운 물질은 아래로 내려오는 성질을 이용한 것으로 물에 분자운동이 자연스럽게 위와 아래로 오가며 순환되는 것이다.

② 강제대류(mechanical convection) : 팬(fans)이나 다른 기계를 이용하여 강

제적으로 공기를 순환시켜 기계의 구석구석까지 골고루 온도를 전달시키는 것을 말한다. 이러한 강제대류는 조리시간이나 온도 유지가 가능하며 현대에 와서는 이러한 원리를 이용한 오븐(oven)과 같은 조리기구들이 많이 사용되고 있다.

(3) 방사(Radiation)

방사는 조리재료에 물리적인 접촉 없이 열을 전달하여 조리하는 원리이다.

방사를 원리로 한 조리기구는 크게 두 가지 형태로 나눠지는데 적외선을 이용한 조리기구와 초단파를 이용한 조리기구이다.

① 적외선

적외선을 이용한 조리법은 전기의 힘을 에너지로 바꾸어 빛을 발산하는데 이 빛은 높은 열을 포함하고 있어 빛이 재료에 닿으면서 조리가 이루어지는 방식이다.

대표적인 적외선 조리기구로는 salamander(샐러맨더), toast(토스터), broiler(브로일러) 등이 있다.

② 초단파

초단파는 빛의 파장인 초단파가 식품을 통과하면서 식품 속에 존재하는 물분자의 운동을 일으켜 이 마찰과 열을 원리로 조리하는 방식이다. 초단파는 식품 전체 부분을 초단파가 통과하면서 동시에 조리가 진행되기 때문에 빠르게 조리되고 고르게 조리되는 장점을 가지고 있다. 초단파 조리는 짙은 색이 요구되는 요리와 장시간 조리해야 하는 요리에는 부적합하다. 그 이유는 초단파 조리는 식품에 포함되어 있는 습기가 충분해야 하므로 요리에 필요한 적정량의 습기를 없애버리거나 마른 재료는 조리가 진행되지 않기 때문이다.

2) 건열조리

(1) 브로일링(Broiling)

식재료에 직접 열을 가하지 않고 금속성 조리기구에 열을 가한 후 적정온도가 되었을 때 재료를 넣어 조리하는 over heat 방식으로, 주로 기름 없는 흰살 생선과 같은 섬세한 재료에 미리 유지를 바르고 예열한 팬에 굽는 형식이다.

(2) 그릴링(Grilling)

열원이 밑에 있어서 식재료를 직접 열에 닿게 해서 굽는 under heat 방식으로 음식에서 나오는 육즙이나 지방이 타서 생기는 연기냄새, 즉 훈연의 향기를 지닌다. 대표적인 예로 석쇠 또는 그릴 판에 직접 굽는 방법이 있으며 주로 육류나 생선을 구울 때 사용한다. 이때에는 판을 아주 뜨겁게 달구어야 고기가 그릴 판 등에 달라붙지 않는다.

(3) 로스팅(Roasting)

다른 열원에서 나오는 복사열을 이용해 조리하는 방법으로 대표적으로 oven을 사용하여 굽는 방법이 있다. 오븐을 사용하여 roasting을 할 때에는 처음에 오븐의 온도를 높게 하고 재료의 표면에 색이 나면 온도를 낮춰주어 재료가 가지고 있는 수분이나 육즙을 그대로 유지시켜 준다. Roasting을 이용하여 조리하면 겉은 바삭한 식감을 살려주며 속에는 재료가 가지고 있는 수분 또는 육즙을 가지고 있어 부드럽고 촉촉한 식감을 살려주는 장점이 있다. Roasting을 하는 재료는 주로 육류로 부드럽고 marbling(기름기가 고기에 골고루 분포되어 있는 상태)이 잘 된 큰 덩어리의 육류가 적당하다. Roasting의 종류는 꼬챙이에 꽂아서 가열하는 스핏 로스팅(spit-roasting), 훈제하여 연기향내를 갖게 하는 스모크 로스팅(smoke-roasting) 등이 있다.

(4) 베이킹(Baking)

오븐에서 오븐 내 건열의 복사(열이 식품에 직접 전달되는 현상)와 대류(열에 의하여 기체와 액체, 즉 유체가 상하로 뒤바뀌며 움직이는 현상)로 빵, 과자, 감자, 육류 등을 익히는 것으로 습기나 물이 닿지 않고 건열에서 자체 내의 수분으로 익히는 조리법을 말하며 주로 빵이나 과자를 구울 때 사용하는 조리용어이다.

(5) 소테(Saute)

팬에 유지를 넣고 예열한 뒤 재료를 넣어 높은 온도에서 짧은 시간 내에 재료를 볶는 방법으로 재료의 수분 손실 및 비타민 파괴가 적은 장점이 있다. 주로 재료를 볶는 방법 자체를 saute라고 한다.

(6) 튀김(Deep fry)

뜨거운 기름에 재료가 잠기게 하여 튀기는 방법을 의미한다. 튀김을 할 때에는 재료 내의 수분이 나오지 않도록 하기 위해(재료의 수분이 유지를 만나면 기름이 튀어 위험하기 때문에) 주로 밀가루 – 달걀 – 빵가루를 묻혀 튀기며, 갓 튀겨내었을 때 바삭한 식감이 특징이다.

(7) 팬프라이(Pan fry)

팬에 적은 양의 유지를 넣고 굽거나 튀기는 방법을 의미한다. 고온의 소량의 기름으로 굽거나 튀기는 방법으로 재료의 수분과 향미를 유지하며 영양소의 파괴가 적은 장점이 있다. Pan fry는 broiling과 비슷하지만, broiling이 pan뿐만 아니라 그 이외의 금속성 조리기구에 유지를 넣어 굽는 방법이라면, pan fry는 금속성 조리기구가 pan이고, 굽기보다는 튀기기에 가깝다. Pan fry의 대표적인 예로 육류, 생선에 밀가루를 묻혀 튀겨 육류의 육즙이 빠져나가는 것을 방지하는 방법이 있다.

3) 습열조리

(1) 보일링(Boiling)

우리나라 말로는 '끓이기'라고 하며, 보통 100℃의 뜨거운 물이나, 육수 같은 액체에 넣어 끓이는 조리방법을 말하며, 이 방법은 식품을 연하게 해주고 소화흡수를 도와준다. 뜨거운 물에서 boiling하는 방법으로는 뚜껑을 덮고 boiling하는 것과 뚜껑을 열고 boiling하는 방법이 있다. 뚜껑을 덮고 boiling하는 것에는 브로콜리, 콜리플라워 등 채소를 조리할 때 사용하며 이유는 식재료를 더욱 빠르게 익히고 비타민, 무기질의 손실을 줄이고, 색을 선명하게 유지시키기 위해서이다. 뚜껑을 열고 boiling하는 것에는 대표적으로 pasta가 있는데 이유는 pasta의 껍질에 있는 전분이 젤라틴화되고 끓는 물에서 서로 붙는 것을 막기 위해서이다.

Boiling하는 방법으로는 위에서 말한 100℃ 이상의 뜨거운 물에서 끓이기 시작하는 방법 외에도 차가운 물에서부터 서서히 끓이는 방법이 있다. 차가운 물에서 boiling할 때에도 위에서 말한 뜨거운 물에서와 같이 뚜껑을 덮고 끓이는 것과 뚜껑을 열고 끓이는 것으로 나뉜다. 뚜껑을 덮고 차가운 물에서 boiling하는 경우로는, 대표적으로 구근류를 삶을 때 조리하는 방법이고, 뚜껑을 열고 차가운 물에서 boiling하는 경우로는 대표적으로 stock과 같은 육수를 끓일 때 사용하는 방법이 있다.

(2) 시머링(Simmering)

일반적으로 100℃ 이하의 낮은 온도에서 재료를 은근히 끓이는 방법으로 주로 sauce나 stock을 만들 때 사용하는 조리방법이다. Simmering에 적합한 온도는 85~96℃로 simmering은 재료를 부드럽게 하거나 국물을 우려내기 위해 사용한다.

(3) 블랜칭(Blanching)

짧은 시간에 식재료를 익혀내기 위해 사용하는 조리법으로 많은 양의 물을 사용하며, 데치고자 하는 식재료와 물의 양을 1 : 10 비율로 하여 식재료를 많은 양의 끓는 물(100℃ 이상의)에 넣어 순간적으로 데쳐내는 조리법이다. Blanching을 주로 사용하는 재료는 푸른 엽록소를 지닌 채소로서, 색소의 손실, 무기질, 비타민 등의 손실을 막을 수 있다. 어육류를 blanching하는 경우 불순물을 제거해 주는 역할을 한다. Blanching하는 것은 요리방법 중에서 재료 준비과정으로 사용되는데, 물 같은 수용성 액체뿐만 아니라, 기름도 사용가능하며, 기름을 사용할 때는 물에서 blanching하는 것과 같이 130℃의 기름에 넣었다가 꺼내면 된다.

(4) 포칭(Poaching)

식품을 액체에 잠기게 하여 뚜껑을 덮지 않고 끓는점 이하로 데치거나 삶는 방법으로 어패류, 닭 가슴살, 달걀 등을 요리할 때 사용하는 조리법을 말한다. 이때 액체의 온도는 70~95℃로 하며, poaching에 쓰이는 액체는 풍미를 잘 낸 것이 좋다. 대표적으로 poaching을 사용하는 방법에는 쿠르부용(Court Bouillon)에 해산물을 데치는 것이 있다. 또한 달걀요리를 poaching할 때에는 액체에 소금과 식초를 넣어 달걀의 단백질이 응고되게 하는 것이며 대표적으로 수란이 있다.

① Poaching의 특징

식품에 있는 섬세한 향미를 살릴 수 있으며, 은근히 요리하는 과정으로 음식 내의 수분이 증발하는 것을 막아주며 높은 온도에서 나타나는 영양소 파괴를 줄일 수 있다.

② Poaching의 종류

- submerge poaching : 재료를 액체에 완전히 잠기게 하여 익히는 방법
- shallow poaching : steam과 stock의 결합을 이용해 음식을 조리한 것으로, 음식에 와인이나 레몬 주스 같은 산이나 향신료를 포함하는 액체에 재료의 일부를 잠기게 하여 조리하는 방법이다. 조리하는 중에 액체에서 나오는 steam의 증발을 막기 위해 뚜껑을 덮어주며, 재료 중 액체에 닿지 않는 부분은 조리 중에 나오는 steam에 의해 조리된다. 또한 shallow poaching에 이용된 액체는 sauce로 이용될 수 있는 특징이 있다.

(5) 스티밍(Steaming)

100℃ 이상 끓는 물의 수증기로 재료를 익히는 방법으로, 찜통과 같은 찜기를 이용해 찌거나 중탕하여 익히는 방법을 말한다. Steaming은 채소, 육류, 가금류, 생선의 조리, 푸딩 등에 이용되며 음식의 신선도를 유지하기에 좋다. Boiling에 비해 풍미와 색채를 살릴 수 있고 영양의 손실이 적은 장점이 있다.

(6) 글레이징(Glazing)

익은 음식의 색이나 윤기가 나도록 졸이는 방법을 말하며, 당근, 무, 작은 양파 등에 이용된다. 냄비에 버터를 넣고 설탕이나 시럽을 섞은 다음 채소를 넣고 잘 섞으면 표면에 윤기가 난다. 육류는 육즙을, 흰색 고기는 백포도주와 갈색 소스를 이용하며 채소보다는 약한 불에서 오래 익힌다.

4) 복합조리

(1) 브레이징(Braising)

주로 육류를 fry pan에 소량의 기름을 넣고 앞뒤, 양면을 그을린 후 냄비에 넣고 stock과 같은 액체를 고기의 반 정도쯤 잠기게 부어 뚜껑을 덮은 다음 oven에서 simmering하면서 조리하는 방법이다. 고기를 웰던으로 완전히 익히고, 큰 덩어리 고기를 slice하여 제공하며 겉은 약간 바삭거리고 속은 부드럽게 된다. 사태, 어깨부위, 가슴살처럼 결체조직이 많은 질긴 부위를 장시간 simmering해 고기를 연하게 하는 조리법으로 한식의 찜과 비슷하다. 또한 이때 나온 육즙은 체에 걸러 sauce로 사용할 수 있으며, garnish를 사용할 때에는 따로 조리하여 garnish해 준다.

(2) 스튜(Stewing)

Braising과 비슷한 조리방법으로 small size의 고기를 짧은 시간에 익히는 방법이다. Braising에 비해 재료가 한입 크기로 작고 액체의 양은 재료를 덮을 정도만 사용한다. Oven과 gas stove 둘 다 사용 가능하며, 보통 재료들을 어느 정도 가열하여 조리한 후 갈색 소스와 향신료를 넣고 은근하게 끓이다가 고기가 다 익으면 채소 등을 넣어 익힌다. 이렇게 하여 생긴 육즙을 체에 거르지 않고 sauce로 사용하며, garnish를 조리할 때는 주로 같이 넣어 조리한다.

(3) 프왈레(Poeler)

그릇에 육류, 가금류를 채소와 함께 넣고 뚜껑을 덮은 다음 오븐 안에서 익히는 방법이다. 채소에서 수분이 생겨 육류의 건조를 억제하고 향과 풍미를 더한다. 소스를 계속해서 고기에 뿌려주어 육질을 연하고 담백하게 익힌 다음 고깃덩이만 꺼낸다.

채소와 소스는 백포도주나 갈색 소스를 첨가하여 걸러서 사용한다.

8. 조미료 · 오일(Oil) · 향신료

1) 조미료

(1) 소금

인간이 살아가는 데 있어 빼놓을 수 없는 아주 중요한 것이 소금이다.

사람의 건강을 유지하고, 요리에 있어서는 맛 조절을 할 뿐만 아니라, 조리과정 중에는 재료의 사전 밑처리를 하며, 삼투압과 같은 물리적 · 화학적인 기능 등으로 다양하게 작용한다. 요리에 있어 소금은 맛을 내는 역할 이외에, 조리과정에서 일어나는 여러 기능 등을 이해하고 목적에 맞게 사용법을 익혀나가야 할 것이다. 소금이 재료에 미치는 기능과 작용을 아는 것은, 요리를 하는 데서 빼놓을 수 없는 중요한 지식이 될 것이다. 소금을 조금 첨가하는 것만으로도 다른 조미료의 맛에 상승작용을 이끌어낼 수 있는 중요한 기능을 가진 것이 소금이다. 그 점에서는 간장으로 맛을 내는 요리와 큰 차이가 있다.

① 소금의 기능

- 맛의 조절
- 단백질 변성(응고)
- 대비효과(설탕에 소량의 소금을 넣으면, 설탕의 단맛이 상승된다.)
- 억제효과(산미에 소금을 첨가하면 산미가 억제된다.)
- 산소 실활작용(갈변 방지)
- 삼투압조절
- 보존효과
- 살균효과
- 세정효과 등

② 소금의 맛과 온도와의 관계

소금 맛은 온도의 변화에 따라 맛의 차이가 상당히 크다.

온도가 높은 경우에는 소금의 맛이 비교적 약하게 느껴지나 온도가 내려가면 소금의 맛이 강하게 느껴진다. 이런 소금의 성질을 알고 조리를 해야 할 것이다.

③ 소금의 사용법

조리 시 소금의 역할이 다양하기 때문에 용도에 따라 사용목적과 사용방법을 아는 것이 무엇보다 중요하다. 기후와 습도, 온도에 따라 소금의 양을 조절해야만 하고, 같은 생선이라도 계절 및 지방이 오른 정도에 따라 큰 변화가 있으므로 때에 따라 적절히 조절해야 한다.

• 후리시오(振塩：ふりしお)

생선에 소금을 얇게 뿌려 맛을 내는 목적으로 이용하는 방법이다. 생선에 뿌려진 소금은 표면의 물로 인해 소금이 녹아, 농도가 강한 식염수가 되고, 식재료에 있는 체액을 삼투압에 의해 빨아내주는 역할을 한다. 이로 인해 생선에 간이 배게 되고 이때 생선 비린내 성분인 트리메틸아민이 체액과 함께 밖으로 빠져나와 비린내를 없애준다. 그뿐만 아니라 어육의 단백질을 응고시키기 때문에 익히는 동안 살이 일그러지는 것을 막아준다.

• 베타지오(べた塩：べたじお)

소금을 많이 깔고, 그 위에 생선을 올려놓은 다음, 누르듯 해서 빈틈 없이 소금을 바르는 방법으로 대표적으로 '시메사바'를 만들 때 사용하는 방법이다. 소금을 발라두는 시간은 소재에 따라 다르고 지방함유량, 생선의 크기 등 사용하는 목적에 따라 다르게 적용된다.

• 다데지오(立塩：たてじお)

어개류를 씻거나 재료에 간을 들일 경우에 사용되는 소금물을 말한다. 용도에 따라 다르지만 보통 소금의 농도는 3~4% 정도이고, 어개류에 균일한 맛을 내고 싶을 경우에 이용된다.

• 게쇼우지오(化粧塩：けしょうじお)

굽기 직전에 뿌리는 방법으로, 구운 생선을 더 보기 좋게 하는 데 목적이 있기 때문에, 맛을 내는 목적과는 다르다. 이 방법은 생선을 굽기 직전에 소금을 뿌려 강한 불로 굽는 것이 요령이다. 살이 두꺼운 생선을 통째로 구울 때는, 게

쇼우지오(化粧塩 : けしょうじお)를 하는 동시에 히레시오(鰭塩 : ひれしお)를 겸해서 사용한다.

• 히레시오(鰭塩 : ひれしお)

살이 두꺼운 생선을 통째로 굽거나 작은 생선을 통째로 모양 내서 구울 경우에 지느러미와 꼬리가 눌어붙어 떨어지는 것을 막거나 타지 않도록 하기 위해 지느러미와 꼬리에 소금을 두껍게 발라 굽는 방법을 말한다.

• 시오보시(塩干し : しおぼし)

어개류를 말릴 경우, 생선에 소금을 뿌리거나 소금물에 담갔다가 말리는 경우를 말한다. 삼투압에 의해 내부의 수분을 끌어내 빨리 건조된다. 소금을 뿌리지 않고 말리면, 표면은 마르지만 내부의 수분이 나오지 않고 표면만 건조되어 막을 친 상태가 되고 생선의 중심은 수분이 쌓여 부패의 원인이 된다.

(2) 설탕

설탕은 단맛을 내는 대표적인 감미료로 요리에 중요한 역할을 하고 있다. 설탕의 원료는 크게 사탕수수와 사탕무가 있으며, 설탕이 개발되기 이전에는 벌꿀을 이용해 감미료로 사용했다. 처음에는 감미료라기보다 약으로 전래되었으며, 아주 귀하게 여겨져 일반 서민들은 먹기 힘들었다. 그래서 달다고 하는 것은 '맛있다'라는 의미를 가지고 있다. 설탕은 요리에 단맛을 내는 역할뿐 아니라, 여러 물리적인 성질을 이용해 조리에 이용되고 있다. 이러한 설탕의 성질을 알고 사용하면 조리 시 더 좋은 효과를 낼 수 있을 것이다.

• 시럽 등과 같이 점성을 준다.
• 보습과 건조 방지
• 전분의 노화 방지(장시간 α전분상태로 유지)
• 유화촉진
• 발효촉진(빵 제조 시 이스트의 먹이로 이용됨)
• 부패 방지(당절임)
• 캐러멜화에 의한 풍미 제공

- 펙틴과 함께 젤리화(잼, 젤리)
- 결정체를 만들어 씹는 맛 제공
- 거품내기 촉진(머랭 제조 시)
- 감미료 등

(3) 식초

인간이 최초로 만들기 시작한 조미료로 신맛이 있다. 술이 만들어지게 된 시기에 식초가 만들어졌으니 오랜 역사를 가지고 있음을 알 수 있다. 술을 만드는 과정에서 과실 등이 발효하고 알코올 발효한 것이 다시 세균에 의해 식초가 된다.

초는 유기산과 아미노산류를 많이 포함하고 있어, 복잡한 산미를 구성하고 있다. 초는 요리에 있어, 산미료로서 이용하는 경우와 요리과정에서 산의 성질을 이용해 떫은맛을 없애거나 재료를 부드럽게 하거나, 단단하게 하는 물리 · 화학적 작용을 하는 경우가 있다. 또 발색을 촉진시켜 색을 더 좋게 하며, 보존료로써 사용되기도 한다. 초는 산미료로서 요리에 상쾌한 풍미를 더하고, 식욕을 돋우는 작용을 한다. 그러나 초를 단독으로 사용하면, 매우 자극이 강하고 맛이 없게 느껴진다. 초의 이러한 자극적인 맛을 부드럽게 하고, 원만한 맛을 내게 하는 것이, 소금이다(소금의 억제효과). 초에 소금을 넣으면 맛이 부드러워진다. 이 성질을 이용해 매실과 같은 산미가 강한 식재에도, 소금을 첨가해 여러 가공식품을 만들어내고 있다. 초는 소금 이외에 설탕과 같은 단맛과 여러 맛 성분을 함께 첨가할 때만이, 비로소 초의 진정한 맛이 살아나는 것이다.

- 산미료
- 단백질 응고
- 점액 제거
- 떫은맛 제거
- 식재를 부드럽게 한다.
- 갈변 방지(채소에 포함된 폴리페놀화합물, 클로로겐산, 카테킨 등이 공기 중의 산소에 의해 산화하기 때문에 갈변이 생긴다. 이때 초를 첨가하면, 산화효

소의 작용을 억제하여 갈변을 방지할 수 있다.)

- 색소의 발색(안토시안계 색소)
- 씹히는 맛을 좋게 한다. (연근 등에는 무틴이라는 물질이 포함되어 있기 때문에, 초를 사용하면, 무틴의 끈기를 제거하여 시원한 맛을 내게 한다.)
- 보존효과(초절임)
- 살균효과 등

(4) 간장

간장은 일본요리에 있어 빼놓을 수 없는 조미료의 하나이다. 처음에는 생선을 보존하기 위한 목적으로, 생선을 소금에 절여 돌을 얹어 압력을 더하는 등의 여러 방법으로 만들어졌지만, 소금에 절여진 생선은 점차 발효해서 단지 생선 소금 절임이 아니라 맛이 좋은 어장을 얻을 수 있었는데, 이것이 바로 간장의 기원이라 할 수 있다. 현재 제조기술의 발달로 간장의 종류도 다양해져 여러 종류의 맛과 향을 가진 간장이 만들어지고 있다. 간장은 기호성이 강한 조미료이기 때문에, 지방에 따라 독특한 맛을 살린 여러 간장이 만들어지고 있으며, 요리에 적합한 간장을 선택하는 것이야말로, 최고의 요리를 만들 수 있는 방법이라 하겠다.

① 간장의 기능

- 맛과 향의 기능
- 삼투압기능
- 보존효과
- 살균효과
- 비린내 제거 등

② 간장의 종류

- 진간장 : 일반적으로 조리할 때 사용하는 진한 간장을 말한다. 간장 생산량의 80% 이상을 차지하고 있으며 색, 맛, 향이 좋아 대부분의 요리에 적합하다. 가열하면 향이 날아가고, 맛도 손상되기 때문에 사용 시 주의가 필요하다.

- 연간장 : 요리의 마무리나 소재의 색을 살리고 싶을 경우에 사용하는 간장을 말한다. '연하다는 것'은 맛과 색이 연하다는 의미이지 간이 약하다는 의미는 아니다.

③ 간장의 판별

간장을 선택할 경우에는 그 좋고 나쁨을 판별할 수 있어야 한다. 간장은 향, 윤기, 맛, 점성의 네 가지로 구분한다.

- 향 : 냄새를 맡았을 때, 식욕을 돋우는 향기가 있는 것이 좋다.
- 윤기 : 빛을 비추어보았을 때 맑은 투명감과 아름다운 적갈색을 띠고 광택이 있는 것이 좋다.
- 맛 : 부드러운 맛으로 불쾌한 느낌이 남지 않는 간장이 좋다.
- 점성 : 간장은 어느 정도 점성을 가지고 있는 것이 좋다. 너무 끈적이는 것은 바람직하지 않지만 간장 나름의 농도가 있어야 한다.

(5) 술(청주)

술은 알코올음료로서, 전분을 분해해서 알코올로 바꿀 수 있는 것이면 대부분 모든 것으로 만들 수 있기 때문에, 각국 각지에서 만들어지고 있다. 나라에 따라 원료가 다르고, 각각 서로 다른 특징을 가지고 있다. 청주는 보존 중에 향, 맛, 색 등이 변하기 쉽고, 장기간 상온에 보존해 두면 초가 되어버리는 경우도 있다. 따라서 직사광선을 피하고, 온도가 높은 계절에는 차가운 곳에 보관해야 한다. 요리에 사용할 때 알코올은 불필요하기 때문에, 조미료로써 술을 사용할 경우는, 끓여서 알코올을 날린 후에 사용한다.

- 단백질을 부드럽게 함
- 어패류의 비린내를 없앰

(6) 맛술

맛술은 소주를 가공한 재생주로 소주에 누룩과 찐 찹쌀을 넣어 숙성시켜 만든다. 약용주 또는 정월에 축하주로, 귀신을 쫓아버리는 의미로 조금씩 마신다. 조미료로

써 맛술은 조림에 윤기를 내거나 구이요리에 다레(たれ) 등을 만들 때 이용된다.

- 단백질 응고
- 맛의 기능(단맛)
- 재료를 부드럽게 해줌
- 재료를 윤기 있게 해줌

(7) 된장

콩을 주원료로 하여 쌀, 보리 등 여러 잡곡에 소금을 첨가하여 방부역할을 함과 동시에 간이 되고 효소분해와 발효작용을 거쳐 완성된 발효식품이다. 원료에 따라 쌀된장, 콩된장, 보리된장 등으로 구분되며 그 외 식염의 양에 따라 단된장과 짠된장으로 나누어지거나 색에 따라 흰된장, 적된장 등으로 나뉜다.

- 맛과 향
- 삼투압 조절
- 보존효과
- 비린내 제거 등

2) 오일(Oil)

튀김, 부침, 무침, 드레싱 등 여러 용도로 쓰이는 oil은 음식을 한결 윤기 있게, 맛깔스럽게, 그리고 향을 내는 등의 효과를 갖는다.

참기름, 들기름, 콩기름, 옥수수기름 등도 많이 이용해 왔지만, 최근 건강에 대한 관심이 높아지면서 올리브오일과 카놀라오일, 홍화유 등 고급 식용유의 소비가 늘어나고 있다. 오일(oil)이라는 단어는 올리브에 대한 라틴어 oliva에서 유래되었다.

상온에서는 액체로서 점성이 있고, 가연성이며 물에 용해되지 않고 물보다 가벼워서 수면 위에 엷은 층을 이루어 퍼지는 물질이다.

올리브오일은 오랫동안 샐러드오일로 사용되어 왔고, 맛의 범위가 아주 다양하게 만들어졌다. 올리브오일뿐만 아니라 여러 종류의 오일들이 맛있는 샐러드오일용으로 시판되고 있으며, 특히 부드러운 성질을 가진 견과오일이 개발되었다.

(1) 오일의 분류

기름은 동 · 식물성 기름과 광물성 기름으로 크게 분류하며, 식용으로는 동 · 식물성 기름이 많이 쓰이고 있다.

① 동물성 기름

동물성 기름은 일반적으로 각종 고급 지방산인 글리세르에스테르(글리세리드)로 되어 있다. 지방산에는 스테아르산, 팔미트산, 미리스트산 등의 포화지방산과 올레산, 리놀산, 리놀렌산 등의 불포화지방산이 있다. 이러한 글리세리드는 상온에서 액체인 것과 고체인 것이 있는데, 일반적으로 전자는 기름, 후자는 지방이라고 하여 구별한다. 어유는 불포화지방산인 글리세리드로 인해 악취를 풍기나, 니켈촉매를 써서 수소를 첨가하면 경화유가 된다. 이에 비해서 소, 돼지에서 채취되는 유지는 포화도가 높다.

- 우락(버터) : 우유의 지방에서 만드는 것으로, 소화흡수가 좋고, 영양가가 높고, 풍미가 풍부하다.
- 쇠기름(vet) : 소의 기름으로 그리스(grease : 진득진득한 윤활유)라고도 한다.
- 돼지기름(lard) : 돼지에서 채취한 것으로, 쇠기름보다 가벼운 맛의 기름이다.

② 식물성 기름

식물성 기름은 포화도에 따라 아마인유, 동유, 대마유 등의 건성유와 콩기름, 참기름, 채종유 등의 반건성유 및 파마자유, 올리브유 등의 불건성유, 야자유 등의 고체유지로 분류된다.

대부분의 식용유는 몇 가지만 제외하고 식물의 씨에서 얻어진다. 식용유는 항상 액체상태이고 융점이 없기 때문에 사용하기가 좋다.

지방과 기름의 저장은 빛, 수분, 높은 온도 등과 접촉하면 불쾌한 냄새가 나므로 진공용기에 담아 어둡고 건조한 21℃ 이하인 곳에 보관해야 한다. 기름은 가공과정에서 열압처리 혹은 냉압처리를 하여 얻게 되는데, 냉압처리는 올리브유, 코코넛유,

해바라기씨유 등에 쓰이며, 이때의 온도는 49℃를 넘지 않도록 한다.

열압처리는 식품세포 안의 기름을 약 80℃로 예열시킨다. 이런 방법으로 얻어진 기름은 추출이 쉽고 묽다. 냉압처리하여 얻은 기름은 상당히 비싸다. 처음 압력을 가한 후 다시 압력을 주면 더욱 좋은 기름을 얻을 수 있다.

(2) 오일의 추출법

① 가열 압축법

오일은 눌러지거나(press), 짜내(extract)질 수 있다. 짜내는 과정에서는 솔벤트로 으깨지거나 빻아진 뒤 솔벤트가 증류빙으로 제거된다. 이 방법은 많은 양의 기름을 생산하지만, 다시 정제해야 한다. 이 정제과정에서 산기가 제거되고, 탈색되며, 걸러지는 향에서 중성이고(무향), 오래 보관되며, 높은 열에 견딜 수 있는 상품으로 생산된다. 다른 모든 유기물질 등이 제거된 상태이므로 가열 압축법 또한 비슷한 생산품을 만든다.

② 비가열 비정제 오일

가열하지 않고 압착되었으나 정제되지 않은 오일은 차갑고 어두운 장소에 보관해야 하고, 되도록 빨리 사용해야 한다. 오일의 좋지 않은 부산물을 제거하기 위하여 살짝 가열하기도 하지만 잔존하는 지방성분들이 오일을 변질시킬 수 있다. 비가열 압착된 비정제 오일은 우리 몸이 요구하는 불포화지방산을 함유하고 있다. 이 오일은 비타민 E, 레시틴, phosphate를 함유하고 있다. 또한 비가열 압착된 비정제 오일을 샐러드용으로 사용하면 좋은 영양학적 가치와 향기를 얻을 수 있다.

(3) 오일의 종류

① 올리브오일(Olive oil)

신이 인간에게 내린 최고의 선물이란 찬사를 받는 올리브유, 올리브나무의 열매에서 추출한 것으로 조리용과 샐러드용으로 가장 많이 사용된다.

올리브유에는 단순 불포화지방산인 식물성 지방이 다량 함유되어 있는데 이것이 혈중의 나쁜 콜레스테롤 LDL의 수치를 13%까지 낮춰주고 좋은 콜레스테롤 HDL을 생성하는 효능이 있는 것으로 알려져 있다.

또 리포좀(Liposomes), 비타민 A, B, C, D, E, F 등이 풍부하게 함유된 데다 노화 방지 효소가 40여 가지나 돼 중년 여성들에게 생기기 쉬운 골다공증을 예방할 수 있다. 또한 위액과 췌장액의 분비를 촉진시켜 소화장애, 변비, 과민성 대장장애 등을 완화시킬 뿐 아니라 동맥경화, 심근경색, 협심증 등 심혈관 관련 질병예방에 좋다.

올리브유를 사용하면 음식이 쉽게 타지 않고 기름 냄새가 전혀 없어 음식 고유의 맛과 향을 그대로 살릴 수 있다. 게다가 조리 후 남은 음식을 다시 먹어도 역한 기름 냄새가 나지 않는다. 올리브유는 튀김용으로 최상이라 할 수 있는데, 닭이나 새우 등 콜레스테롤이 높은 음식을 튀길 경우 올리브유가 함유하고 있는 마이너스 콜레스테롤 효소가 콜레스테롤의 수치를 낮춰준다. 샐러드드레싱으로 달걀노른자에 식초와 올리브유를 적당히 섞은 다음 반고체상태에서 두면 마요네즈를 대신해서 먹을 수 있다.

올리브유에는 산화 방지효소가 있어 한 번 사용한 후 음식의 부스러기를 걸러낸 뒤 깨끗한 그릇에 담아 서늘한 곳에 보관해 두면 최고 10회 정도 재사용할 수 있다. 다른 식용유보다 가격이 비싼 편이고, 산지에 따라 향과 순도가 다른데 스페인산 보르겟 올리브유가 최상품으로 꼽힌다.

② 포도씨 오일(Grape seed oil)

포도씨 오일은 가볍고 매우 옅은 기름으로 프랑스와 이태리에서 유명하고, 즐겨 찾는 샐러드용 기름이며 좋은 견과 맛이 난다. 포도씨에는 성인병에 좋은 리놀렌산과 베타시토스테롤, 알파토코페롤 등이 많이 함유되어 있어 동맥경화증, 고혈압 등의 질병 예방기능이 있으며 인체 내에서 발생하는 지질의 산패를 지연시킴으로써 항산화 역할도 한다.

③ 호두 오일(Walnut oil)

호두 오일은 페리코드의 특산이 비가열 압착으로만 만들어진다. 생으로 추출한 프랑스산 호두기름은 사용할 수 있는 가장 귀중한 기름 중 하나로 호두의 그윽하고 부드러운 맛으로 뛰어난 맛을 자랑하며 많은 영양소를 함유하고 있다. 호두 오일은 상하기 쉽기 때문에 적은 양을 구입하며 더운 날씨에는 냉동 보관한다.

④ 해바라기씨유(Sunflower oil)

해바라기씨에서 추출한 기름으로 깔끔하고 비릿한 맛이 적어 식용유 자체의 순수한 맛을 100% 즐길 수 있다. 콩기름과 같은 냄새가 전혀 없어 음식 재료의 맛과 향을 그대로 낼 수 있다. 채소튀김이나 볶음 등에 주로 애용되는 식용유이다.

⑤ 아보카도 오일(Avocado oil)

아보카도 오일은 영하 50℃ 이하에서 저온압축법을 이용해 제조한다. 아보카도 과육에서 추출한 순수 식물성 오일로서 각종 드레싱 소스나 쿠킹 오일로 이용되는 뛰어난 건강식품이다. 불포화지방산이 많아 혈액 속에 있는 나쁜 LDL콜레스테롤을 줄여줄 뿐만 아니라 베타시토스테롤(Beta-Sitosterol)이라는 천연 섬유질을 다량 함유하고 있어 좋은 콜레스테롤을 증가시켜 줌으로써 피 속의 균형적인 콜레스테롤 유지를 도모한다.

특히 심장병과 전립선 질환에 뛰어난 효능이 있으며, 체내 칼슘의 흡수 촉진을 원활히 하여, 청소년의 성장발육에 도움이 된다. 또한 비타민 E가 풍부해 아보카도 오일을 건조한 피부나 모발의 탄력을 위해 몸에 바르기도 하는 등 기초 미용재료로 많이 사용하고 있다. 맛이 부드럽고 진해 고유의 음식 맛을 약하게 하지 않으며, 요리의 자연 그대로의 맛을 살려주며 섬세한 맛을 내야 하는 생선요리나 닭고기요리에 더욱 좋다. 프랑스 등 서양음식이나 아시안 스타일의 요리에 자주 이용되며, 255℃가 될 때까지 타거나 연기가 나지 않는 높은 연소점을 가지고 있어, 고기를 굽거나 채소, 고기를 볶을 때 좋다. 아보카도 오일은 막 제조된 신선한 제품이 가장 좋다. 냉장고 안에 보관하지 말고, 서늘한 장소에 보관하며, 뚜껑을 개봉하지 않은 상태에서는 최소 2년간 신선도가 유지되나, 개봉 후 3개월 이내 사용하는 것이 좋다.

⑥ 카놀라 오일(Canola oil)

올리브 오일에 이어 최근 소비가 늘고 있는 카놀라 오일의 원료는 캐나다에서 나는 품종을 개량한 유채씨다.

유채꽃의 종자 즉 채종이며, 여기에서 얻은 기름을 채종유라고 부르는데 카놀라 오일은 이 채종유와는 다르다. 캐나다에서는 세계의 유채품종을 모아서 교배에 의한 품종개량을 시도한 결과, 1978년 에르크산이 5% 이하이고 글루코시노레이트류가 0.3% 이하인 품종을 개발하여 '카놀라'라고 품종등록을 했다.

카놀라 오일은 포화지방산이 7% 이하로 적고, 고도불포화지방산도 약 10% 가까이 함유하고 있다. 또 오메가 6계열 지방산인 리놀렌산에 대한 비율이 대두유보다 높다. 또한 항산화물질인 토코페놀이나 대장에서 콜레스테롤 흡수를 억제하는 식물 스테론의 함량도 비교적 많아서 건강에 매우 좋은 기름이다.

⑦ 참기름(Sesame oil)

참깨를 압착하여 얻는 식용유로 한국, 중국, 일본, 동인도, 북아메리카 등지에서 많이 생산된다. 참기름은 수천 년간 요리용으로 사용되어 왔다. 이것은 마가린 제조와 샐러드기름으로도 사용된다. 참기름은 필수지방산이 매우 많이 함유되어 있다.

생 흰참깨씨로부터 추출한 옅은 참기름은 담황색이고 맛이 부드럽다. 구운 참깨씨로부터 짠 짙은 갈색기름은 독특한 맛과 향이 나기 때문에 샐러드에는 순한 기름과 희석하여 쓰거나 독특한 채소에 사용한다.

⑧ 옥수수기름(Corn oil)

옥수수기름은 무색무취로 일반 콩기름에 비해 가열 안전성이 좋고 쉽게 산화되지 않는다. 때문에 가열해도 냄새가 쉽게 날아가지 않아 튀김이나 볶음용으로 사용하면 좋다. 무엇보다 옥수수 특유의 고소한 맛을 충분히 살릴 수 있는 만큼 튀김용으로 적합하다. 게다가 보존성과 풍미의 안전성이 뛰어나 가공식품, 예컨대 마요네즈나 드레싱과 같이 비교적 오래 두고 먹을 수 있는 식품을 만들 때 옥수수기름을 사용한다. 옥수수 씨눈(배아)에는 지방이 25~27%가량 들어 있는데, 그 성분은 올레산이 40~45%, 팔리틴산이 5~8%로 콩기름과 비슷하다. 옥수수기름은 리놀렌산, 비타민 E(토코페놀)가 풍부하고 콜레스테롤이 전혀 없어 성인 건강 및 어린이 영양에 좋다. 특히, 비타민 E는 피부의 건조와 노화, 습진 등을 예방하는 데 도움이 된다.

⑨ 고추씨유

고추씨는 전체 건고추의 10~20% 정도를 차지하는데, 일부를 분리하여 압착하면 질 좋은 식용유가 만들어진다. 고추씨는 지방함량이 28%로 높고 특유의 고소한 맛이 난다.

⑩ 들기름

들깨로부터 압착하여 채취한 기름으로 식용에 적합하도록 처리한 것을 말한다. 들깨는 인도, 중국 등이 원산지로 현재는 한국, 일본, 그 밖의 여러 나라에서 재배된다. 들깨는 독특한 향기를 가지고 있어 기름에서도 향기가 난다. 들깨에는 40~45%의 기름이 들어 있는데, 기름을 구성하는 지방산 중 리놀렌산이 49% 정도로 가장 많고, 리놀렌산 33%, 리놀렌산 11%의 비율로 함유되어 있다.

이들 지방산은 고도의 불포화산으로 영양적으로 보아 필수지방산을 많이 함유하고 있으므로 질이 좋은 기름에 속한다. 그러나 그 성질로 보아 건성유에 속하므로 공기 중의 산소와 결합하여 굳어진다.

⑪ 콩 오일(Soybean oil)

대두유라고도 하며 중국이 원산지이다. 주로 미국, 브라질과 같은 지역에서 재배된다. 고도의 불포화지방산을 많이 함유하고 있는데, 이들 지방산은 비타민 F라고 불리기도 하며, 인체에 필수적인 지방산이다. 콩 오일은 순한 기름과 희석하거나 적은 양을 사용하지 않는다면 샐러드용으로는 좋지 않다.

⑫ 홍화씨유(Safflower oil)

홍화씨에서 추출한 홍화씨유는 대개 일식 요리에서 많이 사용하는 기름이다. 열에 매우 약해 단독으로 사용하기보다는 다른 식용유와 적당히 섞어서 사용하는 게 일반적이다. 튀김용으로 쓰이기도 하나 여러 가지 무침에 적당하다. 최근 여성들의 골다공증에 치료 효과가 있다고 보고된 바 있다. 홍화씨유는 콜레스테롤 과다에 의한 동맥경화증의 예방과 치료에 좋다고 한다. 예부터 골다공증, 머리가 무겁고 뒷목이 뻐근할 때, 허리가 아프고 어깨가 뻐근할 때 홍화씨를 갈아 죽을 쑤어 먹으면 효과를 빨리 볼 수 있다고 했는데, 그 이유는 다량의 리놀렌산이 들어 있어 혈행을 개선시켜 주기 때문으로 본다. 맛이 좋지는 않지만 맛있는 오일과 섞어 사용하거나 매우 담백한 드레싱류에만 사용한다.

(4) 스파이스 오일 만드는 방법

① 파기름 만들기

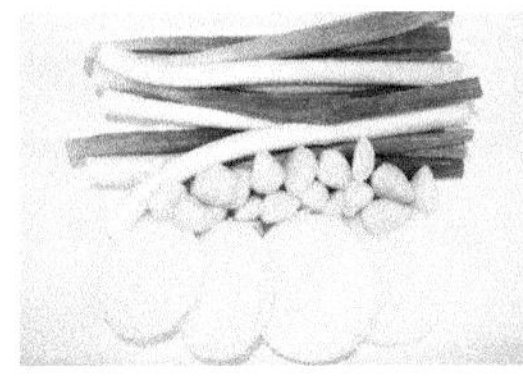

대파, 마늘, 생강을 준비한다.

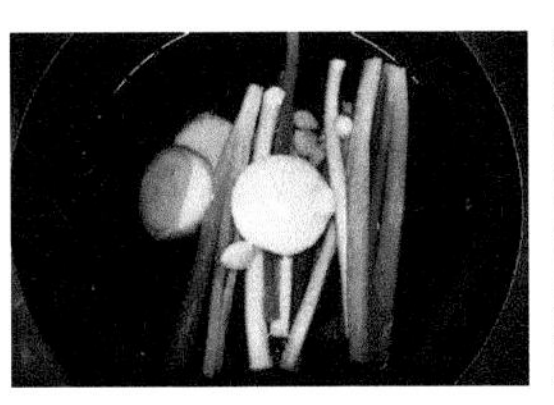

팬에 식용유를 붓고 온도가 오르면 준비한 재료를 넣는다.

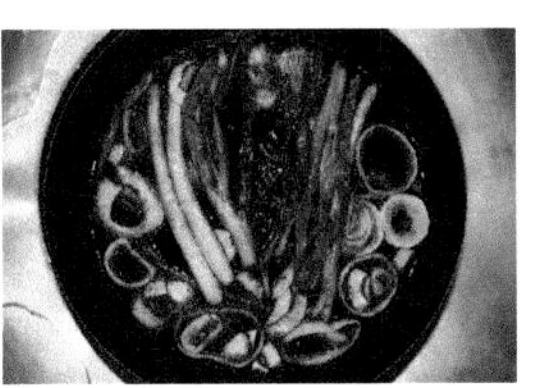

재료의 색깔이 갈색이 나도록 약불에서 튀겨낸다.

재료를 걸러내고 식힌 후 사용한다.

② 고추기름 만들기

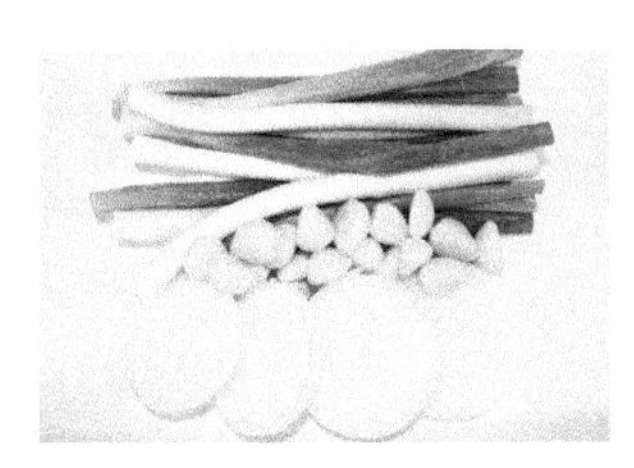

대파, 마늘, 생강을 준비한다.

굵은 고춧가루를 준비한다.

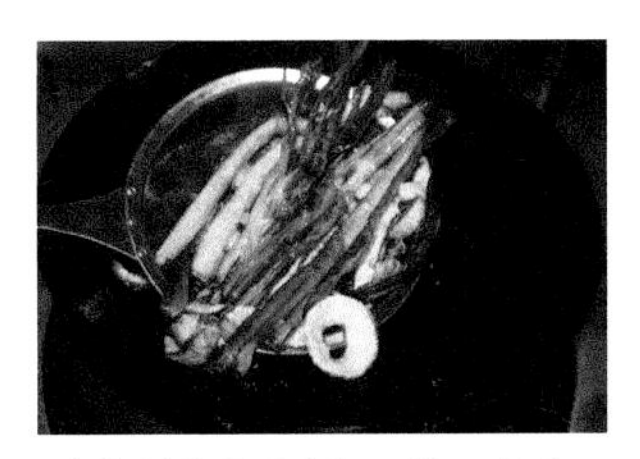

팬에 식용유를 붓고 온도가 오르면 대파, 마늘, 생강을 넣고 갈색이 날 때까지 튀겨낸 후 재료를 걸러낸다.

믹싱볼에 고춧가루를 넣고 걸러낸 기름을 붓고 국자로 저어준다.

고운 천으로 걸러낸 후에 사용한다.

③ 갈릭오일 만들기

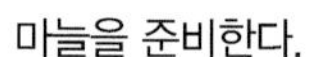

마늘을 준비한다.

팬에 식용유를 붓고 온도가 오르면 마늘을 넣고 튀긴다.

마늘이 갈색이 나도록 튀긴다.

식혀서 사용한다.

④ 허브오일 만들기

로즈메리 또는 타임을 준비한다.

팬에 식용유를 붓고 온도가 오르면 허브를 넣고 튀긴다.

허브가 튀겨지는 소리가 나지 않으면 불을 끈다.

식혀서 사용한다.

3) 향신료

향신료를 의미하는 spice와 herb는 모두 식물의 일부를 음식의 맛, 향, 색을 내기 위해 사용하는 재료이다. Spice(스파이스)는 여러 가지 방향성 식물에서 얻어지는 것으로, 식물의 가지, 열매, 껍질, 뿌리 등을 사용할 때 부르는 이름이며 통째로 또는 건조시켜 가루로 사용한다.

허브는 Health(건강), Edible(식용), Refresh(원기회복), Beauty(미)의 앞 철자를 따서 만든 합성어로 따뜻한 지방에서 자라며 줄기, 잎, 꽃봉오리 등 부드러운 부분을 이용하고 사람들의 생활에 도움이 되는 향기가 있는 식물을 총칭한다. 다시 말하면 허브는 '향이 있으면서 인간에게 유용한 식물'이라고 할 수 있다. 허브는 라틴어로 '녹색 풀'을 의미하며 herba에서 파생되어 프랑스를 거쳐 영국으로 건너갔기 때문에 영어권 국가에서 허브 또는 아브라고 불린다. 대부분 허브라고 한다면 원산지가 주로 유럽, 지중해 연안, 서남아시아 등에서 만 재배되는 것으로 알고 있지만, 우리 조상들이 단오날에 머리에 감는 데 쓰던 창포와 민간요법에 쓰이던 쑥, 익모초, 결명자 등을 모두 허브라고 할 수 있다. 스파이스는 허브를 포함하는 개념으로 스파이스와 허브는 사용하는 부위에 따라 나뉘는데 스파이스는 방향성 식물의 가지, 열매, 뿌리, 씨앗 등으로 향이 강하며, 허브는 주로 잎이나 꽃잎처럼 부드러운 부분을 사용한다.

향신료를 요리에 이용할 때는 세 가지 방법으로 사용되는데 요리의 준비나 중간에, 요리의 마지막에, 테이블에서 고객의 기호에 따라 이용된다.

요리에서 향신료의 기능을 보면 허브가 함유한 정유성분이나 화학성분 등에 의해 음식물에 풍미작용을 하며, 식욕을 촉진시키거나 소화흡수를 도움으로써 신진대사에 도움을 주고, 음식의 색을 더해주는 착색기능, 불쾌한 냄새를 억제시켜 주는 기능 등이 있다.

	■ **Basil(바질)** 원산지는 동아시아로 민트과에 속하는 1년생 식물. 프랑스와 이태리 요리에 많이 사용되며, 머리를 맑게 하고 두통을 없애는 효과가 있고 신경과민, 구내염, 강장효과도 있어 널리 사용된다. 건조시킨 바질은 신선한 것에 비하여 풍미나 향기가 다소 떨어지지만 음식물의 부향제로는 지장이 없다. **용도** : 토마토를 이용한 요리, 닭고기, 어패류, 채소, 소스에 많이 이용된다.
	■ **Oregano(오레가노)** 다년초 뿌리로 추위에 강하고 병충해도 잘 견디며, 민트과의 한 종류로 톡 쏘는 향기와 상쾌한 맛을 가지고 있다. 와일드 마조람이라고도 불리는 오레가노는 잎은 작고 거칠며 두껍다. 생으로 이용하는 것보다 건조시켜 사용하는 것이 향이 좋으며, 방부력, 진통, 강장효과, 소화기능 증진에 효과가 있다. **용도** : 이태리 요리, 멕시코 요리, 가금류, 생선, 육류, 채소, 토마토소스, 스튜, 피자 등에 폭넓게 사용된다.
	■ **Marjoram(마조람)** 지중해지역이 원산지이며 특유의 향기와 매운맛을 가진 다년생으로 소화, 강장, 신경안정 등에 효과가 있고 특히 진정작용이 뛰어나 건강음료로써 차로도 널리 애용되었다. **용도** : 닭, 돼지, 생선, 달팽이, 토끼요리, 햄, 육류요리의 소스, 소시지, 스튜, 감자수프, 조개, 채소 등 모든 요리에 쓰이며, 특히 이태리 요리와 육류요리에서는 빼놓을 수 없는 중요한 향신료이다.

<table>
<tr><td></td><td>■ Thyme(타임)
남유럽과 지중해 지역에서 자라는 다년생인 타임은 향기를 피운다는 뜻으로 강한 향기는 장기간 저장해도 손실되지 않으며, 향이 멀리까지 간다 하여 백리향이라고도 한다. 타임은 강장효과, 두통, 우울증과 같은 신경성 질환, 소화를 돕고 식욕을 증진시켜 위장기능을 강화시켜 준다.
용도 : 육류, 가금류, 소스, 피클, 수프, 스튜, 햄, 소시지 등에 흔히 쓰인다.</td></tr>
<tr><td></td><td>■ Coriander(코리앤더) 또는 Silantro(실란트로)
지중해의 여러 나라에서 자생하며 파슬리과의 한해살이로 고수, 차이니스 파슬리라고도 하고, 잎과 줄기만을 가리켜 실란트로라고도 한다. 은은한 향이 있고 위를 튼튼하게 하며 장내의 가스를 배출시키고 해독작용을 한다.
용도 : 중국 특히 광동식 요리, 베트남, 싱가포르, 태국 등의 음식에 많이 쓰인다. 인도, 동남아, 아랍에서는 잎을 육류요리나 생선요리의 냄새를 없애고 맛을 내는 데 이용하고, 유럽에서는 씨앗을 이용하여 빵, 생선, 고기류에 후추처럼 사용한다.</td></tr>
<tr><td></td><td>■ Parsley(파슬리)
지중해 연안국들이 원산지인 파슬리는 정원초로 밝은 녹색 식물이며, 비타민 A를 많이 함유하고 있고, 소화를 돕는 소화효소가 풍부하다.
용도 : 샐러드, 수프, 채소, 생선, 고기 등에 쓰이고, 많은 요리의 가니쉬로 사용된다.</td></tr>
<tr><td></td><td>■ Mint(민트)
지중해 연안의 다년초로 전 유럽에서 재배되며 생명력이 강하다. 품종에 따라 향, 풍미, 잎의 색, 모양이 다양하며, 정유의 성질에 따라 페퍼민트, 스피어민트, 애플민트, 캣민트, 페니로열민트, 보울스민트, 오데콜론민트로 구분된다.
용도 : 육류, 리큐르류, 빵, 과자, 음료 등에 다양하게 쓰인다.</td></tr>
<tr><td></td><td>■ Tarragon(타라곤)
라틴어의 dracun culus(작은 용)이란 뜻의 다년초로서 50~60cm로 잘 자라며, 꽃이 피어도 결실되지 않는 불염성이 특징이고 잎은 버들잎처럼 좁고 가름하며 윤기가 짙은 녹색이다.
용도 : 피클, 타라곤 식초, 닭요리, 소스, 수프, 샐러드에 주로 사용되고 식초 또는 겨자제품의 방향제로도 이용된다. 특히 육류, 토마토, 달걀요리에 많이 이용된다.</td></tr>
<tr><td></td><td>■ Rosemary(로즈메리)
로즈메리는 상록의 관목으로 유럽이나 지중해 연안에서는 방향성 식물로서 향수나 약품의 재료로 널리 알려져 있다. 상록수로 소나무와 닮은 진한 녹색 잎을 가지고 있으며, 약용식물로 강장, 진정제, 소화, 이뇨 등에 효과가 있다.
용도 : 토마토와 달걀을 주로 한 수프, 생선, 로스팅요리, 양고기, 돼지고기, 쇠고기, 오리고기 등에 이용하며 스터핑 채소, 치즈요리에 세이지와 함께 넣으면 그 맛을 더한다.</td></tr>
</table>

	■ **Lavender(라벤더)** 지중해가 원산지인 라벤더는 전체적으로 흰색 털이 있으며 그 털들 사이에서 향기가 나오는 기름샘이 있다. 라벤더의 향기는 청결과 순수함을 상징하고 살균과 방충의 효과가 있어 일석이조를 누릴 수 있다. 라벤더는 마르면 향기가 더욱 강해지고 오래 지속되며 라벤더의 향은 머리를 맑게 해주고 피로 회복에도 효과가 있어 라벤더 향수를 두통의 명약으로 이마에 바르기도 한다. **용도** : 오일, 식초, 현기증 환자의 약, 목욕제 등으로 이용된다.
	■ **Bay Leaf 또는 Laurel(월계수잎)** 지중해 연안과 남부 유럽 특히 이태리에서 많이 생산되며 프랑스, 그리스, 터키, 멕시코를 중심으로 자생한다. 생잎을 그대로 건조시켜 향신료로 사용한다. 생잎은 약간 쓴맛이 있으나 건조시킨 잎은 달고 독특한 향기가 있어 서양요리에는 필수적일 만큼 널리 쓰이는 향신료이다. **용도** : 소스, 수프, 소시지, 피클 등의 부향제로 쓰이고 생선, 육류, 조개류 등의 요리에 많이 이용된다.
	■ **Dill(딜)** 지중해 연안, 서아시아, 인도, 이란 등지에서 자생하는 미나리과의 일년초이다. 펜넬(fennel)과 비슷하여 분별이 가지 않을 경우 잎을 조금 찢어서 맛을 보면 펜넬은 단맛이 있는 것에 비해 딜은 피클과 같은 풍미가 있기 때문에 곧 구별이 된다. **용도** : 꽃은 피클, 샐러드요리의 곁들임, 잎은 연어의 마리네이드, 감자, 오이샐러드, 줄기는 생선의 소스, 생선구이의 풍미, 씨앗은 빵과 과자를 구울 때 또는 커리파우더와 함께 피클에 이용된다.
	■ **Stevia(스테비아)** '단풀'이라는 뜻의 스테비아는 국화과에 속하는 다년초이고 설탕의 300배의 단맛을 가진 물질을 포함하고 있다. **용도** : 아이스크림, 셔벗, 음료, 약품 등의 감미료로 쓰인다.
	■ **Lemon Balm(레몬밤)** 지중해 연안이 원산지로 지중해, 서아시아, 중부 유럽 등지에서 자생한다. 소화를 돕고, 식욕을 촉진하며 위장의 강장제로도 효과가 있으므로 식전 식후의 음료로 적격이다. 레몬의 향미 때문에 요리에도 널리 쓰이는데 육류요리에서 샐러드, 디저트에 이르기까지 상쾌한 부향제로 이용된다. **용도** : 냉음료, 과자, 젤리, 셔벗, 요거트, 드레싱이나 마요네즈 소스 등에 이용하면 좋다.
	■ **Sage(세이지)** 유럽 및 미국에서 재배되는 정원초로 건조시킨 세이지는 잎부분만 사용하며, 향이 강하고, 약간의 씁쓸한 맛이 있다. 위장에 좋고 입냄새 제거나 목이 아플 때 입안이나 목안에 염증이 있을 때 효과가 좋다. **용도** : 햄버거, 송아지, 돼지고기, 닭고기, 토마토, 콩류에 사용된다.

	■ **Chervil(처빌)** 유럽과 서아시아가 원산지이며 파슬리를 더 섬세하게 한 것 같은 느낌의 요리에 쓰이는 대표적인 약미식물의 하나이다. '미식가의 파슬리'라고 불리기도 한 처빌의 잎은 '아니스' 같은 감미로운 향미를 지녀서 그 독특한 향미는 파슬리와 비교가 안 될 정도다. **용도** : fresh는 수프나 샐러드 가니쉬에 쓰이고 dry는 소스나 양고기에 사용된다.
	■ **Chives(차이브)** 시베리아, 유럽, 일본 홋카이도 등이 원산지인 차이브는 파의 일종으로 키가 작고 잎이 가늘며, 톡 쏘면서도 향긋해서 식욕을 돋우는 것이 특징이다. 철분이 풍부하여 빈혈예방에 효과가 있고, 소화를 돕고 피를 맑게 하는 정혈작용도 한다. **용도** : 가니쉬, 샐러드, 크림치즈, 오믈렛요리 등에 쓰인다.
	■ **Caraway(캐러웨이)** 회향풀의 일종인 캐러웨이는 전 유럽에서 자라며 캐러웨이씨에는 소화촉진작용, 잎과 뿌리에는 내분비선, 신장기능을 강화하는 성분이 있는 약미식물이다. **용도** : 잎은 샐러드에 이용하고, 씨는 빵, 돼지고기, 양배추요리, 감자, 스튜, 케이크, 캔디 등에 이용된다.
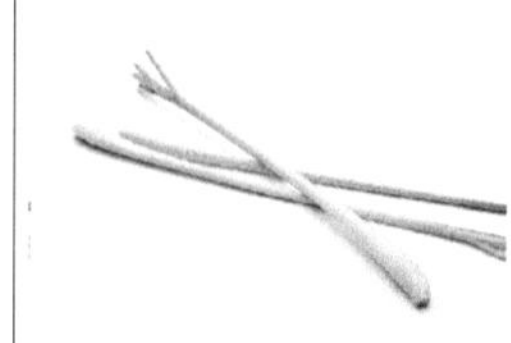	■ **Lemon Grass(레몬 그라스)** 레몬향이 나는 레몬그라스 향기의 주성분은 시트랄(citral)로써 정유의 70~80% 정도를 함유하고 있다. 따라서 레몬향처럼 쓰이며 특히 인도나 동남아시아에서는 허브차로써 일상의 음료로 사용되기도 한다. **용도** : 수프, 소스, 커리요리, 생선요리, 닭고기, 약품, 비누, 향수, 캔디 등에 이용된다.
	■ **Saffron(사프란)** 사프란은 하나의 꽃에서 3개의 암꽃술만이 채취되며, 1g의 사프란을 얻기 위해선 500개의 암술을 말려야 할 정도다. 그렇기 때문에 세계에서 가장 비싼 향신료로 유명하다. 흰 줄무늬가 있는 것보다 전체가 짙은 오렌지색인 것이 좋고 소스 등에 넣었을 때 강한 노란색을 띠며 순하면서도 씁쓸한 맛이 난다. **용도** : 프랑스 남부의 대표적인 수프의 하나인 부야베스(bouillabaisse), 스페인 요리 파에야(paella)에서 빠질 수 없는 재료이며 생선소스, 수프, 생선, 쌀, 감자, 빵 등에 이용된다.
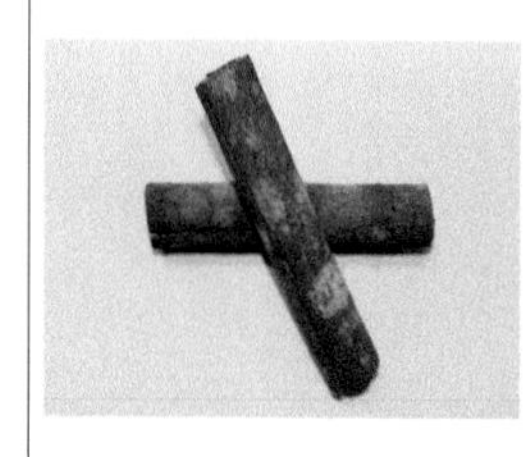	■ **Cinnamon(계피)** 정향과 함께 세계 3대 스파이스의 하나이며 가장 오래된 스파이스이기도 하다. 계수나무의 껍질을 벗기고 말린 것으로 갈색, 검은색, 노란색 등을 띠는 것도 있으며 휘발성 기름을 함유하고 있다. 계피는 상쾌함, 청량감, 달콤함 등과 더불어 독특한 향기가 있으며, 감기나 두통에 좋다. **용도** : 스튜, 과자, 음료, 케이크, 조리용 리큐르와 동양조리에 많이 이용된다.

	■ **Clove(정향)** 스파이스 중 꽃봉오리를 사용하는 유일한 품종이다. 4각의 줄기를 갖고 있는 정향나무에 꽃봉오리가 맺었을 때 수확해서 햇빛에 말린 것으로 육류의 누린내와 생선의 비린내 등을 없애주는 강한 향미와 달콤함까지 지니고 있다. **용도** : 소스, 수프, 스튜, 돼지고기, 과자류 등에 이용된다.
	■ **Nutmeg(육두구)** 육두구과의 열대 상록수로부터 얻을 수 있는 것으로 열매의 배아를 말린 것이 넛메그고 씨를 둘러싼 빨간 반종피를 건조하여 말린 것을 메이스(mace)라고 한다. 메이스가 향도 강하고 값도 비싸다. **용도** : 육류, 생선류의 비린내를 없애주고 닭고기, 버섯, 시금치요리, 수프 등에 주로 이용된다.
	■ **Turmeric(터메릭)** 열대 아시아가 원산지인 여러해살이 식물로 뿌리 부분을 건조한 다음 빻아 만든 가루를 향신료 및 착색제로 사용한다. 생강과에 속하며 풍미는 순하고 달콤하고 강한 방향성을 지니고 있고 산성에서는 선황색이 되고 알칼리성에는 붉은색으로 변한다. **용도** : 주로 카레의 염료맛을 내는 향신료로 쓰이며 겨자 및 단무지의 황색 착색제, 버터, 피클 등에 이용된다.
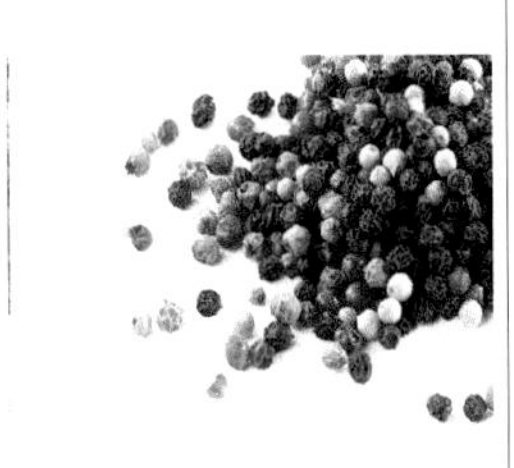	■ **Pepper(후추)** 검은 후추는 덩굴에서 얻은 것으로 덜 익은 열매이고, 완전히 익었을 때는 붉은색으로 변하는데 이것으로 핑크 통후추를 만든다. 또한 완전히 익은 후추를 말려 외피를 벗겨 흰 후추를 만들어 사용한다. 초록 통후추는 검은 후추를 만들기 전에 만든다. **용도** : 통후추는 그대로 돼지고기 조림, 소시지 등의 육가공요리와 피클 등에 사용되고 분말은 채소, 고기, 생선, 달걀, 소스 등 요리에 없어서는 안 될 아주 중요한 향신료이다.
	■ **Anise(아니스)** 아니스는 vegetable anise와 star anise로 구별되며 채소 아니스는 구근으로 구별하고 스타 아니스(소위 중식에서 오향장육을 만들 때 사용하는 8각)는 중국 목련 나무씨와 2씨방이다. 아니스는 지중해 연안에서부터 아시아에 걸쳐 자생하고 스페인 malage종과 russia종의 향이 좀 더 좋다. **용도** : 신선한 잎은 샐러드나 수프에 향을 내기 위해 사용하고, 씨는 그대로 사용하거나 가루로 만들어 카레, 케이크, 캔디, 오향장육, 소스 등에 널리 이용된다.
	■ **Paprika powder(파프리카가루)** 맵지 않은 붉은 고추의 일종으로 열매를 건조시켜 매운맛이 나는 씨를 제거한 후 분말로 만들어 사용한다. 생산지에 따라 모양과 색이 다른데 스페인산은 빨간색으로 달콤하고 헝가리산은 검붉고 얼얼하며, 헝가리안 굴라시, 카나페 등 헝가리 음식에 많이 사용된다. **용도** : 생선, 새우, 굴 등에 주로 사용되고, 착색제로서 수프, 소스, 드레싱에도 이용된다.

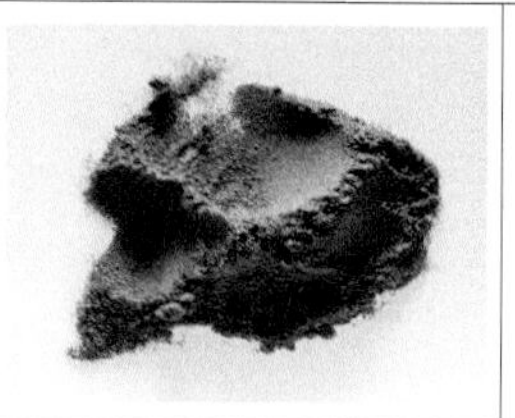

■ Curry powder(카레가루)
인도에 기원을 둔 혼합양념으로 좋은 맛을 내기 위해 적당량씩 혼합한 12가지 이상의 양념으로 구성되어 있다.
용도 : 고기, 생선, 닭고기, 밥, 수프, 일부 조개요리의 간을 맞추는 데도 사용된다.

9. 채소류

1) 채소의 개요

채소란 다양한 맛과 조직, 색으로 구성되어 있고 영양학적으로 보아도 특수한 비타민, 무기질 등을 많이 함유하고 있다. 특히 수분이 70~80% 정도 있는 반면 칼로리, 단백질 등의 함량이 적어 체중을 줄이는 식이요법에 많이 사용되고 있고 날것, 삶은 것으로 저장한 상태에서 먹을 수 있는 모든 식물 혹은 식물의 부분을 말하며, 영양가 면에서도 매우 중요하다. 여러 종류의 상추는 모든 샐러드의 기본요소가 된다. 즉석에서 만든 샐러드의 인기가 높아짐에 따라 코스 상추의 수요가 증가하였다. 좋은 상추의 특징은 가운데가 연한 초록색이고 견고하기는 하지만 딱딱한 결구가 아니며 신선하고 부드러운 잎들을 가지고 있다는 것이다.

본래 채소는 중국에서 온 말이다. 채소는 알칼리성 식품으로 산성인 고기, 생선 등과 곁들이면 영양학적으로 균형을 취하는 데 너무나도 중요한 의미를 지니고 있다. 일본은 채소라고 말하고 우리나라에서는 나물이라고 불렀다. 엄격히 구분하면 재배나물(남새, 채소)과 채산나물(산채, 산나물)로 나눌 수 있다.

우리가 재배하는 모든 채소는 원시시대부터 유래된 것으로 물론 몇몇 종의 경우 원산지가 알려져 있지 않으나 현재의 많은 채소들이 선사시대부터 경작되었다는 것만은 확실하다. 원시시대에도 세계 도처에서 채소가 재배되었을 것이다. BC 3000년 메소포타미아의 농부들은 순무, 양파, 잠두, 완두콩, 부추, 마늘, 무 등을 재배하고 있었다. 중국인들은 오이, 순무, 무를 재배했다.

채소가 장려되어 서아시아에서 초창기에 경작되었던 농작물에서 나온 변종들이

유럽으로 퍼져 나가기 시작했으며 그리스, 로마인들은 대규모의 채소생산을 장려했다. 로마군의 퇴각 이후 지방의 농부들은 로마인들이 소개했던 작물인 당근, 부추, 꽃양배추, 마늘, 양파 그리고 양상추를 경작하기 시작했다. 스페인의 이슬람 침입자들은 살, 가지, 당근과 감귤류 과일을 재배했다. 중세에는 확대된 채소경작이 유럽 및 남부지역에서 이루어졌으며, 그곳의 채소 재배자들은 그들의 수확 일부를 수출할 수 있었다.

채소류에는 근과 구근(Root & Tubers), 엽채류(Leafy Vegetables), 그리고 기타 채소가 모두 포함될 수 있다. 채소는 색과 풍미, 질감의 변화와 다양성으로 우리의 식탁을 더욱 풍요롭게 해주기도 한다. 대다수의 국가들이 채소의 섭취를 충분히 하고 있으나 섭취량에 대해서는 많은 변화를 보이고 있지 않다. 근채류 및 경채류(Root & Tubers) 채소 섭취에 있어서 그 종류의 선택은 각 나라의 식사 패턴에 따라 차이를 보이고 있으며 그 나름대로의 독특한 식문화를 형성하고 있다.

2) 채소의 분류

채소는 종류가 많으므로 이용부분, 식물의 자연분류법 또는 생태적 특성에 따라 분류하지만 여기서는 이용부위에 따른 분류법으로 나눠보기로 하겠다. 이용부위에 따른 분류법이란 이용부위 중 식용부위를 기준으로 한 것으로 식용부위가 잎, 뿌리, 과실 중 어느 것에 속하느냐에 따라 엽채류, 과채류, 근채류로 분류하는데, 가장 편하고 쉽게 구분되므로 흔히 이용되는 분류법이다.

구 분	특수채소의 종류
엽채류(잎채소)	양상추, 로메인, 적채, 라디치오, 벨지움엔다이브, 브뤼셀스프라우트, 치커리, 적치커리, 곱슬겨자잎, 적겨자잎, 적근대, 오크리프, 케일, 청경채, 다채, 엽목단, 롤라로사, 셀러리, 루콜라 등
과채류(열매채소)	체리토마토, 파프리카, 오크라 등
근채류(뿌리채소)	비트, 콜라비, 래디시, 셀러리악, 파스닙 등
화채소(꽃채소)	브로콜리, 콜리플라워, 아티초크 등
눈경채소(순채소)	아스파라거스 등
인경채소(비늘줄기채소)	샬롯, 레드어니언 등

3) 채소의 종류 및 특성

(1) 엽채류(Leaves Vegetable)

엽채류는 양상추, 로메인, 적채, 라디치오, 벨지움엔다이브, 브뤼셀스프라우트, 치커리, 적치커리, 곱슬겨자잎, 적겨자잎, 적근대, 오크리프, 케일, 청경채, 다채, 엽목단, 롤라로사, 셀러리, 루콜라 등과 같이 잎을 이용하는 것을 말한다.

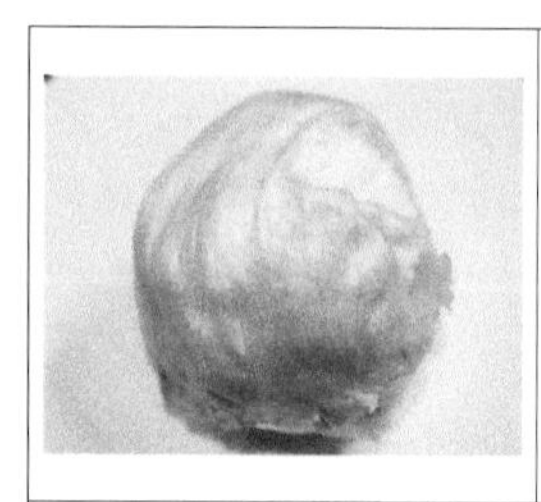	**■ 양상추(Lettuce)** 국화과의 식물로 결구상추 또는 통상추라고도 한다. 품종은 크게 크리습 헤드(Crisp head)류와 버터 헤드(Butter head)류로 나뉜다. 크리습 헤드는 현재 가장 많이 재배되는 종류이다. 주로 샐러드에 많이 이용된다. **효능** : 비타민 C와 미네랄이 풍부하다. 양상추의 쓴맛은 락투세린(Lactucerin)과 락투신(Lactucin)이라는 알칼로이드 때문인데, 이것은 최면 및 진통 효과가 있어 양상추를 많이 먹으면 졸음이 올 수 있다.
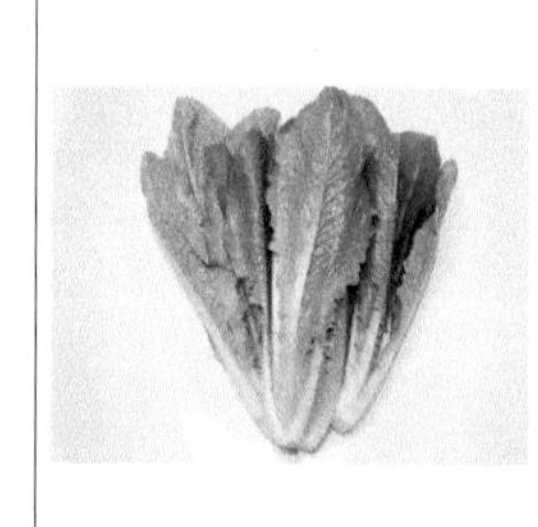	**■ 로메인상추(Cos Lettuce)** 상추의 일종이나 배추처럼 잎이 직립하여 포기가 지면서 자란다. 에게해 코스지방이 원산지여서 코스상추로 알려져 있다. 녹색계 시저스그린과 적색계 시저스레드가 있다. 시저가 좋아했다 하여 시저샐러드로도 불린다. 샐러드로 이용되고, 잎을 떼어낸 것은 쌈으로 이용된다. 잎이 부드럽고 단맛이 나서 치아가 나쁜 사람들에게 좋다. **효능** : 칼슘, 칼륨, 인 등이 풍부하다. 매일 먹게 될 경우 풍부한 비타민 C를 섭취하게 되는데 피부건조를 막고 잇몸을 튼튼하게 해주며 잇몸출혈을 막는다.
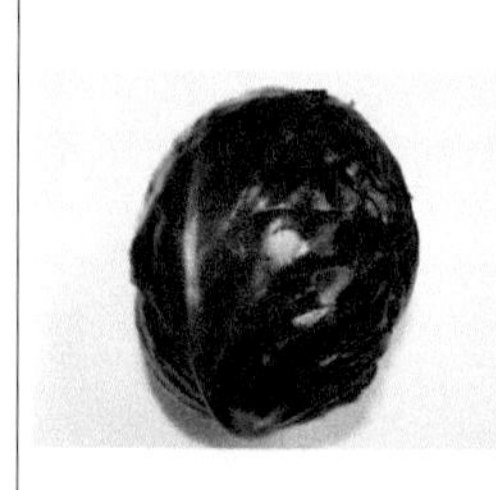	**■ 적채(Red Cabbage)** 십자화과에 속하는 양배추의 한 종류로 붉은색을 띤다 하여 붉은꽃양배추 또는 빨간 양배추, 적양배추, 루비볼이라고도 부른다. 빛깔이 독특하여 샐러드에 넣어 예쁜 색을 내는 등의 장식용으로 많이 이용된다. 또 적채의 싹은 새싹채소로 이용된다. **효능** : 흰색의 보통 양배추보다 과당과 포도당, 식물성 단백질 리신, 비타민 C 등의 영양성분이 더 많다. 또 비타민 U가 풍부하여 위궤양에 효과가 있고, 노화방지와 수은중독 방지, 간기능 회복 등의 역할을 하는 셀레늄도 풍부하다.
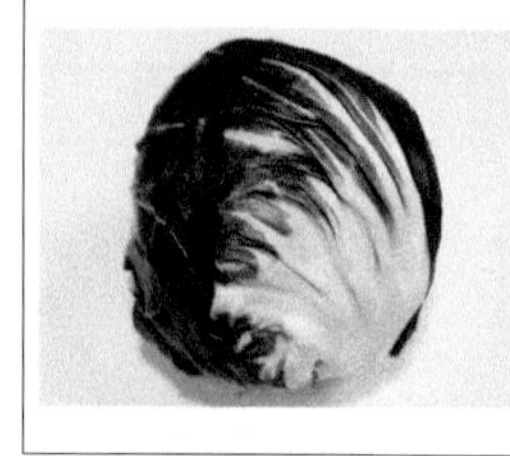	**■ 라디치오(Radicchio)** 치커리의 일종으로 이탈리안 치커리라고도 한다. 흰색의 잎줄기에 붉은 자주색의 잎을 가지고 있는데, 붉은색의 잎과 흰색의 잎줄기가 조화를 이루어 입맛을 돋운다. 주로 샐러드나 장식용으로 많이 이용되며, 이탈리아에서는 오븐에 구워 먹기도 한다. **효능** : 비타민 A · C · E와 엽산, 칼륨 등이 풍부하다. 쓴맛을 내는 인터빈 성분이 들어 있어 소화를 촉진하고 심혈관계 기능을 강화시킨다.

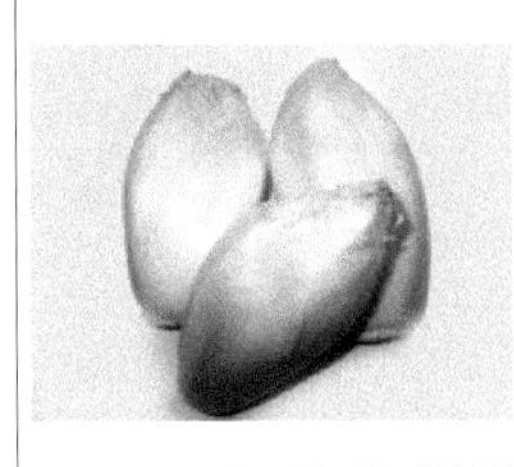	■ **벨지움엔다이브(Belgium Endive)** 치커리의 변종으로 원래 뿌리를 캐서 먹던 치커리를 촉성하여 잎을 샐러드용으로 이용하기 위해 육성시킨 변종이다. 유럽에서는 치콘(chicon)으로 잘 알려져 있고, 처음 개발된 벨기에에서는 벨지움엔다이브로 불리고 있다. 주로 샐러드로 많이 이용되며 버터에 구워서 먹기도 한다. **효능** : 비타민 A의 전구체인 카로틴이 들어 있고 철분이 풍부하며 당분이 풍부하여 몸에 잘 흡수되므로 다이어트 채소로도 인기가 높다.
	■ **브뤼셀스프라우트(Brussels Sprouts)** 우리나라에서는 방울다다기양배추라 불린다. 줄기와 잎이 달리는 겨드랑이에 2.5~3㎝ 크기의 새끼양배추가 많이 생기며 이것을 식용한다. 부드러워질 때까지 익히면 어린 양배추처럼 달콤한 맛이 난다. 얇게 슬라이스해서 콜슬로샐러드에 이용할 수 있고, 찌거나 데쳐서 발사믹 식초나 파르메산 치즈를 뿌려 먹거나, 크림이나 치즈 소스와 함께 먹는다. **효능** : 비타민 A · C 등이 다량 함유되어 있고 저장성이 좋아 신선한 채소가 부족되기 쉬운 겨울철에 환영받는 채소이다.
	■ **치커리(Chicory)** 꽃상추와 생물학적으로 매우 가까우며, 프랑스어와 영어에서는 치커리와 꽃상추를 혼동해서 사용한다. 아삭아삭하면서도 부드러운 잎의 질감은 샐러드에 이용하면 이상적이지만, 가볍게 브레이징하면 함께 요리하는 재료에 향미가 배게 된다. **효능** : 갑상선의 티록신이라는 호르몬의 분비를 촉진하며 혈관을 보호하고 신경을 안정시키는 역할을 하며, 콜레스테롤을 제거하고 포도당의 흡수를 억제하여 당뇨를 개선시킨다. 또한 비타민 A는 시력을 보호하는 데 도움을 줄 수 있다.
	■ **적치커리(Rossa Italiana)** 치커리의 한 종류로 잎의 모양이 민들레잎과 비슷하다. 로사(rossa)는 이탈리아어로 장미처럼 붉다는 뜻으로 적잎치커리, 적치커리, 적치, 또는 민들레치커리라 부르기도 한다. 잎은 진한 녹색을 띠며, 붉은색의 줄기와 색깔의 조화를 이루어 시각적으로 입맛을 돋운다. 쌈채소로 가장 많이 이용되며, 샐러드용으로도 많이 쓰인다. **효능** : 한방에서는 담즙을 증가시키는 작용이 있다 하여 담석증의 특효약으로 이용되며, 간장질환 치료제, 건위 소화제, 이뇨제, 해열제 등으로도 이용한다.
	■ **곱슬겨자잎(Curled Mustard Leaf)** 잎 모양이 장타원형으로 잎 주변이 곱슬하다. 잎을 씹었을 때 강한 매운맛이 톡 쏘아 콧속이 찡하는 기분을 느낀다. 일본 서부지역의 대표적인 김치용 채소이다. 볶음밥이나 라면에 넣어 먹거나 고기와 볶으면 특유의 풍미가 나와 맛이 좋아진다. 국내에서는 쌈, 겉절이로 이용도가 매우 높다. **효능** : 비타민 A · C가 풍부하다. 몸 안의 어독을 풀어준다고 해서 회를 먹을 때 필수적이다.

	■ **적겨자잎(Red Mustard Leaf)** 톡 쏘는 매운맛과 향기가 특징으로 잎이 자홍색을 띤 것과 청색에 적색을 띤 것이 있다. 갓과 흡사하지만 갓과는 달리 신선한 채로 잎을 먹기에 좋다. 잎이나 잎맥에 생생한 활력이 있고 엽맥에 광택이 있는 잎 두께가 두꺼운 것이 신선해서 좋다. 김치를 담그면 그 맛이 일품이고 이 김치를 라면에 넣거나 고기와 함께 볶으면 특유의 풍미가 나와 맛이 더욱 좋아진다. **효능** : 비타민 A · C가 풍부하고 칼슘, 철을 많이 함유한다. 다만 김치를 담그면 카로틴이나 비타민 C의 양이 감소한다. 눈과 귀를 밝게 하고 마음을 안정시켜 준다.
	■ **적근대(Red Rhuvard Chard)** 잎은 광택이 있고 넓으며, 줄기가 붉은색을 띤 홍근대이다. 잎을 떼어내도 다시 나오므로 햇볕이 드는 베란다, 식당, 사무실 등에서도 길러 먹을 수 있는 아름다운 새로운 먹거리 채소이다. 쌈, 샐러드에 주로 이용되지만, 살짝 데쳐서 무침이나 국거리 등으로도 먹는다. **효능** : 비타민 B_2, 칼륨, 철이 풍부하다. 여성의 피부미용에 좋은데 지방의 축적을 방지하는 다이어트 채소이다. 당근, 양배추, 양파 등과 함께 자주 섭취하면 장암, 자궁암, 설암에 걸리는 비율이 낮아진다고 한다.
	■ **오크리프(Oak Leaf)** 참나무잎 모양을 닮은 유럽상추의 한 품종으로 특이한 자태로 청색계와 적색계가 있다. 맛이 아삭거리며, 단맛이 나고 잎줄기가 도톰해서 즙이 많다. 잎 모양이 독특해 식욕을 돋우는데 샐러드, 쌈으로 이용된다. 서양에서는 고기를 들 때 필수적으로 애용되는 샐러드채로 국내에서의 이용도가 점점 높아지고 있다. 생채, 비빔밥, 무침 등으로 먹는다. **효능** : 비타민 C, 규소가 풍부하다. 잇몸출혈, 피부건조 방지 효과가 있고, 신진대사도 활발하게 한다.
	■ **케일(Kale)** 십자화과의 2년생 또는 다년생 식물로, 곱슬케일, 쌈케일, 꽃케일 등의 종류가 있다. 녹즙용으로 가장 좋은 양배추의 선조이다. 진한 녹색잎으로 단맛이 있고 부드럽다. 녹즙, 쌈, 샐러드로 이용된다. 단맛이 있어 쓴맛 나는 치커리류나 엔다이브류와 같이 먹으면 좋다. **효능** : 녹황색 채소 중 베타카로틴의 함량이 가장 높은 식품이다. 항암작용에 필요한 섭취량은 하루 1500g 정도이며 가능하면 믹서기에 갈아 주스를 만들어 마시는 것이 좋다. 조혈작용, 빈혈에 좋다. 또한 청혈작용을 하고 장을 청소, 신진대사를 촉진시키며 새로운 세포 생성에 효과가 있다.
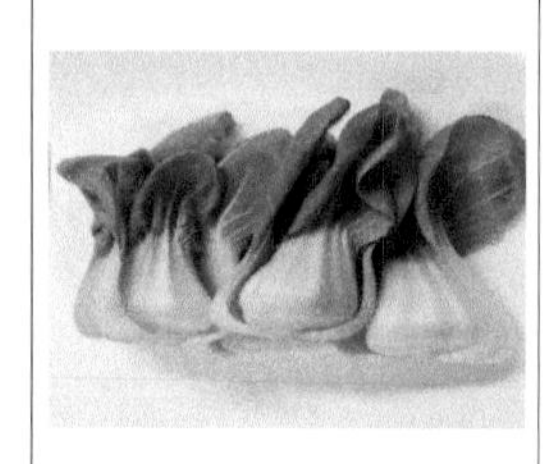	■ **청경채(青莖菜, Pak Choy)** 원산지는 중국 화중지방이며 중국 배추의 한 종류이다. 명칭은 잎과 줄기가 푸른색을 띤 데서 유래하였다. 잎과 줄기가 흰색을 띠는 것은 백경채(白莖菜)라고 부른다. 중국 요리에 많이 이용되며, 매우 연하고 특별한 향이나 맛이 없어 소스의 맛을 살리는 요리에 쓰이며, 쌈이나 샐러드로도 많이 먹는다. **효능** : 베타카로틴이 풍부하여 신진대사기능이 촉진되고 세포기능이 튼튼해지며, 칼슘이 풍부하여 치아와 골격의 발육도 좋아진다. 비타민 C를 많이 함유하여 피부미용에도 좋다. 녹즙으로 마시면 위의 기능을 도와주는 작용을 하고, 변비와 종기에도 효과가 있다. 씨는 탈모 치료제로도 쓰인다.

■ **다채(Vitamin)**

십자화과에 속하는 녹황색 채소이다. 비타민성분이 많이 함유되어, 비타민 또는 비타민채라고도 한다. 본래는 포기를 크게 키우는 것이지만, 우리나라에서는 주로 새싹채소로 이용된다. 수저 모양으로 자라는 잎은 광택이 있는 짙은 녹색을 띠며, 두껍고 약간 주름이 있다. 샐러드 또는 데쳐서 무침에 이용할 수 있다.

효능 : 비타민 A의 효능에 버금가는 카로틴의 함량이 시금치의 2배나 되어, 비타민 생채 100g을 먹으면 하루 필요량의 80%를 채울 수 있을 정도로 풍부하다. 철분과 칼슘도 풍부하여 성장기의 어린이에게 자주 먹이면 좋다.

■ **엽목단(Ornamental Kale)**

로즈라고도 하며 케일 종류의 쌈채소이다. 잎은 흰색인 것과 붉은색인 것이 있고, 가장자리가 곱슬곱슬하다. 생육이 왕성하고, 줄기가 굵어 추위에 잘 견디는 호랭성 채소이다.

백색과 핑크색으로 잎색에 따라 구분되지만 중간색과 변형색 품종도 많다. 잎 모양이 특이하고 잎 색깔이 아름다워 관상용으로 많이 재배되고 있다. 주로 샐러드, 쌈에 이용된다.

효능 : 비타민 C · E, 베타카로틴, 칼슘과 철분 등이 함유되어 있다.

■ **롤라로사(Lolla Rossa)**

국화과에 속하는 상추로, 원산지는 이탈리아이다. 로사는 이탈리아어로 장미처럼 붉다는 뜻이다. 적색계를 롤라로사라 하고, 녹색계는 로사라고만 부르기도 한다. 잎의 중심부는 녹색이고, 끝은 밝은 적갈색을 띠며 매우 곱슬곱슬한 모양을 하고 있다. 샐러드, 쌈, 겉절이, 무침 등으로 이용된다.

효능 : 신경계통과 폐조직의 세포를 만들어내어 혈액의 흐름을 정상적으로 유지해 주고, 신진대사작용을 촉진하는 효과가 있다. 이 밖에 감기와 기관지 치료, 해열에도 효과가 있다.

■ **셀러리(Celery)**

남유럽, 북아프리카, 서아시아가 원산지이다. 본래 야생 셀러리는 쓴맛이 강하여 17세기 이후에 이탈리아 사람들에 의해 품종이 개량되어 현재에 이르고 있다. 줄기의 색깔에 따라 적색, 청색계가 있다. 적색 줄기 셀러리는 최근 들어 국내에서도 생산되고 있다. 단맛과 독특한 향 때문에 잎은 쌈으로, 줄기는 샐러드로 이용되며 소스에 넣어 풍미를 더한다.

효능 : 정유성분이 들어 있어, 입맛을 돋워주고 소화나 신장의 활동을 촉진한다. 또한 식이섬유가 풍부해 변비에 좋고 칼로리가 낮아 다이어트에 효과적이다.

■ **루콜라(Rucola)**

십자화과 지중해산 에루카속의 일년초로 이탈리아 요리에 많이 쓰이는 채소이다. 루콜라는 프랑스어로 로켓(rocket), 영어로는 아루굴라(arugula)라고 하는데, 이 중 로켓은 프랑스어인 로케트(roquette)에서 유래하였다. 루콜라는 잎과 꽃을 모두 식용한다. 맛이 고소하고 쌉싸름하고 머스터드와 같이 톡 쏘는 매운 향이 있는 것이 특징이다. 리조토, 파스타, 스파게티, 피자, 수프, 스튜, 감자요리, 육류요리, 해물요리 등에 이용된다.

효능 : 비타민 C와 칼륨이 풍부하다. 최음, 항균, 괴혈병, 이뇨, 피부발적에 효능이 있다. 특히 종자 오일에 최음성분이 많다.

(2) 과채류(Fruits Vegetable)

생식기관인 열매를 식용하는 채소들로 체리토마토, 파프리카, 오크라 등이 있다.

	■ **체리토마토(Cherry Tomato)** 방울토마토, 미니토마토, 베이비토마토라고도 부르는 체리토마토는 먹기도 편하고 모양도 앙증맞아 장식용으로도 인기가 있다. 또한 일반 토마토보다 당도도 높고 영양가도 더 높다. 방울토마토도 색깔이나 크기, 모양에 따라 다양한 종류가 있는데 현재 우리나라에서 재배되고 있는 방울토마토의 대부분은 일본 품종으로 가장 일반적인 것이 빼빼나 꼬꼬이다. 그 밖에 루비볼, 뽀뽀, 꿀, 미니캐롤 등도 많이 재배하고 있다. 주로 가니쉬나 샐러드로 많이 이용된다. **효능** : 카로틴이 함유되어 있고 적색의 리코펜(lycopene)은 항암효과가 있는 것으로 알려져 있다.
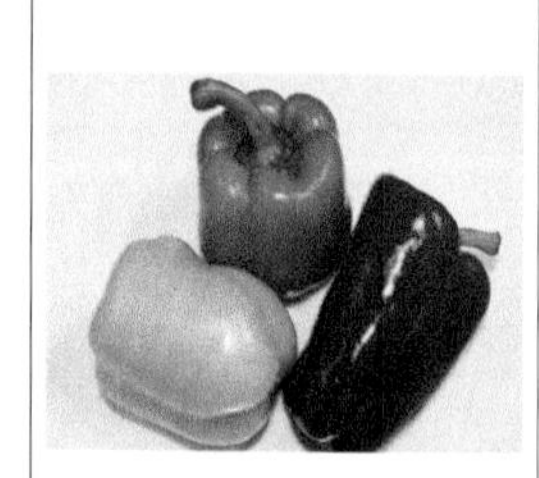	■ **파프리카(Paprica)** 터키를 대표하는 향신료로 오스만제국 당시 헝가리로 전파되었다. 우리나라에서 파프리카는 채소류의 단맛을 내는 채소를 지칭하지만 유럽 특히 헝가리에서 파프리카는 매운 고추를 지칭한다. 파프리카는 단맛에서부터 매운맛까지 종류가 다양하다. 헝가리 전통요리인 굴라시(Goulash)에 이용되며 샐러드, 드레싱, 소스, 각종 볶음, 조림 요리 등에 다양하게 이용할 수 있다. **효능** : 리코펜이 많이 들어 있어 노화방지, 항암효과가 있으며 프로비타민 A가 많이 들어 있어 콜레스테롤을 조절해 주며 눈의 피로도 풀어준다. 또한 철분이 많아 빈혈에 좋고 모세혈관벽을 강화해 혈액순환을 좋게 해주고, 스트레스 해소에도 도움이 된다고 한다.
	■ **오크라(Okra)** 아욱과의 유일한 채소로 열대 아프리카가 원산지다. 키가 2미터까지 자라며, 뾰족한 꼬투리를 먹기 위해 재배한다. 그 우아한 모양 덕분에 영어로는 귀부인의 손가락(lady's fingers)이라고도 칭한다. 오크라는 녹색종과 적색종이 있는데 고추처럼 씨앗이 많이 들어 있다. 꼬투리는 그냥 먹기도 하고 다른 음식을 걸쭉하게 하는 농후제로도 이용된다. 미국 남부에서 인기 있는 검보(gumbo)라는 수프요리에 쓰이기도 한다. **효능** : 식이섬유가 많이 들어 있고, 점액질에는 갈락탄, 펙틴, 아라반, 무신 등의 성분을 함유하고 있어 장을 보호해 주며 콜레스테롤을 낮춰준다. 또한 혈당을 낮춰주며 암의 생장과 전이를 억제해 주고 체내의 독소를 제거하는 데 도움을 준다.

(3) 근채류(Root & Buld Vegetable)

비트, 콜라비, 래디시, 셀러리악, 파스닙 등과 같이 뿌리를 이용하는 것을 말한다.

	■ **비트(Beet Root)** 유럽 남부지역이 원산지이다. 비트라는 말은 켈트어의 bett(붉음)에서 유래되었다. 크게 4가지 종류로 목적과 쓰임에 따라 구분되는데 채소용 비트(garden beet), 설탕의 주원료로 쓰이는 사탕무 비트(sugar beet), 가축 사료로 쓰이는 사료용 비트(mangel-wurzel), 잎을 먹거나 조미료로 사용되는 근대 비트(Leaf beet)가 있다. 샐러드, 녹즙 등에 이용된다. **효능** : 해열, 살균, 노폐물 제거 및 배출에 효과적이며 장운동을 촉진강화시키는 기능이 있다. 베타인은 종양억제, 인체저항력 증강, 간세포기능촉진, 전체 혈액조절기능을 하고, 콜린은 암세포의 성장억제와 지방분해기능이 있다.
	■ **콜라비(Kohlrabi)** 북유럽이 원산지이며 순무양배추 또는 구경(球莖)양배추라고도 한다. 콜라비는 영어 명칭으로 독일어 Kohl(양배추)과 rabic(순무)의 합성어이다. 품종은 아시아군과 서유럽군으로 분류된다. 아시아군은 잎의 색깔이 회색을 띤 녹색이고, 구경은 녹색이고 거칠다. 주요 품종인 서유럽군은 구경이 녹색 또는 자주색이고 표면이 매끄러우며 흰 납질로 덮여 있다. 잎은 쌈이나 녹즙으로, 비대한 줄기부분은 샐러드로 이용된다. **효능** : 비타민 C의 함유량이 양배추의 10배로 피로회복, 당뇨예방, 노화예방, 혈압정상화에 좋다고 알려져 있으며, 칼슘이 풍부하여 성장기 어린이의 치아나 골격형성에 효과적이다.
	■ **래디시(Radish)** 유럽이 원산지이다. 뿌리는 무 같으나 훨씬 작고 잎도 작다. 2000년 이상 재배하여 왔으나 아직도 원형 그대로 남아 있다. 래디시는 성장속도가 빨라 씨를 뿌린 지 20~30일 만에 수확이 가능하여 20일 무로도 불린다. 뿌리는 적색, 백색, 황색, 자주색 등이 있다. 식물학상으로는 보통 재배하는 무와 같이 취급한다. 주로 샐러드나 가니쉬로 이용된다.
	■ **셀러리악(Celeriac)** 미나라과에 속하는 채소의 하나로 셀러리의 일종이다. 갈색의 뿌리를 얻기 위해 재배하는데 뿌리셀러리(celery root) 또는 덩이셀러리(celery knob)라고도 부른다. 잎은 셀러리 같은 향이 나지만 잎자루가 거칠고 억세어서 먹지 않고 뿌리와 씨, 그리고 연한 잎과 줄기를 식용 및 약용한다. 수프 또는 스튜에 넣어 풍미를 내거나 보통 감자와 함께 요리해서 크로켓이나 매시로 만들어 먹는다. 씨는 가루로 만들어 소금 대용으로 요리에 쓰이며 음식의 맛을 높여준다. **효능** : 고혈압을 내리며, 항진균작용, 진정작용이 있다. 그리고 이뇨작용이 있어 신장을 청소해 준다. 또한 소화불량 해소, 배의 가스배출, 식욕증진 등의 효과가 있다.

	**■ 파스닙(Parsnip)** 파슬리, 당근, 셀러리와 같은 미나리과 식물로 설탕당근이라고 불릴 만큼 당근과 비슷하게 생겼다. 유럽과 시베리아가 원산지이며 감자가 전래되기 전까지 유럽의 감자 그리고 때로는 설탕이나 다름없었다. 로마시대부터 식용하거나 약으로 사용한 것으로 보이며 채소로는 16세기에 유럽으로 전해졌다고 한다. 뿌리에 독특한 향기와 수크로오스가 들어 있다. 구이, 튀김, 수프, 스튜 등에 이용된다. 육류나 가금류를 팬에서 튀길 때 넣으면 당분이 흘러나와 멋진 효과를 연출한다. **효능** : 비타민과 미네랄, 섬유질 등이 풍부하고 항암효과가 있는 것으로 알려져 있다.

(4) 화채소(Flowers Vegetable)

브로콜리, 콜리플라워, 아티초크 등과 같이 꽃망울을 이용하는 것을 말한다.

	**■ 브로콜리(Broccoli)** 십자화과에 속하는 녹색채소로 녹색 꽃양배추라고도 불린다. 줄기의 영양가가 송이보다 높으며 특히 식이섬유 함량이 높으므로 버리지 말고 먹도록 한다. 샐러드, 수프, 스튜 등에 이용된다. **효능** : 비타민 C, 베타카로틴 등 항산화물질이 풍부하다. 항산화물질은 우리 몸에 쌓인 유해산소를 없애 노화방지 및 암, 심장병 등 성인병을 예방한다. 브로콜리에 함유되어 있는 다량의 칼슘과 칼슘의 체내 흡수를 도와주는 비타민 C가 골다공증 예방에 도움이 된다.
	**■ 콜리플라워(Cauliflower)** 양배추의 한 종류로 꽃모양처럼 생겨 붙여진 이름인 콜리플라워는 지중해 연안에서 야생하는 크레티카양배추(B. cretica)로부터 변이된 것이고, 지금과 같은 품종은 16세기부터 영국, 프랑스, 이탈리아에서 재배하기 시작했다. 샐러드, 그라탱, 스튜, 피클, 수프 등 다양한 요리에 이용할 수 있다. **효능** : 콜리플라워에 함유된 유황화합물이 발암물질 활성화와 암세포 증식을 억제하고 풍부한 인돌성분이 발암물질을 무독화해 전립선암을 예방하는 데 탁월한 효과가 있다고 알려져 있다. 뿐만 아니라 식이섬유가 풍부해 장내 노폐물을 배출시켜 변비에도 효능이 뛰어나다.
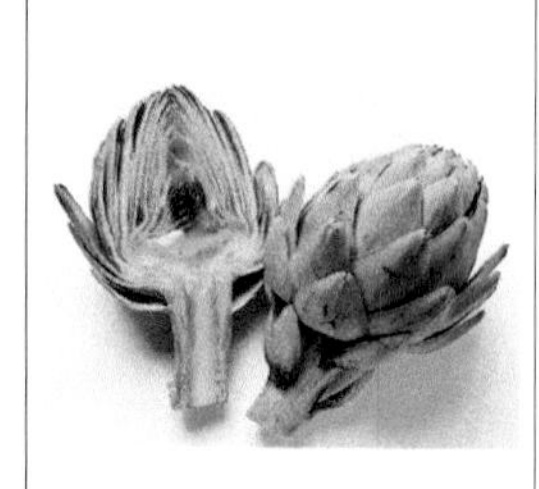	**■ 아티초크(Artichoke)** 엉겅퀴과의 다년초로 이란 서북부, 이라크 북부, 터키 남동부의 산악 고원지대에 자생하고 있으며, 고대 그리스에서는 가시가 많다는 뜻의 kardos에서 비롯된 이름이며 엉겅퀴처럼 가시가 많다. 지금은 가시가 적은 품종들이 개량되어 수확되고 있으며 우리나라에는 제주에서 유일하게 재배되고 있다. 꽃봉오리는 육질이 연하고 맛이 담백하다. 생선, 육류, 채소 등 어느 것과도 잘 어울리며 수프나 스튜 등에 이용된다. **효능** : 인슐린 같은 작용을 하는 당류가 있고 시너링 성분은 담즙분비를 촉진하며, 간장이나 소화기의 치료에 쓰인다. 또한 유럽에서는 동맥경화제의 치료제로도 쓰이고 있으며 이뇨작용, 정혈작용이 있어 간장병, 신장병, 단백뇨에도 효과가 있다고 알려져 있다.

(5) 눈경채소(Sprout Vegetable)

아스파라거스 등과 같이 어린순을 이용하는 것을 말한다.

■ 아스파라거스(Asparagus)

백합과의 다년초식물로 기원전부터 재배하여 이뇨작용과 진정작용의 약제로 쓰였다고 한다. 대표적으로 그린 아스파라거스(green asparagus)와 연백(軟白)시킨 화이트 아스파라거스(white asparagus)가 있는데 최근에는 그린 아스파라거스가 주류를 이루고 있다. 생으로 먹기도 하고 데치거나 구워서 스테이크에 곁들이거나 각종 샐러드에 이용하며 수프로 끓여서 먹기도 한다.

효능 : 단백질과 각종 비타민이 풍부하며 콩나물 뿌리에 들어 있다는 아스파라긴산(Asparagine acid)이 풍부하여 숙취해소에 좋고, 약리성분으로 루틴(Rutin)성분이 많아 혈압강하제로 효과가 있다고 알려져 있다.

(6) 인경채소(Bulb Vegetable)

샬롯, 레드어니언 등과 같이 비늘줄기를 이용하는 것을 말한다.

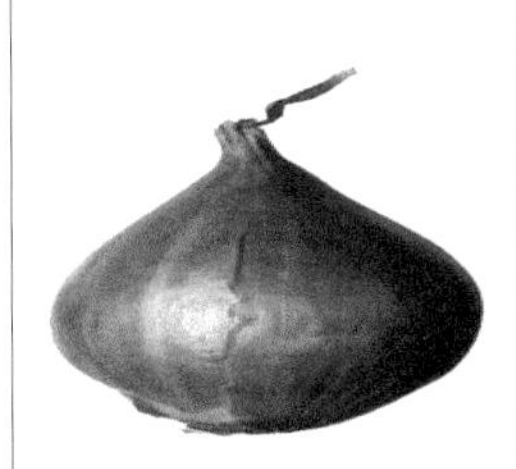

■ 샬롯(Shallot)

백합과 식물로 양파를 축소해 놓은 모양으로 여러 겹의 껍질과 겉껍질의 버석거리는 느낌, 엷은 갈색이 양파와 닮았다. 그러나 양파보다 달콤하고 부드러운 향미를 가지고 있으며, 마늘의 알싸한 맛을 합쳐 놓은 듯한 특이한 맛이 있다. 비늘줄기는 향신료로, 잎은 파처럼 식용으로 한다. 샐러드 드레싱, 소스, 파스타 등에 이용되며, 한두 조각만 다져 넣어도 음식에 최고의 풍미를 살릴 수 있다.

효능 : 비타민 C, 철분, 칼슘 등을 함유하고 있으며 몸안에 독소를 없애주는 효과가 있고 간기능에 도움을 준다고 알려져 있다.

■ 레드어니언(Red Onion)

백합과의 식물로 일반 양파보다 좋은 성분이 더 많이 들어 있다. 샐러드, 수프 등 다양한 요리에 이용할 수 있다.

효능 : 붉은 양파는 항암효과에 탁월하며 글루타티온성분은 백내장을 예방해 주는 효과가 있다. 또한 헬리코박터 파일로리균을 없애 위장을 위산으로부터 보호해 주며 위와 장의 운동을 향상시켜 준다. 체내 인슐린의 분비를 늘려주어 혈당치를 정상적으로 유지시켜 당뇨를 예방하고 치료하는데 효과적이며 페쿠친성분은 체내 콜레스테롤을 분해하고 케르세틴성분은 혈관벽이 손상되는 것을 막아주어 동맥경화를 예방해 준다.

10. 과일류

1) 과일의 개요

과일이란 좁은 의미로는 나무의 열매라는 뜻이며, 넓은 의미로는 나무나 풀의 열매로 식용되는 것을 말한다. 예외적으로 원예학적 분류상 채소로 구분되는 멜론, 수박, 참외, 딸기 등도 포함한다.

과일은 꽃의 일부가 성장 또는 발달하여 변화된 것으로, 식용이 되는 부분은 그 종류에 따라 다르다. 종자의 성장에 따라 씨방벽이 살쪄서 식용되는 열매를 참열매라고 하는데, 복숭아, 자두, 살구, 매실, 감, 포도, 감귤류 등이 이에 속한다. 꽃턱이 살쪄서 과실이 된 것을 헛열매라고 하는데, 사과, 배, 비파, 무화과 등이 이에 속한다.

또한 외관의 상태에 따라 분류할 수도 있는데, 견과류와 액과류로 나눌 수 있다. 견과류는 익으면 껍질이 마르는 것으로 밤, 호두 등이 있다. 액과류는 과육에 수분이 많이 함유된 것으로 귤, 포도, 복숭아 등 다육과를 총칭하는 경우와 중과피가 다육화된 포도 등을 가리키는 경우가 있다.

과일의 맛은 표현하기 쉽지 않으나 일반적으로 단맛과 신맛이 주를 이루는데, 떫은맛, 촉감, 향기, 색깔, 형태 등도 맛의 결정에 영향을 준다. 맛을 구성하는 성분은 숙성도에 따라 변화하는데, 대부분은 수확하기 전에 익었을 때가 가장 좋다. 그러나 바나나, 망고, 아보카도, 멜론 등과 같은 후숙과일은 수확 후 일정기간의 후숙으로 육질, 향기, 단맛, 신맛 등이 최고가 되는 것도 있다.

과일을 영양학적 측면에서 본다면 과일 속 수분은 85~90%로 가장 많고, 단백질 1~0.5%, 지방 0.3%, 당분과 섬유질의 탄수화물 10~12%가 함유되어 있고 무기질은 0.4%로 카로틴과 칼륨이 들어 있다. 그 밖에도 비타민 C가 가장 많이 들어 있다. 과일에는 과당, 포도당, 자당 등이 약 10% 함유되어 있기 때문에 단맛이 난다. 과일의 신맛은 말산, 시트르산, 타르타르산 등의 유기산에 의하며, 과일의 천연색소는 안토시아닌, 카로티노이드, 플라보노이드, 엽록소 등이 있지만 안토시아닌이 주를 이룬다. 과일의 향기성분은 수십 종이 있으며, 이들이 조화를 이루어 각종 과일의 독특한 향기를 낸다. 향기성분으로는 여러 종류의 에스테르, 알코올, 알데히드 등이 있다.

2) 과일의 분류 및 종류

과일은 식물학적 분류, 형태학적 분류 등 여러 가지로 분류할 수 있지만 여기서는 과육의 발달된 형태로 분류하기로 하겠다. 그리고 열대과일과 과채류를 포함하기로 한다. 인과류는 꽃턱이 발달하여 과육부를 형성한 것이고, 준인과류는 씨방이 발달하여 과육이 된 것을 말한다. 장과류는 꽃턱이 두꺼운 주머니 모양이고 육질이 부드러우며 즙이 많은 과일을 말하고, 핵과류는 내과피가 단단한 핵을 이루고 그 속에 씨가 들어 있으며 중과피가 과육을 이루는 것을 말한다. 과채류는 생식기관인 열매를 식용하는 채소들을 말하며, 열대과일은 주로 열대지방에서 생산되는 과일들을 말한다.

구 분	과일의 종류
인과류	사과, 배, 모과, 비파 등
준인과류	오렌지, 귤, 자몽, 레몬, 라임, 금귤, 유자 등
장과류	블랙베리, 블루베리, 라즈베리, 크랜베리, 포도, 석류, 감, 무화과 등
핵과류	복숭아, 살구, 자두, 매실 등
과채류	수박, 멜론, 딸기, 참외, 토마토 등
열대과일류	파인애플, 바나나, 망고, 아보카도, 키위, 망고스틴, 람부탄, 스타프루츠, 용과 등

(1) 인과류

꽃턱이 발달하여 과육을 형성한 것으로 사과, 배, 모과, 비파 등이 있다.

■ 사과(Apple)

원산지는 중앙아시아의 초원지대로 알려져 있으며, 최대 생산국은 미국, 중국, 프랑스, 이탈리아 등이고, 경상북도가 우라나라 사과 생산의 약 66%를 차지하며 심는 품종과 생육환경에 따라 크기, 모양, 색깔, 신맛 등이 다양하다. 생과일 또는 샐러드, 수프에 이용하거나 파이, 타르트, 젤리, 무스, 셔벗, 술, 식초, 주스, 잼 등에 이용된다.

효능 : 비타민 C와 유기산이 풍부하여 피부미용에 좋고 동맥경화, 고혈압 예방과 치료에 도움을 주며 페놀산은 체내의 불안정한 유해산소를 무력화시켜 뇌졸중을 예방한다. 케르세틴은 폐기능을 강하게 하여 담배연기나 오염물질로부터 폐를 보호해 준다.

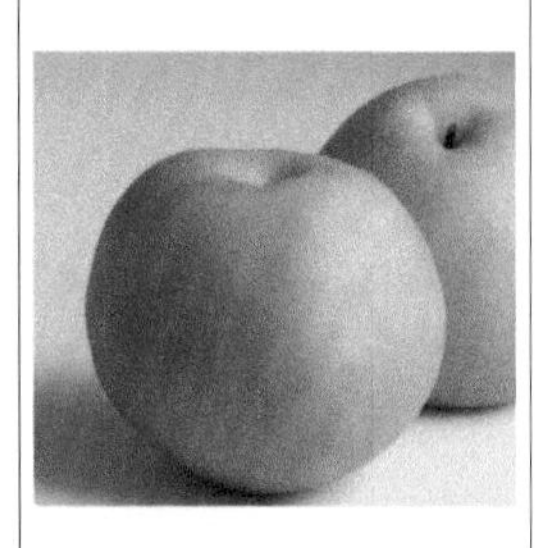	**■ 배(Pear)** 현재 생식용으로 재배되고 있는 배속식물은 동양계 중 남방형인 일본배와 북방형인 중국배 및 유럽계인 서양배 등 3종류가 있다. 이와 같은 배속식물은 현 재배종을 포함하여 30여 종이 분포되어 있으나 이들 모두 그 발상지는 중국의 서부와 남서부의 산지로 알려져 있다. 생과일 또는 샐러드, 육류연화제, 잼, 주스, 식초 등에 이용된다. **효능** : 호흡기질환, 혈관계질환, 고혈압예방에 효과적이며 변비예방 및 치료에 도움을 준다. 칼륨성분이 다른 과일에 비해 훨씬 풍부해 발암물질을 몸 밖으로 배출해 주는 역할을 한다. 또한 간의 기능을 향상시켜 체내 알코올을 보다 원활히 배출할 수 있도록 도와주므로 숙취해소용으로도 좋다.
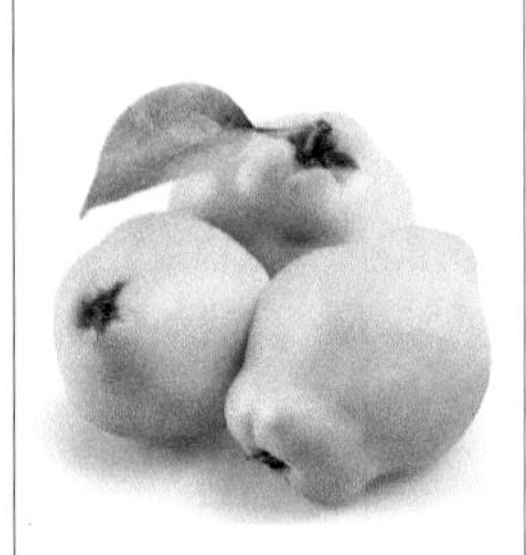	**■ 모과(Quince)** 중국이 원산지로서 한국, 중국, 일본 등지에 분포하며 열매는 가을에 맺는데 서리가 내리면 노랗게 익고 울퉁불퉁해진다. 향기가 뛰어나기 때문에 옛날부터 식용보다는 약용으로 더 많이 이용해 왔다. 모과는 향기와 빛깔은 좋으나 맛은 시고 떫으며 껍질이 단단해 생으로 먹기는 어렵다. 모과숙, 모과정과, 모과죽, 모과편, 차, 술, 캔디류 등에 이용된다. **효능** : 과당은 다른 당분보다도 혈당의 상승을 막아주는 효과가 있다. 유기산은 신진대사를 도와주며, 소화효소의 분비를 촉진시켜 주는 효과가 있어 속이 울렁거릴 때나 설사에 효과적이며 한방에서는 감기, 기관지염, 폐렴 등 기침을 심하게 하는 경우에 탁월한 효과가 있는 것으로 알려져 있다.
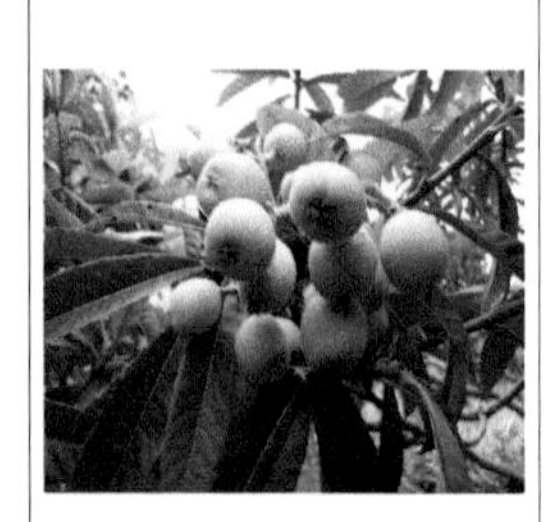	**■ 비파(Loquat)** 중국이 원산지인 비파열매는 전통 현악기 비파와 잎의 모양이 닮았다 하여 붙은 이름이다. 열매는 식용으로, 나무의 잎사귀에서부터 씨앗까지 한약재로 쓸 정도로 버릴 게 없는 건강식품 중 하나다. 비파나무 열매는 타원형이며 품종에 따라 다르기는 하지만 잘 익은 살구나 망고처럼 황금빛을 띤다. 생과일 또는 잼, 젤리, 시럽, 리큐르 등에 이용된다. **효능** : 다량의 유기산과 당성분이 존재하며 소염작용과 항산화작용 등에 탁월한 효과가 있다. 잎에는 진해, 거담, 청폐, 이수 등의 효능이 있어서 잎을 달여 마시기도 한다. 또한 갈증을 해소하고 폐질환을 다스리며 기침, 각혈, 코피 등에 활용되며 당뇨병, 다이어트, 피로회복에 도움을 준다.

(2) 준인과류

씨방이 발달하여 과육이 된 것으로 오렌지, 귤, 자몽, 레몬, 라임, 금귤, 유자 등이 있다.

	■ **오렌지(Orange)** 감귤류에 속하는 과실의 하나로 종류는 발렌시아오렌지, 네이블오렌지, 블러드오렌지로 나뉜다. 발렌시아오렌지는 세계에서 가장 많이 재배하는 품종이며, 네이블오렌지는 주로 캘리포니아에서 재배한다. 블러드오렌지는 주로 이탈리아와 에스파냐에서 재배하며 과육이 붉고 독특한 맛과 향이 난다. 세계 최대 생산국은 브라질이며 미국, 중국, 에스파냐, 멕시코 등지에서도 많이 생산한다. 생과일 또는 주스, 마멀레이드, 소스 등에 이용된다. **효능** : 비타민 A · C, 유기산, 섬유질이 풍부해서 감기예방과 피로회복, 피부미용 등에 좋다.
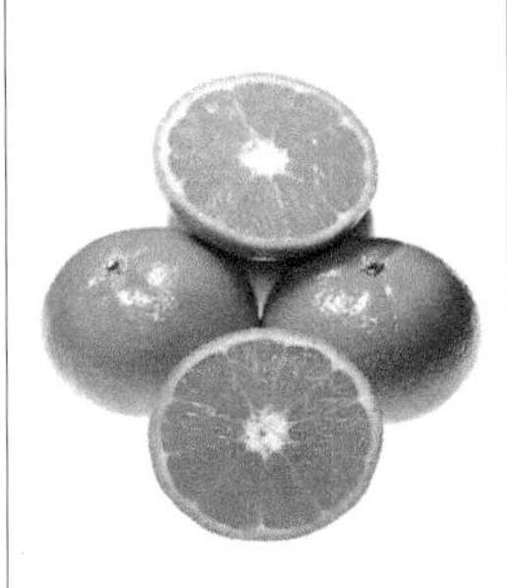	■ **귤(Mandarin)** 인도 아삼지방의 열대림에 나타난 최초의 감귤들은 혼교잡과 그 후 지리적 · 생태적으로 자연 격리된 후 독립된 식물로서 진화를 반복하여 현재 전 세계에서 다양한 감귤류가 재배되고 있다. 한국, 중국, 일본, 동남아시아 등에서 재배하며 특히 우리나라에서는 제주도에서 많이 재배한다. 생과일 또는 잼, 주스, 마멀레이드, 초콜릿 등에 이용되며 껍질은 말려서 차로 이용하기도 한다. **효능** : 비타민 C · E, 유기산이 풍부하여 감기예방에 좋고 동맥경화에 좋으며 소화장애에도 효과가 있다. 또한 니트로소아민이란 성분이 있어 암을 억제시켜 주는 효과가 있다.
	■ **자몽(Grapefruit)** 원산지는 서인도제도 Barbados섬이며 포도와 비슷한 향이 있고 열매가 포도송이처럼 달린다고 하여 그레이프프루트라는 이름이 붙었다. 겉껍질은 가죽질이며 표면이 매끄럽고 노란색이다. 속껍질은 얇고 부드러우며 과육은 옅은 노란색으로 즙액이 풍부하고 맛은 시면서도 단맛이 강하며 쓴맛이 조금 있다. 분홍색 과육을 지닌 품종도 개발되었다. 생과일 또는 주스, 통조림 등에 이용된다. **효능** : 비타민 C, 구연산이 풍부해서 피부미용, 피로회복에 좋고 위장관을 진정시키고 치유과정을 도와주는 항박테리아 및 항산화제 특성도 가지고 있으며 골다공증예방에도 탁월하다.
	■ **레몬(Lemon)** 히말라야가 원산지로 시원하고 기후의 변화가 없는 곳에서 잘 자란다. 이탈리아, 에스파냐, 미국의 캘리포니아 및 오스트레일리아 등에서 많이 재배하는데, 지중해 연안에서 재배하는 것이 가장 품질이 좋다. 열매는 타원 모양이고 겉껍질이 녹색이지만 익으면 노란색으로 변하며 향기가 강하다. 드레싱, 소스, 칵테일, 음료, 과자류, 식초, 마멀레이드, 레모네이드 등에 이용된다. **효능** : 비타민 C와 구연산이 풍부해 감기예방, 피로회복, 피부미용에 효과가 있고 비타민 P 성분이 비타민 C의 보조역할을 하면서 모세혈관을 튼튼하게 하여 고혈압과 동맥경화에 효능이 있다.

	■ **라임(Lime)** 인도 북동부에서 미얀마 북부와 말레이시아가 원산지로 아열대, 열대 지방에서 널리 재배한다. 열매의 과육은 황록색이고 연하며 즙이 많고 신맛이 나며 레몬보다 더 새콤하고 달다. 라임은 산 함량이 많은 sour lime과 산 함량이 적은 sweet lime이 있다. 샐러드드레싱, 피클, 처트니, 탄산음료, 홍차 등에 이용된다. **효능** : 비타민 C가 풍부하고 피부미용, 피로회복, 노화방지, 심혈관질환 예방에 도움을 주며 소화촉진 및 기관지에 좋고 감기예방에 효과적이다. 또한 식욕증진에 도움을 주고 이뇨작용을 촉진시켜 체내 노폐물과 독소를 제거해 준다.
	■ **금귤(Kumquat)** 금감이라고도 하며 원산지는 중국이다. 껍질째 식용하며 향기롭고 시면서 약간 쓴맛이 있다. 생과일 또는 금귤차, 젤리, 마멀레이드 등에 이용된다. **효능** : 비타민 A · C, 칼슘이 풍부하고 피로회복 및 동맥경화 예방에 효과적이며 비장기능을 강화하고 소화를 촉진시키며 백일해 치료에 효과가 있다. 또한 겨울철 감기예방 및 기침에 좋다고 알려져 있다.
	■ **유자(Yuzu)** 중국이 원산지이며 빛깔은 밝은 노란색이고 껍질이 울퉁불퉁하다. 향기가 좋으며 과육이 부드러우나 신맛이 강하다. 주로 독특한 향기를 풍기는 껍질을 사용한다. 종류에는 청유자, 황유자, 실유자가 있다. 한국, 중국, 일본에서 생산하는데, 한국산이 가장 향이 진하고 껍질이 두껍다. 드레싱, 소스, 유자청, 잼, 젤리, 양갱, 식초, 음료 등에 이용된다. **효능** : 비타민 C와 유기산이 풍부해 감기예방, 피부미용, 노화방지, 피로회복에 효과가 있으며 모세혈관을 보호하는 헤스페리딘이 뇌혈관장애와 풍을 막아준다. 또한 몸 안에 쌓여 있는 노폐물을 밖으로 내보내 천식과 기침, 가래를 없애는 데 효과가 있다고 알려져 있다.

(3) 장과류

꽃턱이 두꺼운 주머니 모양이고 육질이 부드러우며 즙이 많은 과일로, 블랙베리, 블루베리, 라즈베리, 크랜베리, 포도, 석류, 감, 무화과 등이 있다.

	■ **블랙베리(Blackberry)** 장미과의 나무딸기류에 속하는 열매로 라즈베리와 품종이 같다. 여름부터 가을에 걸쳐서 성숙하면 검은빛이 돌아 검은딸기라는 이름이 붙었다. 아시아, 유럽, 아메리카, 아프리카에 널리 분포하며 종류가 다양하다. 잎은 치료제로도 사용한다. 생과일 또는 주스, 잼, 젤리 등에 이용된다. **효능** : 피부미용, 노화방지에 효과가 있고, 잎은 콜라겐과 엘라스틴을 생성하는 특징으로 새롭게 주목받고 있다. 잎의 타닌은 출혈을 치료하는 데 매우 효과가 뛰어나 혈우병, 항문 또는 입의 출혈, 자궁출혈, 잇몸출혈과 여성의 과도한 생리흐름을 막는 데 사용되었다.

	■ **블루베리(Blueberry)** 북아메리카가 원산지로 하이부시베리(high bush berry)와 로부시베리(low bush berry)로 한정된다. 미국 타임지에서 선정한 세계 10대 슈퍼푸드로 불릴 만큼 그 효능이 뛰어나다. 생과일 또는 캔디, 껌, 잼, 통조림, 드링크류 등에 이용된다. **효능** : 안토시아닌이라는 성분이 시력향상에 도움을 주며 항산화효과가 있어 노화방지에 탁월하다. 프테스틸벤이라는 성분은 콜레스테롤 수치를 낮추는 데 효과적이며 뇌기능을 활성화시켜 주기 때문에 심혈관질환에도 효능이 있다.
	■ **라즈베리(Raspberry)** 유럽에는 불가투스, 미국에는 스트리고수스와 옥시덴탈리스를 주로 재배한다. 열매의 빛깔에 따라 레드라즈베리 · 블랙라즈베리 · 퍼플라즈베리의 3종류로 나누는데, 대부분 붉은색 열매가 달리는 레드라즈베리를 재배한다. 생과일 또는 술, 파이, 잼, 아이스크림, 케이크, 파이, 요거트 등에 이용된다. **효능** : 비타민 C, 미네랄의 함유량이 많고, 수용성 식이섬유가 많아 변비에 좋고, 칼로리가 낮아 다이어트에도 효과적이다. 또한 혈중 콜레스테롤을 낮춰주고 불포화지방산인 오메가3가 풍부하다.
	■ **크랜베리(Cranberry)** 철쭉과의 월귤류에 속하며 체리와 비슷한 빨간 열매를 맺는다. 크랜은 꽃 피우는 모습이 학과 비슷하여 붙은 이름이다. 미국 추수감사절, 크리스마스 칠면조요리에 빠놓을 수 없는 과실이다. 샐러드, 소스, 케이크, 파이, 주스, 잼, 젤리, 리큐르 등에 이용된다. **효능** : 플라보노이드, 프로안토시아닌 성분이 혈액순환을 촉진하고 혈관을 팽창시켜 심혈관질환 예방에 효과적이며 비타민 C가 풍부하여 항산화 작용 및 노화방지에 효과적이다. 박테리아 억제력이 뛰어나 잇몸병, 구강질환을 예방할 수 있고, 요로감염예방 및 방광염예방에 효과가 있다고 알려져 있다.
	■ **포도(Grape)** 크게 유럽종, 미국종, 교배종으로 나뉜다. 유럽종에는 톰슨시들레스, 네오머스캣, 블랙함부르크 등이 있고, 미국종은 라브루스카, 델라웨어, 로툰디폴리아가 있다. 우리나라에서는 주로 교배종을 재배한다. 대표적인 품종은 거봉, 캠벨이다. 그 밖에 머스캣베일리, 세리단, 청포도 등이 있다. 생과일 또는 건포도, 통조림, 주스, 잼, 젤리, 식초, 와인 등에 이용된다. **효능** : 근육과 뼈를 튼튼하게 하고 이뇨작용을 하여 부종을 치료하는 데 도움이 되며 빈혈, 충치예방, 항암에도 효능이 있다. 또한 신경효소의 활동과 효능을 증진하여 알츠하이머병이나 파킨슨병 등의 퇴행성 질병을 예방하는 데도 도움을 준다.
	■ **석류(Pomegranate)** 원산지는 서아시아와 인도 서북부 지역으로 단단하고 노르스름한 껍질이 감싸고 있으며, 과육 속에는 많은 종자가 있다. 먹을 수 있는 부분이 약 20%인데, 과육은 새콤달콤한 맛이 나고 껍질은 약으로 쓴다. 종류는 단맛이 강한 감과와 신맛이 강한 산과로 나뉜다. 생과일 또는 주스, 과자, 식초, 술 등에 이용된다.

	효능 : 고혈압, 동맥경화 예방에 좋으며 부인병, 부스럼에 효과가 있다. 특히 이질이 걸렸을 때 약효가 뛰어나고, 휘발성 알칼로이드가 들어 있어 기생충, 특히 촌충 구제약으로 쓰인다. 껍질에는 타닌, 종자에는 갱년기장애에 좋은 천연식물성 에스트로겐이 들어 있다.
	 **■ 감(Persimmon)** 원산지는 한국, 중국, 일본이며 내한성이 약해 주로 따뜻한 지방에서만 자란다. 현재 재배되고 있는 단감은 모두 일본에서 도입된 품종들이며, 재래종은 거의 모두가 떫은 감이다. 한국에서 재배되고 있는 품종에는 떫은 감에 사곡시, 단성시, 고종시, 분시, 원시, 횡야, 평핵무 등이 있고, 단감에는 부유, 차랑, 어소, 선사환 등이 있다. 생과일 또는 장아찌, 곶감, 식초 등에 이용된다. **효능** : 비타민 A · B · C, 과당, 포도당 함량이 풍부하고 피로회복, 피부미용, 노화방지에 탁월한 효능이 있으며 감기예방 및 스트레스에도 좋다고 알려져 있다. 또한 타닌이라는 성분은 적당량을 섭취하면 위벽 보호에도 좋고, 악취를 방지하면서 해독효과도 있다.
	**■ 무화과(Fig)** 원산지는 아시아 서부 및 지중해 연안으로 꽃이 열매 속에 숨어 있어서 보이지 않기 때문에 붙여진 이름이며 기원전 8세기 페르시아를 통해 중국으로 전래되었다. 품종은 카프리형(Carpri), 스미루나형(Smyruna), 산페드로형(Sanpedro), 보통형(Common)의 네 가지로 나뉜다. 생과일 또는 건과, 잼, 젤리, 술, 양갱, 주스, 식초 등에 이용된다. **효능** : 벤즈알데히드(benzaldehyde)성분이 항암효과가 있는 것으로 알려져 있으며 나무잎은 치질에 이용하기도 한다. 또한 단백질 분해효소인 피신(Ficin)이라는 성분이 있어서 무화과로 고기를 재어두면 고기도 연해지고 맛도 좋아진다.

(4) 핵과류

내과피가 단단한 핵을 이루고, 그 속에 씨가 들어 있으며 중과피가 과육을 이루고 있는 것으로 복숭아, 살구, 자두, 매실 등이 있다.

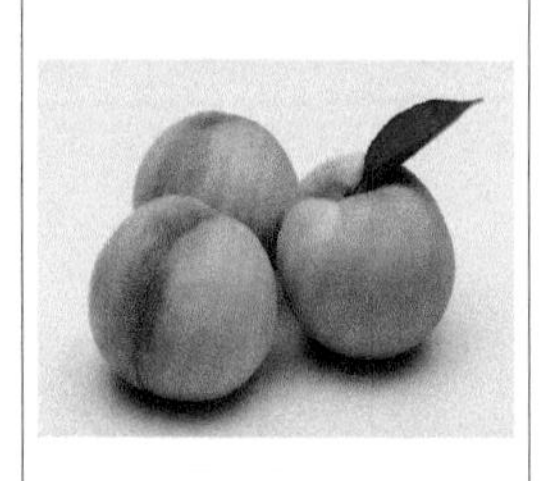	**■ 복숭아(Peach)** 중국이 원산지로 실크로드를 통해 서양에 전해졌으며, 17세기에 아메리카 대륙에 전해졌다. 과육이 흰 백도와 노란 황도로 나뉘는데 생과일로는 수분이 많고 부드러운 백도를 쓰고, 통조림 등 가공용으로는 단단한 황도를 쓴다. 전 세계에 약 3,000종의 품종이 있으며 한국에서는 주로 창방조생, 백도, 천홍, 대구보, 백봉 등을 재배한다. 생과일 또는 통조림, 주스, 잼 등에 이용된다. **효능** : 비타민 A와 유기산 함량이 많아 혈액순환을 돕고 피로회복, 해독작용, 면역기능 강화, 피부미용 등에 좋다. 풍부한 펙틴성분은 장을 부드럽게 하여 변비를 없애며 또한 발암물질인 나이트로소아민의 생성을 억제하는 성분도 들어 있으며 아스파라긴산이 풍부하여 숙취 해소 및 니코틴 제거에 탁월한 효능이 있다고 알려져 있다.

	■ **살구(Apricot)** 원산지는 아시아 동부로 노란빛을 띤 열매이며 과육은 식용하고 씨는 약재로 쓰인다. 한국에는 일본에서 들여온 평화, 산형3호, 광오대실 등의 품종과 미국에서 들여온 품종, 재래종 등이 있으며 재래종은 유기산이 많아 신맛이 강하고 유럽종은 유기산이 적어 달고 크며 향이 좋다. 한국, 일본, 중국, 유럽, 미국 등지에서 생산한다. 생과일 또는 음료, 술, 식초, 건과, 잼, 젤리, 통조림 등에 이용된다. **효능** : 라이코펜성분이 다량 함유되어 있어 노화를 방지하고 기미, 주근깨 등 피부미용에 탁월한 효능이 있다. 살구에 들어 있는 아미그달린성분은 폐기능을 활성화시켜 만성기관지염, 기침 완화에 효과적이며 베타카로틴 성분은 항암효과가 있는 것으로 알려져 있다.
	■ **자두(Plum)** 장미과의 핵과류로 약 30종이 있다. 이 중 과수로 재배되는 것은 10종 정도이다. 원산지로 분류하면 동아계, 유럽계, 북미계로 나눌수 있다. 일본종은 동아계에 속하며 생식용 품종의 대부분을 차지하고 있다. 미국에서는 건과용 품종을 특히 prune이라고 한다. 생과일 또는 건과, 잼, 젤리, 통조림, 과실주 등에 이용된다. **효능** : 비타민과 각종 미네랄이 풍부하여 천연 피로회복제로 불리우며 야맹증, 안구건조증 예방에 효능이 있다. 또한 칼륨이 풍부해 고혈압에 좋다고 알려져 있으며 자두나무의 뿌리껍질은 충치통과 풍치통에 효능이 있다.
	■ **매실(Japanese Apricot)** 중국이 원산지이며 3000년 전부터 건강보조식품이나 약재로 써왔다. 수확시기와 가공법에 따라 여러 종류로 나뉜다. 껍질이 연한 녹색이고 과육이 단단하며 신맛이 강한 청매, 향이 좋고 빛깔이 노란 황매, 청매를 쪄서 말린 금매, 청매를 소금물에 절여 햇볕에 말린 백매, 청매의 껍질을 벗겨 연기에 그을려 검게 만든 오매 등이 있다. 술, 주스, 차, 매실청, 식초, 잼, 장아찌 등에 이용된다. **효능** : 비타민과 유기산이 풍부해 피로 회복에 좋고 피루브산은 간의 해독작용을 도와주며 카테킨산은 장 속의 유해세균 번식을 억제한다. 또한 식중독을 예방하고 치료하는 효과가 있고, 정장작용이 뛰어나서 설사와 변비를 치료하는 데 효과가 있다.

(5) 과채류

생식기관인 열매를 식용하는 채소들로 수박, 멜론, 딸기, 참외, 토마토 등이 있다.

	■ **수박(Watermelon)** 아프리카가 원산지로 고대 이집트에서부터 재배되었다고 하며, 서과(西瓜), 수과(水瓜), 한과(寒瓜), 시과(時瓜)라고도 한다. 생과일 또는 주스, 화채, 껍질은 무침으로 이용된다. **효능** : 수분이 많아 여름철 갈증해소에 탁월하며 칼륨이 풍부하여 고혈압에 효과가 있고 시트롤린성분은 이뇨작용을 활발하게 하여 신장병, 당뇨병에 좋다. 또한 수박씨에는 리놀렌산과 글로불린 단백질이 많아 동맥경화를 예방할 수 있다.

	■ **멜론(Melon)** 쌍떡잎식물 박목 박과의 식물로 잎은 어긋나고 자루가 길며 형태는 손바닥모양이며, 열매는 둥글고 과육은 흰색, 담녹색, 주황색 등이다. 종류는 네트멜론(netted melon), 캔털루프(cantaloupe), 겨울멜론(winter melon), 머스크멜론(musk melon) 등이 있으며, 우리나라에는 머스크멜론을 가장 많이 재배한다. 생과일 또는 주스, 아이스크림 등에 이용된다. **효능** : 리코펜성분이 함유되어 있어 항암효과가 있으며 혈액응고를 막아주는 아데노신성분이 함유되어 있어 뇌졸중, 심장질환 예방에 좋다. 또한 칼륨이 풍부하여 고혈압 및 당뇨 예방에 좋다.
	■ **딸기(Strawberry)** 장미과의 다년초로 씨방이 발달하여 과실이 되는 다른 과실과 달리 꽃턱이 발달한 것으로 씨가 열매 속에 없고 과실의 표면에 깨와 같이 있다. 재배종은 원예적으로 육성된 것으로 유럽이나 미국에서 몇 종의 야생종과 교배시킨 것이라고 한다. 생과일 또는 주스, 잼, 젤리, 아이스크림 등에 이용된다. **효능** : 비타민 C가 풍부하여 피로회복, 피부미용에 효과가 있으며 펙틴이라는 식물성 섬유질이 풍부하여 혈관계질환 예방, 항암효과가 있는 것으로 알려져 있다. 또한 붉은색 색소인 안토시아닌이 풍부하여 시력회복에 도움을 준다.
	■ **참외(Oriental Melon)** 인도산 야생종에서 개량된 것이라고 하며 재배 역사가 긴 식물이다. 열매는 장과로 원주상 타원형이며 황록색, 황색 등으로 익는다. 우리나라에는 과거에 성환참외, 강서참외, 감참외 등 재래종들이 재배되었다. 현재는 은천참외를 대부분 재배하고 있다. 생과일 또는 샐러드, 주스, 장아찌 등으로 이용된다. **효능** : 베타카로틴을 많이 함유하고 있어 암과 심장질환에 효과가 있는 천연 항산화제로 알려져 있다. 간기능 보호에 효과가 있고 특히 간암세포, 직장암세포, 유방암세포의 활성을 억제하거나 줄이는 데 효과가 있다고 한다. 엽산이 풍부해 임신 초기 태아 신경관 손상 예방 등 임산부에게도 효과가 있다.
	■ **토마토(Tomato)** 가지과에 속하는 일년생 반덩굴성 식물열매이며 원산지는 남미 페루이다. 우리말로 일년감이라 하며, 한자명은 남만시(南蠻柿)라고 한다. 16세기 초 콜럼버스가 신대륙을 발견한 즈음 유럽으로 건너가 스페인과 이탈리아에서 재배되었다. 전 세계적으로 5천 가지가 넘는 많은 종류가 있고, 한국에서는 약 20여 종을 재배하고 있다. 샐러드, 소스, 주스, 케첩, 페이스트 등에 이용된다. **효능** : 비타민과 무기질의 공급원이며 뇌졸중, 심근경색 예방, 혈당 저하에 효과적이며 특히 라이코펜은 활성산소의 작용을 억제하여 항암에 탁월한 효능이 있는 것으로 알려져 있다.

(6) 열대과일류

주로 열대지방에서 생산되는 과일로 파인애플, 바나나, 망고, 아보카도, 키위, 망고스틴, 람부탄, 스타프루트, 용과 등이 있다.

<table>
<tr><td></td><td>■ 파인애플(Pineapple)
중앙아메리카와 남아메리카 북부가 원산지로서 신대륙에서는 옛날부터 재배하여 왔다. 신대륙 발견 뒤 포르투갈 사람과 에스파냐 사람들에 의해 세계 각지에 전파되었다. 솔방울과 비슷한 열매라는 뜻에서 붙여진 이름이며 브로멜린(bromelin)이라고 하는 단백질 분해효소가 함유되어 있어 연육작용을 한다. 생과일 또는 통조림, 잼, 젤리, 시럽, 건과 등으로 이용된다.
효능 : 비타민 C가 풍부하여 피로회복에 좋으며 피부미용, 노화방지에도 좋다. 식이섬유가 풍부하여 변비예방에 도움을 주며 소화촉진 및 식욕촉진에도 효과가 있다.</td></tr>
<tr><td></td><td>■ 바나나(Banana)
열대아시아가 원산지로 생과로 이용되는 바나나는 주로 브라질, 인도, 필리핀, 인도네시아, 에콰도르 등지에서 많이 생산되며 요리용 바나나는 아프리카, 남아메리카, 아시아 등지에서 생산된다. 100여 개 이상의 품종이 있지만, 주요한 품종은 그로미셸(중남미산), 캐번디시(대만산) 등이 있다. 생과일 또는 샐러드, 건과 등으로 이용된다.
효능 : 베타카로틴, 비타민 A · B, 칼륨 성분이 풍부하며 피부미용과 노화방지에 도움을 주고 위벽을 보호해 주며 설사와 변비 예방에 도움을 준다. 또한 항암효과 및 심혈관질환 예방, 면역력 증강 및 해열작용에도 탁월한 효능이 있다.</td></tr>
<tr><td></td><td>■ 망고(Mango)
원산지는 말레이반도, 인도 북부 등이며 세계에서 가장 많이 재배되는 열대과일로 열매는 익으면 노란빛을 띤 녹색이거나 노란색 또는 붉은빛을 띠며 과육은 노란빛이고 즙이 많다. 아프리카, 브라질, 멕시코, 플로리다, 캘리포니아, 하와이 등 열대와 아열대 지방에 분포한다. 생과일 또는 샐러드드레싱, 소스, 수프, 주스, 건과, 잼, 젤리, 퓌레 등에 이용된다.
효능 : 비타민 A가 풍부하며 피부미용, 항암효과, 야맹증치료, 소화촉진 등에 효능이 있다. 또한 망고 껍질 속에 함유된 피토케미컬(phytochemical) 성분은 지방세포가 성장하는 것을 막아주기 때문에 망고 껍질을 섭취하면 탁월한 항비만효과를 얻을 수 있다.</td></tr>
<tr><td>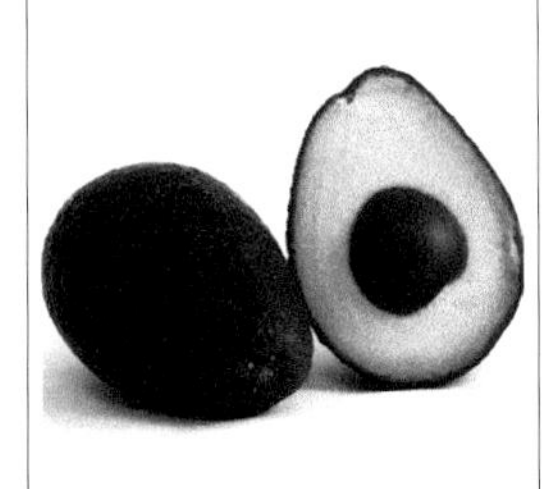</td><td>■ 아보카도(Avocado)
멕시코와 남아메리카가 원산지로 악어의 등처럼 울퉁불퉁한 껍질 때문에 악어배라고도 불린다. 과육은 노란빛을 띠며 독특한 향기가 나는데 버터프루츠라는 별명이 붙을 만큼 샐러드 등에 많이 이용된다. 500종류 이상의 품종이 있지만 과테말라, 서인도, 멕시코의 3가지 계통으로 크게 나뉜다. 중앙아메리카와 서인도에서 많이 심으며, 미국의 캘리포니아주와 플로리다주에도 분포한다. 샐러드, 소스, 오일 등에 이용된다.
효능 : 루테인이라는 성분이 백내장, 노안을 예방해 주며 항산화효과가 있는 글루타티온성분을 함유하고 있어 노화 방지, 암 예방, 심장질환 예방에 효능이 있다.</td></tr>
</table>

	**■ 키위(Kiwi)** 원산지는 중국으로 20세기에 뉴질랜드에 전해져 개량을 거듭하여 지금의 키위가 되었다. 열매 형태가 갈색 털로 덮여 있어 뉴질랜드에 서식하는 키위라는 새와 닮아 키위라는 이름이 붙었다고 한다. 우리나라에서는 양다래, 참다래라 부르기도 한다. 뉴질랜드, 캘리포니아 등에서 많이 재배되고 있다. 생과일 또는 주스 등에 이용된다. **효능** : 비타민 C · E, 폴리페놀과 다당체를 다량 함유하고 있어 인체의 면역력을 증강시키며, 항산화물질인 케르세틴은 항암효과에도 탁월한 효능이 있는 것으로 알려져 있다.
	■ 망고스틴(Mangosteen) 말레이시아가 원산지로 과일의 여왕이라 불린다. 껍질은 딱딱하고 자줏빛을 띤 검은색으로 익는다. 필리핀, 태국, 하와이, 카리브해제도, 중남미 등 열대 · 아열대 지역에서 재배되고 있다. 생과일 또는 주스 등으로 이용된다. **효능** : 강력한 항산화물질인 크산톤(xanthone)성분이 껍질에 함유되어 있어 심혈관질환 예방 및 항암효과, 면역력 증강에 탁월한 효능이 있다.
	**■ 람부탄(Rambutan)** 말레이시아가 원산지로 말레이시아어로 털이 있는 열매라는 뜻인데, 돌기로 덮인 모양 때문에 생긴 이름이다. 열대지방의 중요한 과일로, 과육은 흰색이고 과즙이 많으며 달고 신맛이 있다. 나무껍질과 뿌리는 양치약으로 사용한다. 생과일 또는 잼, 젤리, 통조림 등에 이용된다. **효능** : 멜라닌 생성을 억제시키는 효능이 있어서 미백효과가 뛰어나며 타닌, 사포닌 성분이 많아 항암효과가 있다고 알려져 있다.
	**■ 스타프루트(Star Fruit)** 열대 및 아열대 지역의 아시아가 원산지로 옆으로 자르면 별모양처럼 보이므로 스타프루트라는 이름이 붙여졌다. 열매는 노란색으로 골이 파여 있으며, 모과 같은 상큼한 향이 나며 탈수상태의 갈증을 풀어준다. 생과일 또는 샐러드, 잼, 음료 등에 이용된다. **효능** : 태국에서는 당뇨병 환자들의 당수치 조절에 이용되며 인도네시아에서는 고혈압, 치육염, 여드름 치료에 쓰인다. 꽃은 기침에 효과가 있고, 잎은 류머티즘 치료제로 사용된다.
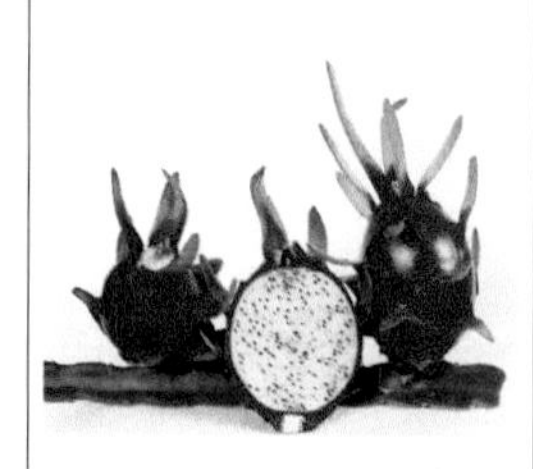	**■ 용과(Dragon Fruit)** 중앙아메리카가 원산지인 선인장 열매의 한 가지로 가지에 열매가 열린 모습이 마치 용이 여의주를 물고 있는 형상과 닮았다고 하여 붙여진 이름이라고 한다. 영어로는 피타야(Pitaya)라고도 한다. 베트남, 타이완, 중국, 태국, 일본 등 아시아의 따뜻한 지역에서도 경제작물로서 널리 재배되고 있으며, 우리나라 제주도에서도 특산품으로 재배된다. 생과일 또는 화채, 젤리 등에 이용된다. **효능** : 비타민 B_1 · B_2 · C 등 각종 미네랄성분과 식이섬유, 피로회복에 좋은 항산화물질 등이 풍부해 노화방지, 피부미용, 변비예방 등에 좋다.

Part 2

기초조리 기본편

Part 2

기초조리 기본편

1. 위생복

조리복, 조리모자, 앞치마, 스카프, 바지, 안전화 등의 착용목적과 역할 등을 익히고 조리실습 시 신체를 보호하며 효율적이고 위생적인 조리를 할 수 있게 해야 한다.

※ 조리복 착용 모습

정면

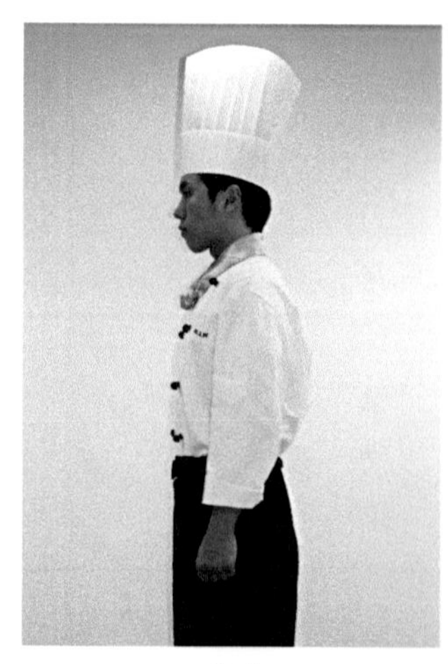

측면

조리복은 조리사의 신체를 열이나 주방기기 등으로부터 보호하는 역할을 하면서 위생적으로 작업할 수 있게 하는 척도이기도 하다. 따라서 항상 청결하게 유지해야 하며 더럽혀지거나 오염되면 신속히 조리복을 갈아입는다.

1) 위생복의 종류 및 기능

(1) 조리모

머리카락을 가려 음식에 떨어지는 것을 방지하며, 이마의 땀을 흡수하는 역할을 한다. 여성의 경우 옆머리는 귀가 보이며 뒷머리는 조리복상의 깃에 닿지 않도록 하여 착용한다. 한쪽으로 기울어지지 않고 짧게 깎은 머리카락이 귀 윗부분부터 덮일 수 있도록 하고, 모자의 모양이 구부러지거나 구겨진 부분이 없도록 한다.

(2) 상의

조리사의 체형에 맞는 치수보다 약간 크다고 생각되는 것을 착용하여 작업하는데 불편함이 없게 한다. 상의의 이중 단추는 여러 가지 기능을 갖추고 있다. 작업 시에 발생할 수 있는 오븐이나 스토브의 급속한 열을 차단해 주고 뜨거운 음식물이 튀었을 때에도 일차적으로 몸을 보호해 주는 역할을 한다. 따라서 상의 단추는 완전히 잠그고 가능한 한 면으로 된 단추를 사용하며 양쪽 소매는 조리 시 불편함이 없도록 2번 접어 손목이 5cm 이상 노출되도록 올린다.

(3) 하의

긴바지를 입어야 하며, 땀 흡수가 잘되고 편한 것으로 선택한다. 되도록이면 검정색이나 흰색을 입는 것이 위생상 좋다. 허리가 알맞은 것으로, 길이는 안전화의 윗부분이 살짝만 덮이는 것이 좋고 벨트 착용으로 움직임을 방지한다.

(4) 앞치마

앞치마는 벨트선 이상으로 올라가지 않도록 위치를 조정하여 착용하며, 조리복 상의와 바지에 음식물이 튀어 얼룩이 생기는 것을 방지하기 위해 착용한다. 매듭은 복부 중앙에서 약간 왼쪽에 매고 남는 끈은 팔이나 다른 물건에 걸리지 않도록 단순하게 묶어 안으로 밀어넣거나 리본 형식으로 단정하게 정리한다.

(5) 스카프

뜨거운 열이 발생하는 주방에서 작업을 하는 동안 많은 양의 땀을 흘리게 되는데 땀을 닦아내기 위해서 손을 사용하면 불결하기도 하고 세균에 감염될 우려가 있는데 머플러는 손을 대지 않더라도 흡수가 되어 닦아주는 효과를 내고 있다. 그뿐만 아니라 머플러는 뜨거운 요리재료나 다른 이물질을 목에 남아 있는 공간으로 들어가는 것을 방지해 준다. 머플러의 이러한 기능을 최대한 발휘하기 위해서는 우선 머플러의 재질이 순면으로 수분흡수가 잘되어야 하고 그 크기가 적당하여 목을 감싸는 데 불편함이 없어야 하며 착용 시 목부분에 공간이 많이 나지 않도록 하여야 한다.

(6) 안전화

주방에서 안전화는 바닥이 미끄러울 때 다른 신발에 비하여 안전성을 높여 미끄러지는 것을 방지하고 위험한 물건이 떨어지거나 충격을 가하였을 때 그 충격을 흡수해서 보호하는 역할을 한다. 안전화의 끈은 풀어지지 않도록 단단하게 매야 하고 묶은 나머지 끈은 위험발생요지가 없도록 아주 짧게 처리하는 것이 바람직하다.

(7) 명찰

명찰은 자신의 신분을 남에게 알리는 얼굴이나 다름없다. 주방은 고객을 이하여 최고가치의 요리를 생산하는 곳이므로 신분이 보장되고 허가된 조리사만이 작업할 수 있는 장소이다. 따라서 자신과 다른 조리사의 신분이 보장되고 허가된 조리사만이 작업할 수 있는 장소이므로 자신과 다른 조리사의 신분이 항상 확인되어야 한다. 명찰은 작업을 수행하는 데 불편함이 없도록 그 크기가 적당하고 쉽게 알아볼 수 있는 것으로 왼쪽 가슴 주머니부분에 고정 부착되는 것이 바람직하다.

2) 위생복 착용방법

(1) 앞치마 착용방법

한번 접어서 허리춤에 자연스럽게 갖다 댄다.

끈을 쥔 상태에서 조리복 양쪽을 당겨 등 쪽에 구겨짐이 없도록 한다.

끈을 허리 뒤쪽으로 돌린다.

끈을 앞쪽으로 다시 돌린다.

끈을 한 번 묶는다.

긴 끈을 돌려 뺀다.

돌려 뺀 끈을 나비넥타이 모양으로 만든다.

짧은 끈을 이용해 나비넥타이 모양으로 감는다.

조금 남은 끈은 앞치마 안쪽이 풀리지 않도록 안쪽으로 집어넣는다.

(2) 스카프 착용방법

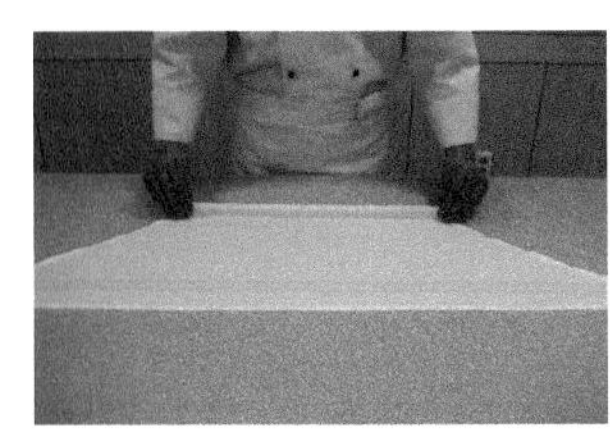

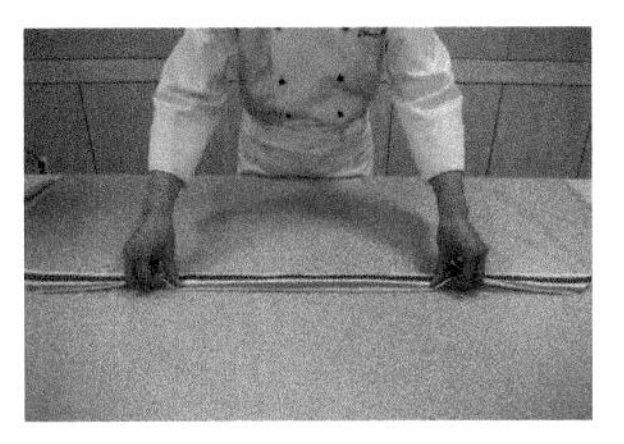

스카프를 잘 펼쳐서 반으로 접은 후 다시 한 번 접어 폭이 4.5cm 정도가 되도록 접는다.

접은 머플러를 목에 두르고 엇갈려 잡은 후 왼쪽을 길게 하여 위 사진처럼 안으로 돌려 뺀다.

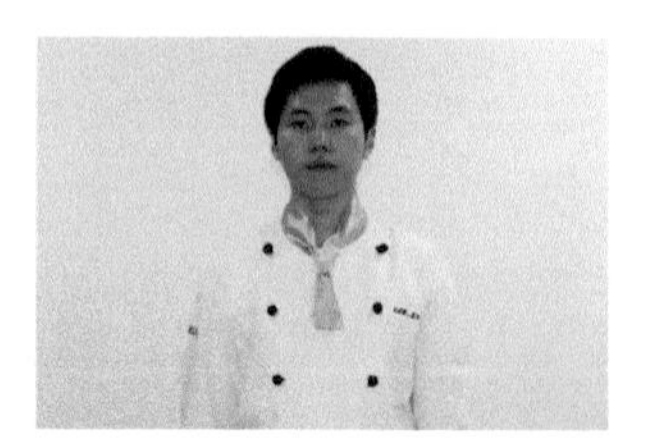

넥타이를 매는 방법으로 돌려 뺀다.

나와 있는 끈을 말아 뒤쪽으로 끝이 보이지 않게 처리한다.

2. 칼과 숫돌의 관리

1) 칼

조리사에게 칼은 옛 무사의 검과 같은 것이다. 그래서 예부터 '조리인의 혼'이라 불리었으며, 칼을 보면 그 조리인의 기량을 알 수 있다고 했을 정도로 조리인에게 가장 중요한 조리기기라 할 수 있다. 칼에는 여러 종류가 있기 때문에 그 특징을 알고 용도에 맞게 사용하는 것이 무엇보다 중요하다.

(1) 칼의 구성 및 역할

① 칼의 구성

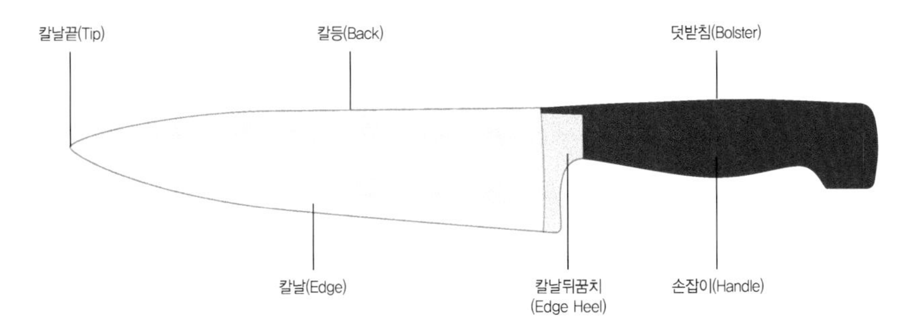

② 칼의 역할

- 칼날 : 항상 예리하고 날카롭게 유지해야 하며 주로 사용하여 자르는 부분이다.
- 칼날끝 : 칼날끝은 항상 뾰족하게 유지해야 하며 자를 때나 힘줄 등을 자를 때 주로 사용한다.
- 칼등 : 고기를 두드리거나 우엉 등의 껍질을 벗길 때 주로 이용한다.
- 칼날뒤꿈치 : 칼의 안전성을 유지하기 위해서 필요한 부분이다.
- 손잡이 : 기름기나 이물질이 묻지 않게 깨끗이 유지해야 한다.

(2) 칼의 종류

① 양면도

■ **Chef's knife**
튼튼하며 넓고 강한 칼날의 칼.
전문가, 초보 모든 사람을 위한 가장 기본적인 칼이며, 채소를 정리하거나 허브를 다지거나 썰 때 사용.

■ **Peeling knife**
작고 가벼우며 곡선인 칼.
감자, 과일, 채소의 껍질을 벗기거나 썩은 부위를 도려내기에 좋음.

■ **Vegetable knife**
강한 칼날을 가진 작은 칼.
작은 과일이나 채소를 다듬거나 껍질을 벗길 때 편리하며. 썩은 부위를 도려내기에 좋음.

■ **Boning knife**
얇고 굴곡을 가진 칼로 뼈에서 살을 발라내는 데 적합하게 만들어진 칼.

■ **Santoku knife**
아시아 타입의 칼로 넓고 날카로운 날을 가진 칼. 아시아 지역에서 가장 기본적으로 사용하는 칼로서 요리를 위한 고기나 생선, 채소의 준비에 사용.

■ **Chinese chef's knife**
중국식 칼로 넓고 길며, 날카로운 칼날을 가진 칼. 고기나 생선, 채소에 사용.

② 단면도

주로 일본에서 사용되는 칼로 양면도에 비해 얇게 자를 수 있으며, 절단면이 산뜻하고 깨끗하다.

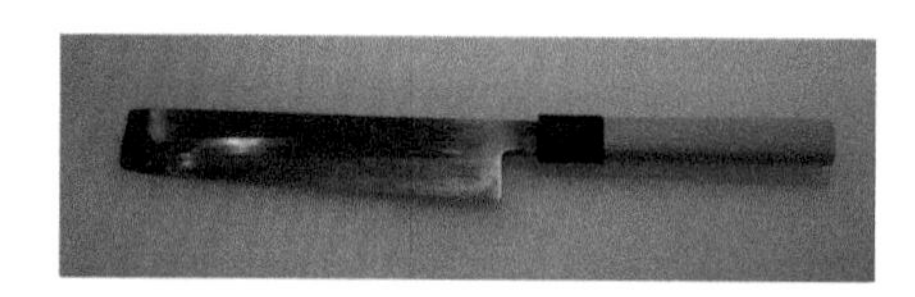

■ **우스바(채소칼)**
주로 채소에 쓰이고 껍질을 벗기거나 식재료를 잘게 썰 때 쓰는 칼로 칼날이 평평하고 얇아서 자른 면이 아름답게 마무리되는 것이 특징임.

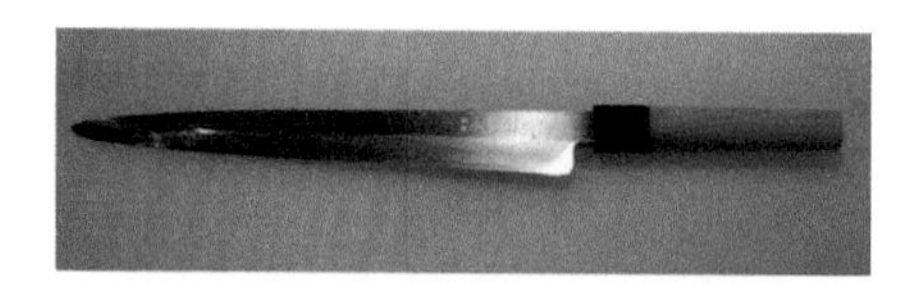

■ **야나기보우죠(회칼)**
칼날이 얇아 예리하고 길며 주로 생선회를 자를 때 사용한다. 부드러운 생선살이 망가지기 쉬우므로 단숨에 자르는 긴 칼이 회칼로써 적당함.

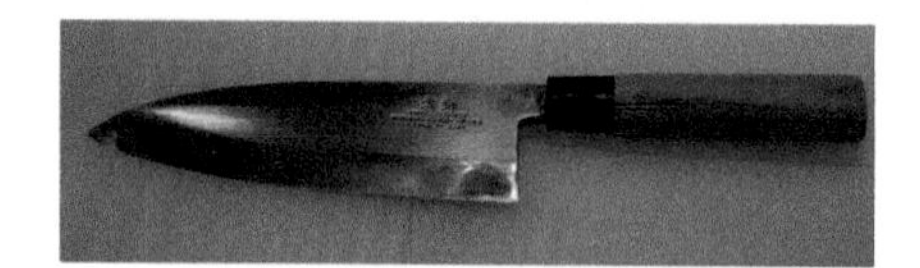

■ **데바보우죠(생선손질칼)**
칼 밑쪽이 두꺼운 칼로 주로 생선이나 닭을 오로시할 때 사용하며, 뼈나 게의 껍데기 같은 딱딱한 부분을 자를 때 용이하다. 생선의 크기에 따라 사용하는 칼의 길이나 두께가 매우 다양하고 용도의 폭이 넓다.

2) 숫돌

(1) 숫돌의 종류

숫돌의 종류는 입자의 굵기에 따라 크게 거친 숫돌, 중간숫돌, 마무리숫돌로 나눌 수 있으며, 재료에 따라 천연숫돌과 인공 연마재를 합성한 합성숫돌이 있다. 천연숫돌은 칼날이 둔해지지 않고, 특히 입자가 미세한 마무리숫돌은 합성한 것보다 뛰어나다. 그러나 생산량이 적고 고가라서 쉽게 구입할 수 없는 실정이다. 반면 합성숫돌은 칼날이 잘 서지 않고 가는 물에 손이 더러워지는 단점이 있으나, 칼갈기가 비교적 편리하고 가격도 적당해 일반적으로 합성숫돌을 많이 사용하고 있다.

돌의 순서에 따라 갈면 예리한 칼날을 만들 수 있지만, 일반적으로는 중간숫돌(1,000방)만 사용해도 충분하다.

① 거친 숫돌(200~600)

새 칼을 쓸 때나 칼날이 크게 손상되었을 때 사용한다.

② 중간 숫돌(800~1,000)

칼날을 세울 때 사용하며, 평상시 칼을 갈 때 보편적으로 이용한다.

③ 마무리 숫돌(2,000~4,000)

중간숫돌로 세운 다음, 더욱 정교하게 날을 세우고자 할 때와 칼에 나 있는 아주 작은 흠집 등을 깨끗이 제거할 때 사용한다.

(2) 숫돌 사용방법

① 숫돌을 사용하기 전에, 먼저 물에 10~20분간 공기방울이 생기지 않을 때까지 충분히 물을 흡수하도록 한다. (이렇게 해야만 숫돌과 지철이 섞인 '지분'이 생겨 칼을 갈기가 쉽다.)

② 숫돌 받침대나 젖은 행주를 깔아 미끄럽지 않도록 안정시킨다.

③ 칼을 갈 때 물을 조금씩 떨어뜨려준다.

(3) 숫돌 관리방법

① 숫돌을 오랫동안 사용하면 가운데가 움푹해지고 표면이 상하는데, 그럴 때는 사용했던 숫돌보다 조금 거친 숫돌을 이용해 갈아, 표면을 평평하게 '면 고르기'를 해둔다.

② 숫돌에 각이 난 부분은 숫돌과 숫돌을 서로 대고 갈아 각을 없애준다. (그대로 두면 사용 도중 각이 떨어져 칼날을 상하게 한다.)

③ 사용한 뒤에는 숫돌을 깨끗이 닦아서 보관한다.

3. 칼 가는 방법

1) 숫돌을 이용하여 칼 가는 방법

(1) 양면도 가는 방법

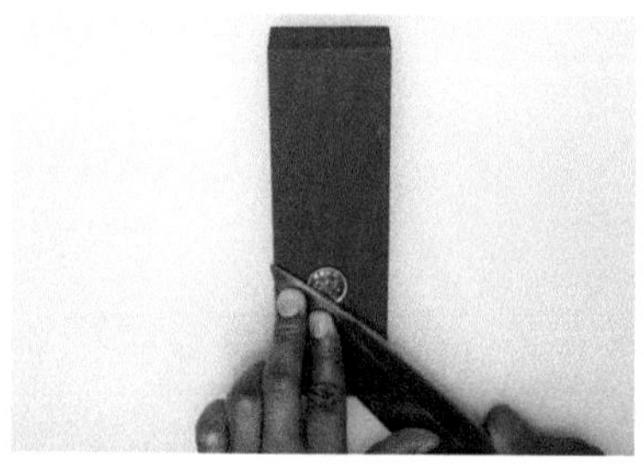

칼날을 내 앞쪽으로 향하게 하고 칼을 숫돌에 45° 각도를 유지한다. 칼등은 100원짜리 동전 두께(10~20°)만큼 들고 검지, 중지, 엄지를 사진과 같이 칼끝에 댄다.

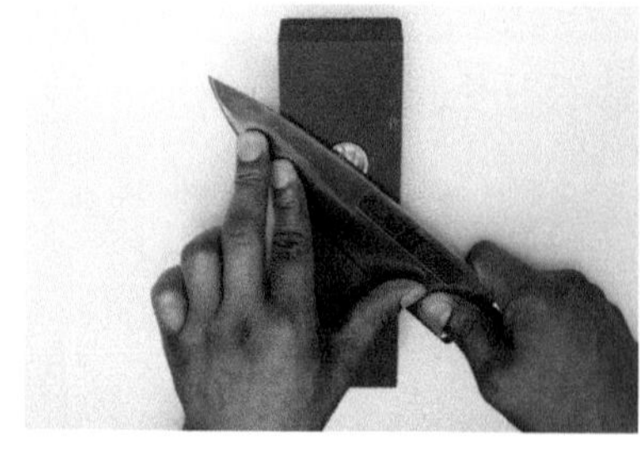

오른손의 엄지로 칼 밑을 누른 다음 칼의 앞쪽에서 칼끝의 약간 밑을 간다는 느낌으로 전후로 갈기 시작한다.

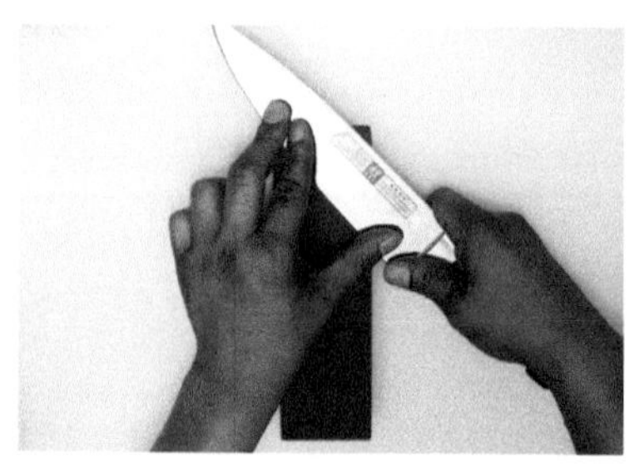

본인의 앞쪽에서 바깥쪽으로는 힘 있게 밀고, 가볍게 되돌아오도록 간다.

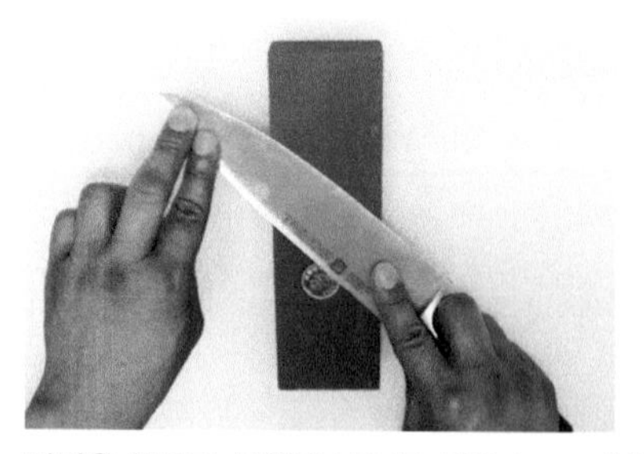

뒷면은 앞면과 동일한 각도로 칼을 놓고 가볍게 밀고 힘차게 돌아온다.

✲ Point

- 칼날의 각도와 힘을 일정하게 주면서 가는 것이 중요하다.
- 앞면을 중심으로 간다.
- 허리는 30° 정도 앞으로 숙인다.

(2) 단면도 가는 방법

칼끝을 내 앞으로 향하게 하고 칼을 숫돌에 대해 45° 각도로 한다.

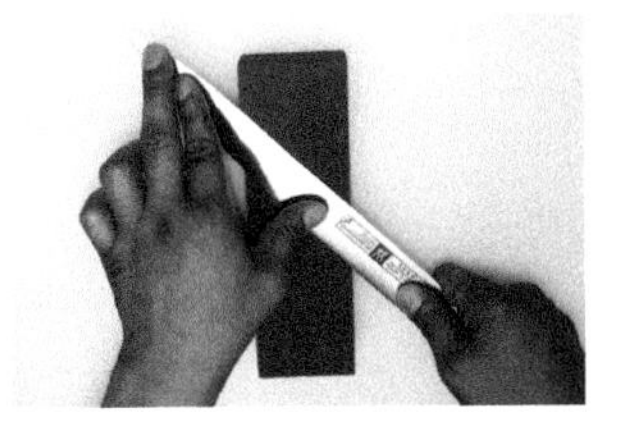

숫돌에 칼 앞면을 붙여서 오른손의 엄지로 칼 밑을 누른 다음 내 앞쪽에서 바깥쪽으로는 힘 있게 밀고, 가볍게 되돌아오도록 간다.

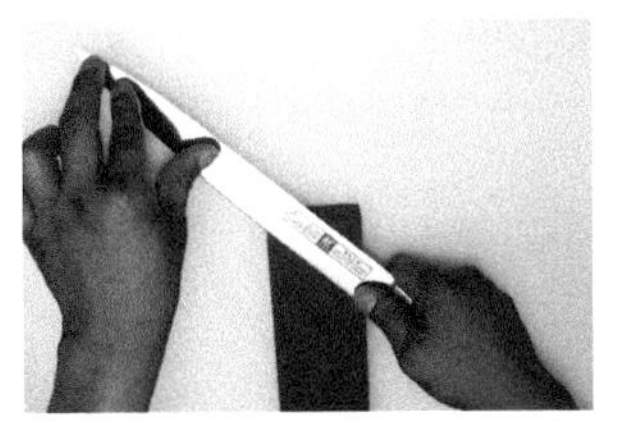

지분이 생기면 매끈하게 갈려지므로 수시로 물을 뿌린다.

뒷면도 칼끝을 내 앞으로 향하게 하고 칼을 숫돌에 대해 45° 각도로 한다.

숫돌에 칼 뒷면을 붙여서 오른손의 엄지로 칼 윗부분을 누른 다음 가볍게 갈아준다.

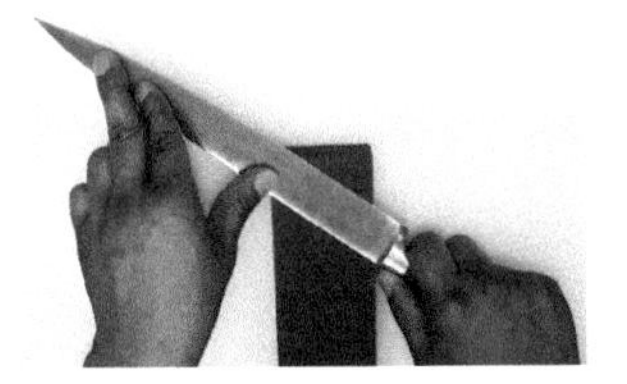

앞면을 중심으로 갈아주고 뒷면은 마무리하듯 넘어간 앞면 칼날만 잡아준다.

2) 줄(야스리)을 이용한 칼 가는 방법

(1) 줄을 세워서 칼 가는 방법

줄을 45° 정도 기울여 왼손으로 잡고 오른손에 칼을 세워 잡는다. 줄과 칼날과의 각도는 20° 정도를 유지한다.

줄을 따라 칼날을 아래로 손목을 이용해 움직인다.

칼끝이 줄에 닿을 때까지 줄과 칼날을 접촉시킨다.

줄의 바깥쪽 부분에 칼날의 반대쪽을 대고 같은 방법으로 갈아준다.

(2) 줄을 밑으로 향해서 칼 가는 방법

수직으로 줄을 잡고 줄 한쪽 면에 칼굽을 댄다. 줄과 칼날과의 각도는 20° 정도를 유지한다.

약간 힘을 주고 손목이 아닌 팔을 움직이며 부드러운 동작으로 줄 자루 아래로 밀어준다.

자루를 따라 칼날이 내려가면서 칼끝이 이동을 하면 끝난다.

줄의 다른 쪽 부분에 칼날을 대고 같은 방법으로 갈아준다.

4. 도마 사용방법

최근 특정 식품에 특정 도마를 사용함으로써 음식의 특색을 살리고, 음식을 섞어 쓰면서 생길 수 있는 교차오염을 막기 위해 다섯 가지 색 도마를 많이 사용하고 있다. 육류는 빨간색, 어패류는 파란색, 채소는 초록색, 과일은 노란색, 빵이나 즉석제품은 흰색 도마 등 까다로운 원칙을 통해 위생사고를 크게 줄이고 있다. 과거에는 목재로 된 조리도구를 많이 사용했으나 최근에는 세균번식을 우려해서 합성 플라스틱 조리도구를 권장하고 있으며, 목재로 된 제품은 무겁고 단단한 재질이 좋다. 나무도마를 오래 쓰다 보면 움푹 들어가는데 그 깎인 부분이 식재료에 묻어 음식에 함유될 수 있다. 도마를 사용할 때에는 먼저 물로 세척한 뒤 사용하며 도마 밑에 젖은 행주를 깔아 도마가 미끄러지지 않도록 해야 한다. 목제 도마는 물을 충분히 흡수하도록 하여 식재료가 도마에 달라붙는 것을 방지하고, 재료의 냄새나 피와 같은 물질이 묻었을 때 쉽게 세척될 수 있게 해준다.

1) 도마의 분류 및 특성

도마는 목제와 합성수지제 두 가지로 구분할 수 있다. 목제 도마는 식재료가 미끄러지지 않고 칼의 날도 오래 가지만, 세균번식이 용이하고 세척 및 소독 시 불편함이 있다. 반면 합성수지 도마는 세균번식이 어려우며 위생적이고 세척과 소독이 쉬운 반면 칼이 미끄러지기 쉽고, 튀는 느낌이 든다. 또한 칼날이 쉽게 마모되는 단점이 있다.

2) 도마의 관리

교차오염을 막기 위해 도마를 색깔별로 사용하는 것이 무엇보다 중요하며, 사용하고 나서는 곧바로 세척과 살균을 철저하게 해야 한다. 고기나 생선을 자른 후에는 뜨거운 물로 닦으면 단백질이 도마에 응고되어 닦기 어려우니 일단 찬물로 닦아내고 마지막에 뜨거운 물로 씻어낸다. 어떤 소재의 도마를 사용하는가보다는 어떻게 도마를 관리하는가에 더 초점을 두어야 하며 도마는 용도별로 2개 이상 사용하고, 2~3일에 한 번씩 여러 가지 방법으로 살균해야 한다.

(1) 목제 도마 관리

목제 도마는 칼을 사용하면서 작은 칼집이 많이 생기게 되고, 그 사이에 찌꺼기가 끼어 세균으로부터 무방비상태가 된다. 그렇기 때문에 사용한 도마는 즉시 소금 등으로 닦아 말려주며, 일광소독이나 자외선 살균기에 넣어 관리해야 한다. 또한 도마를 두 개로 번갈아가면서 관리해 주거나 여건상 한 개만 사용할 경우에는 일광소독을 하기 어려우므로 인체에 무해한 세제 등을 이용해 깨끗이 세척하여 건조시킨다.

간혹 끓인 물을 부어 열탕소독을 하기도 하지만 나무가 빨리 썩을 수 있으므로 너무 자주 하지 말아야 한다.

도마의 상태에 따라 대패로 밀어 조리 시 목제 도마 찌꺼기가 음식에 섞이지 않도록 하는 것이 무엇보다 중요하다.

(2) 합성수지 도마 관리

목제 도마에 비해 관리가 수월하여 최근 많이 사용하고 있다. 특히 교차오염을 막기 위해 색깔별로 사용하기 쉽고, 사용 후에도 손쉽게 세제 등을 이용해 살균처리할 수 있다.

사용 후에는 찌꺼기 제거 ⇒ 세척 ⇒ 헹굼 ⇒ 소독제 사용 ⇒ 헹굼 ⇒ 건조 ⇒ 자외선 살균기 보관 등의 순서에 따라 처리한다.

✲ Point

- 도마 위에 우유팩을 놓고 칼질하면 자국이 안 생긴다.
  나무도마에 고기나 생선을 올려놓고 힘주어 칼질하게 되면 칼자국이 생길 뿐 아니라 그 속에 세균이 서식할 우려가 있다. 이때 깨끗이 씻은 우유팩을 깔고 작업하면 좋다.
- 얼룩과 냄새를 없애려면 소금이나 식초 등으로 도마를 세척한다.
  어류나 김치를 손질하고 난 후에 남아 있는 얼룩과 냄새를 없애려면 굵은소금으로 팍팍 문질러 준 다음 세척하여 뜨거운 물로 헹구어 건조시킨다. 심할 경우에는 식초나 레몬즙을 발라 건조시킨다.

5. 행주 및 수세미 관리

1) 행주 사용 및 관리

행주는 가장 많이 세균에 노출되는 주방용품이다.

항상 젖어 있고, 주방의 오염물 등을 닦아내기 때문에 위생에 각별히 신경을 써야 한다. 행주는 되도록 용도별로 여러 장 나누어서 사용하는 것이 좋으며, 1회용 행주의 경우 너무 오랫동안 사용하지 말아야 한다. 면 행주는 매일 삶아서 사용하며 매일 삶기 어려울 경우 전자레인지를 이용해 소독한다. 전자레인지 전용그릇에 젖은 상태의 행주를 넣고 5분가량 가열시킨다. 건조 시에도 식기건조기나 싱크대에 엎어 말리지 말고 반드시 채광이 있는 곳에서 빨래 건조대를 이용해서 말린다.

2) 수세미 사용 및 관리

수세미에서도 세균이 다량 발생하고 있다.

그것도 모르고 수세미로 열심히 그릇을 닦아내는데, 수세미는 최대한 자주 바꿔줘야 한다. 수세미를 아끼는 것만큼 어리석은 짓은 없다. 좋은 수세미를 오래 사용하는 것보다 싼 수세미를 자주 바꾸어주는 것이 훨씬 좋다. 최소 1~2일에 한 번씩 수세미를 소독해야 한다. 수세미를 한번 삶아주거나 비닐봉지나 사기그릇에 물에 젖은 수세미를 넣고 전자레인지에 2분 정도 돌려주면 살균된다.

6. 칼 사용방법

1) 칼 잡는 방법

(1) 양면도

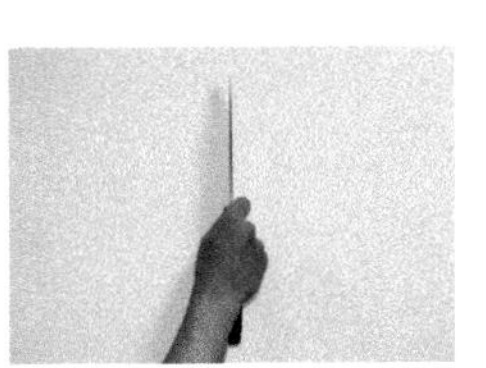

검지를 칼에 올려 중지를 칼 턱 밑의 들어간 곳에 대고 약지와 새끼손가락으로 감싸듯이 잡는다.

(2) 단면도

① 야나기바

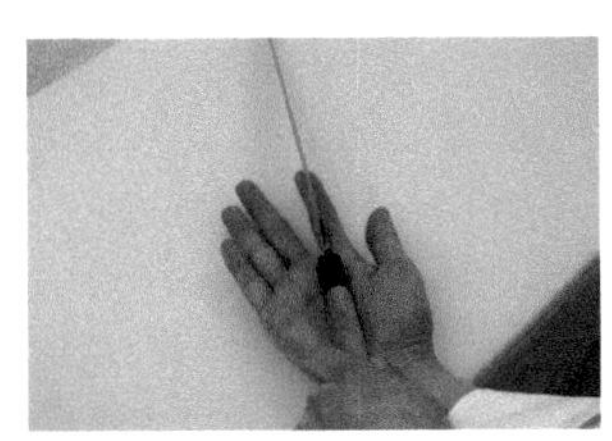
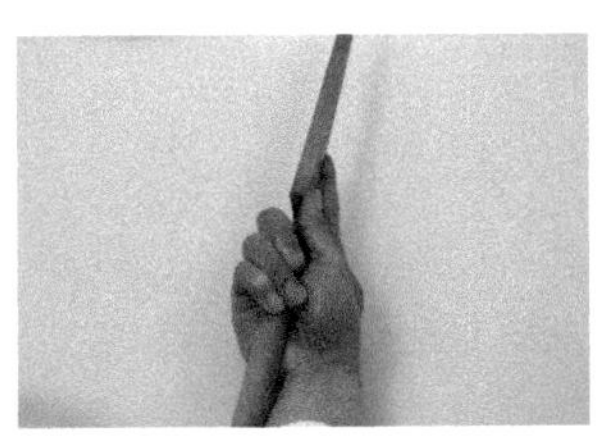

검지를 칼등에 대고 엄지로 칼 밑을 받쳐서 칼을 안정시킨다. 중지는 가볍게, 약지와 새끼손가락으로 힘 있게 잡는다. 칼 밑에서부터 대고 잡아당기듯이 자른다.

② 데바

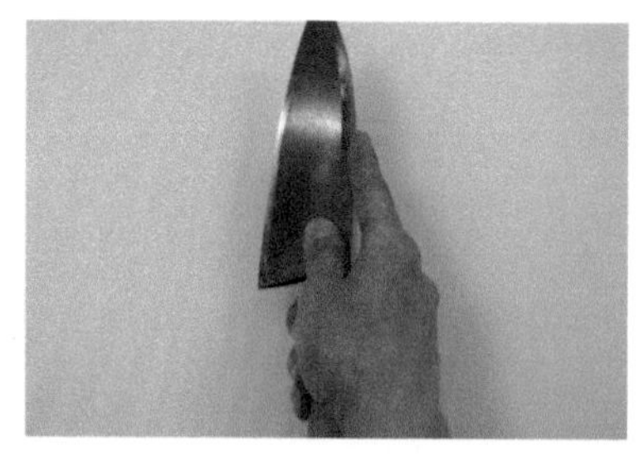
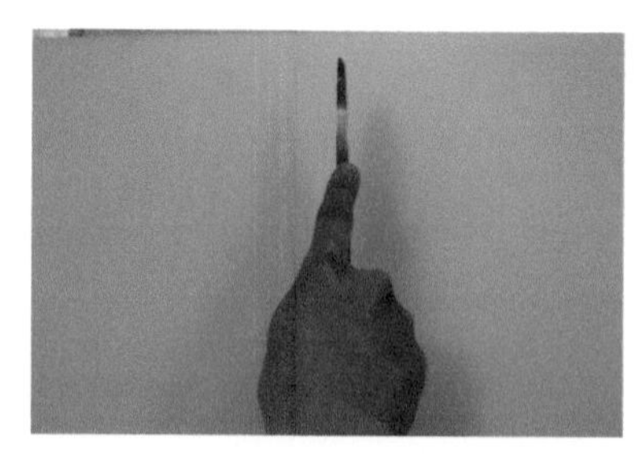

데바는 칼이 무겁고 힘이 많이 들어가는 작업을 할 때 많이 사용하므로 더욱 안전하게 쥐어야 한다. 검지를 칼등에 대고 엄지로 칼 밑을 받쳐서 칼을 안정시키고 중지는 가볍게 약지와 새끼손가락으로 힘 있게 잡는다.

2) 칼질하는 자세

(1) 양면도를 잡고 칼질하는 자세

① 도마와 사람 사이에 주먹 하나 들어갈 정도의 간격을 벌려준다.

② 칼은 도마와 30° 정도의 각도로 한다.

③ 발은 어깨넓이 정도 벌려 주로 사용하는 발을 45° 각도로 뒤로 조금 옮긴다.

④ 식재료와 칼날은 90°가 되도록 한다.

(2) 칼질할 때 손의 모습

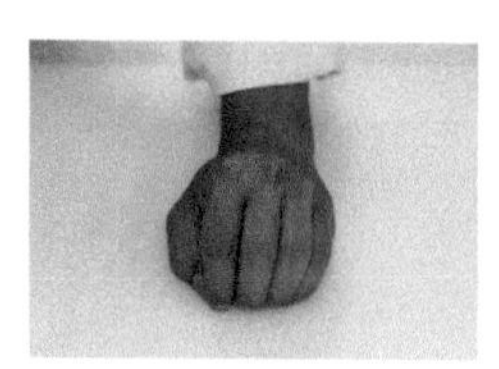

칼질할 때 왼손의 형태를 위에서 본 모습

칼질할 때의 왼손의 형태와 손가락의 형태를 정면에서 본 모습

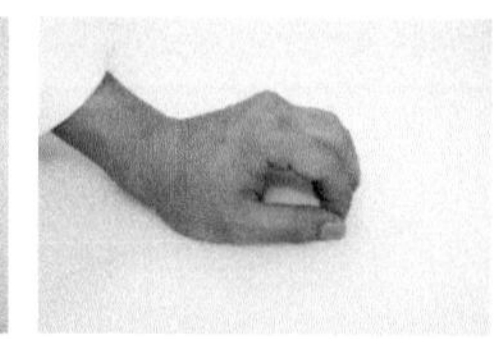

칼질할 때 우측 면에서 본 모습

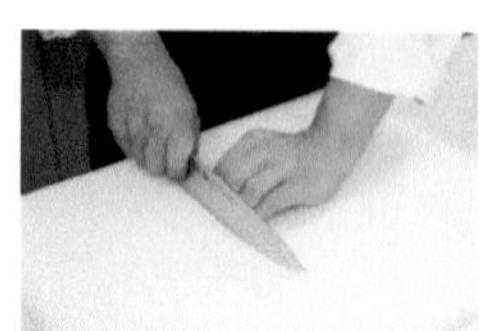

칼질할 때 위에서 본 모습

3) 칼질방법

(1) 양면도 칼질방법

① 당겨썰기

칼을 당기면서 써는 방법으로 채소 등을 Slice할 때 사용하는 방법.

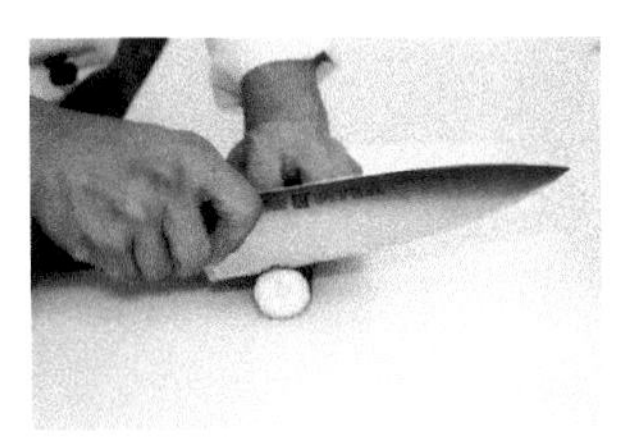

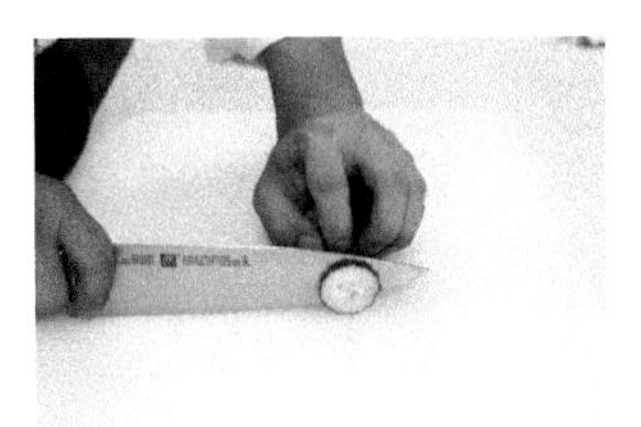

칼끝에 식재료를 놓고 잡아당기면서 힘을 가해 썬다. 주로 채소 등과 같이 부드러운 식재료를 자를 때 이용하는 방법으로 보통 서양요리에서 많이 쓰는 칼질법이다.

② 밀어썰기

칼을 밀면서 써는 방법.

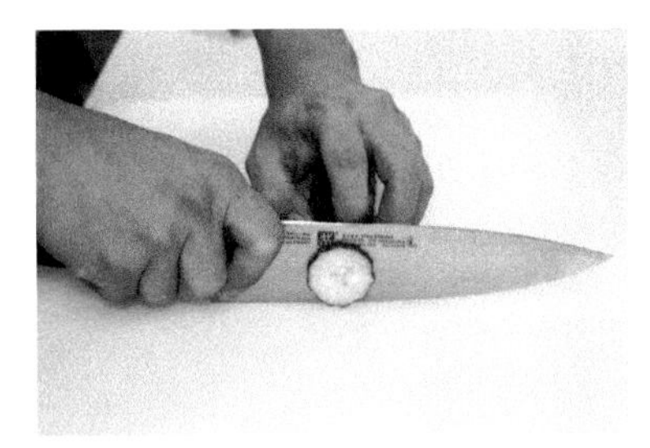

주로 채소 등과 같이 부드러운 식재료를 자를 때 이용하는 방법으로 보통 한국이나 일본에서 많이 쓰는 칼질법이다.

(2) 단면도 칼질방법

생선회칼(야나기보조)의 사용방법은 자르는 방법에 따라 여러 가지가 있다.

칼을 잡아당기면서 자른 후 옆으로 옮겨놓는 방법

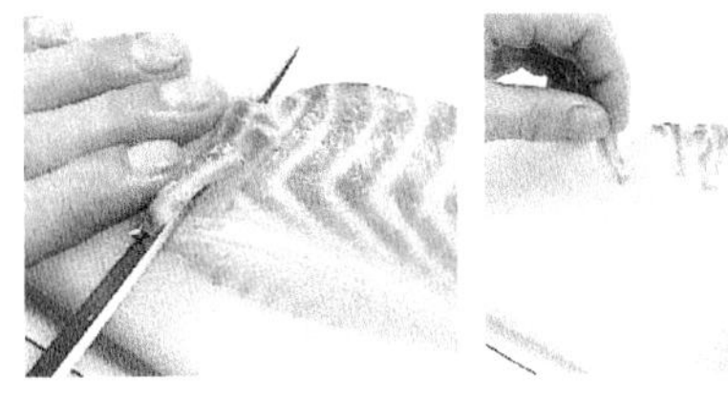

칼날이 45° 정도 왼쪽으로 향하도록 하여 잡아당기면서 잘라 한 장씩 옮겨놓는 방법

4) 칼 사용 시 안전수칙

- 칼은 제작된 목적 이외에 사용해서는 안 된다.
- 용도에 알맞은 칼을 사용해야 한다.
- 칼날이 무디면 더 안전하지 못하다. (칼날이 무디면 힘을 가하게 되고, 결과적으로 칼날이 미끄러져 나갈 수 있고 힘이 더 든다.)
- 칼을 갈 때에는 주의를 기울여야 한다.
- 칼을 보이지 않는 곳에 두거나 물이 든 개수대 등에 담가두지 않는다.
- 주방에서 칼을 들고 다른 장소로 이동할 때에는 칼끝을 정면으로 두지 않으며, 칼끝을 위로 향하게 하고 칼날은 뒤로 가게 한다.
- 칼을 떨어뜨렸을 경우 잡으려 하지 말고 물러서서 피한다.
- 칼을 사용하지 않을 때에는 안전함에 넣어서 보관한다.

7. 팬 사용방법

1) 팬 당겨 뒤집기

재료를 팬 가장자리로 모은다.

팬을 들지 않고 빠르게 잡아당긴다.

재료가 팬에서 한 바퀴 회전한 모습

2) 팬 들어 뒤집기

달걀을 어느 정도 익혀준다.

팬을 들어 내리면서 앞으로 당긴다.

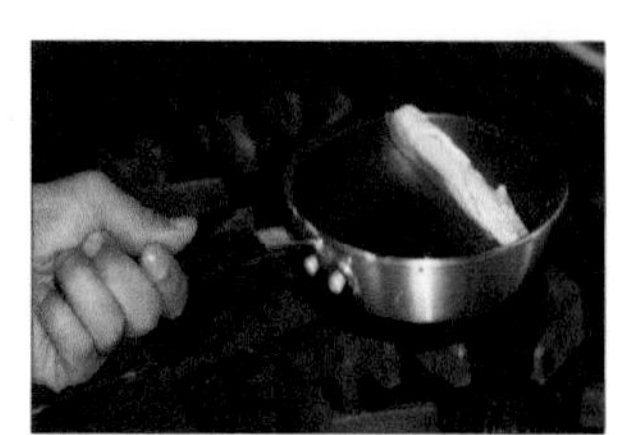
팬에서 달걀이 한 바퀴 회전한 모습

Part 3

기초조리 실기편

Part 3

기초조리 실기편

1. 모양썰기

1) 돌려깎기

(1) 단면도 : 무 돌려깎기 및 채썰기

무는 9㎝ 정도로 잘라 표면이 매끄럽게 껍질을 한 번 벗겨낸다.

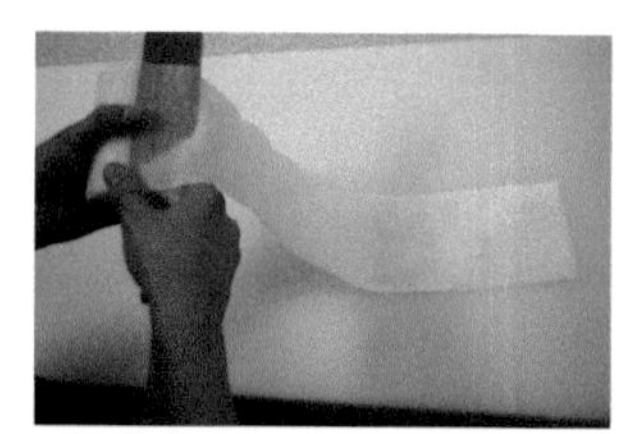

칼날에 양손 엄지를 갖다 대고 칼을 위, 아래로 움직이며 0.5~1㎜ 정도의 두께로 돌려깎는다.

돌려깎기한 무를 일정 크기로 잘라 포개놓는다.

돌려깎기한 무를 겹쳐 가늘게 채 썬다.

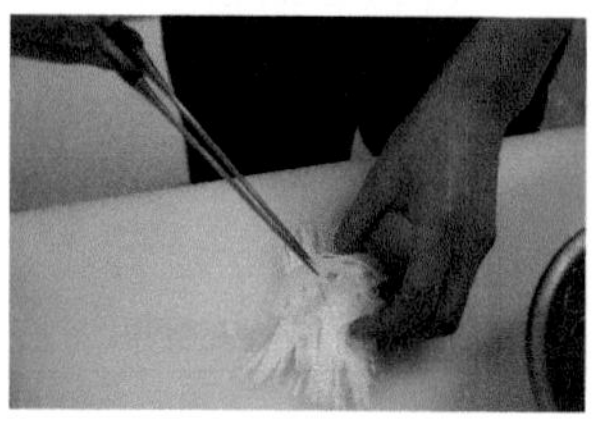

가늘게 채썬 무를 물에 담가둔다.

세로로 썬 겡 – 세울 때 사용(다데쓰마)

가로로 썬 겡 – 밑에 깔 때 사용(시키쓰마)

(2) 양면도 : 사과 돌려깎기

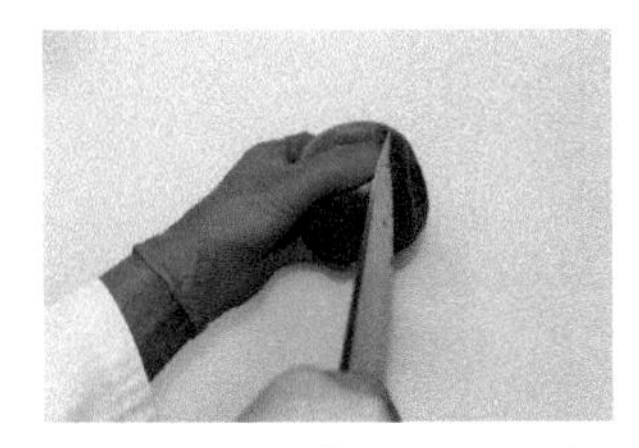

사과의 양쪽 끝을 수평으로 자른다.

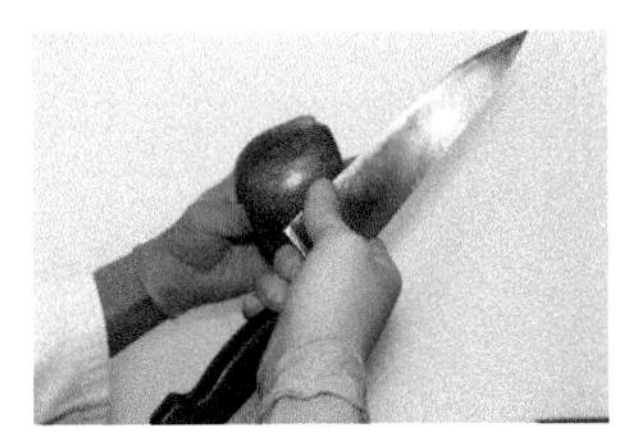

왼손으로 사과를 잡고 오른손 엄지와 검지로 칼면을 가볍게 쥔다.

오른손 중지가 사과의 중앙에 위치하게 하고 중심축이 되도록 한다.

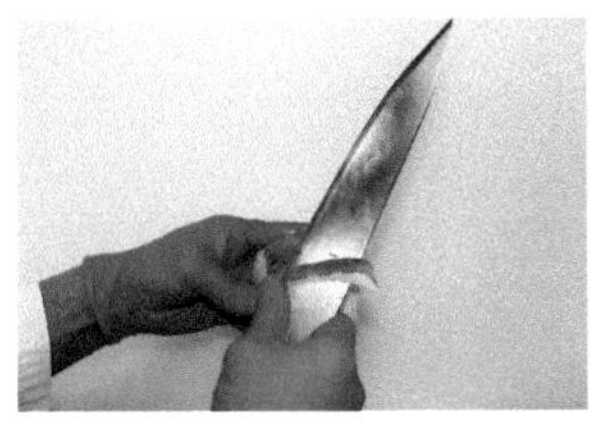

칼을 쥔 오른손 팔목만을 이용하여 돌려깎기를 한다.

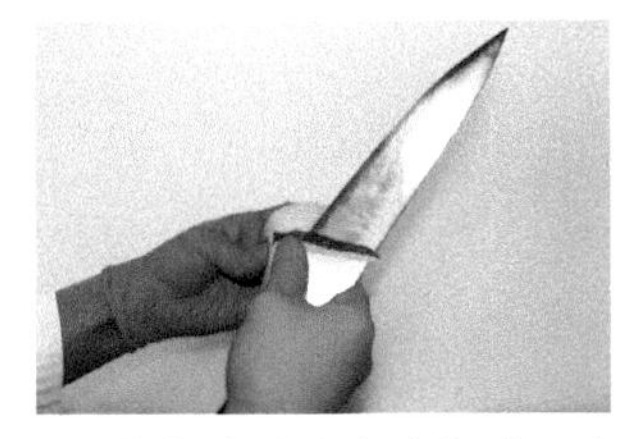

중심축을 움직이지 않게 하고 손목만을 이용하여 연속해서 돌려깎는다.

완성 모양

2) 꽃모양깎기

(1) 매화꽃 A형 만들기

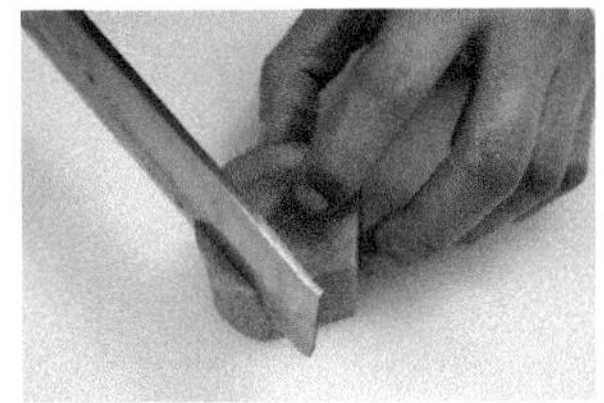

두께 2~3cm의 둥근 모양으로 자른 후 정오각형을 만든다.

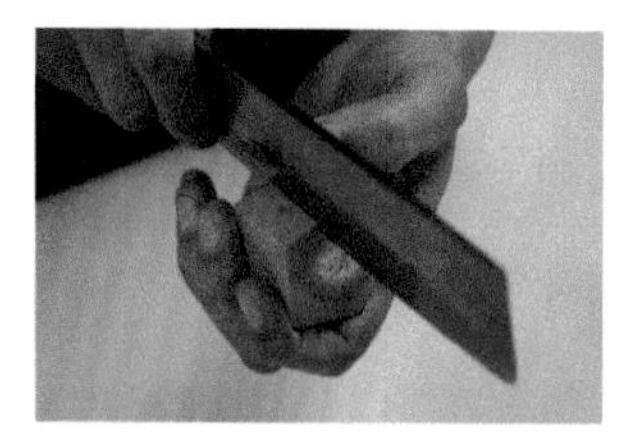

측면마다 중앙에 칼집을 넣는다.

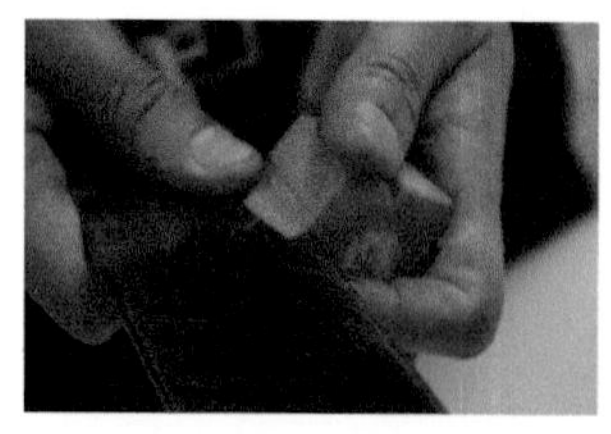

모서리에서 면 중앙에 칼집을 넣은 쪽으로 둥글게 잘라낸다.

다섯 면 모두 잘라내면 꽃잎모양이 된다.

꽃잎모양 완성

윗부분에 안쪽으로 들어가 있는 부분에서 나와 있는 모서리 쪽에 칼집을 전부 넣는다.

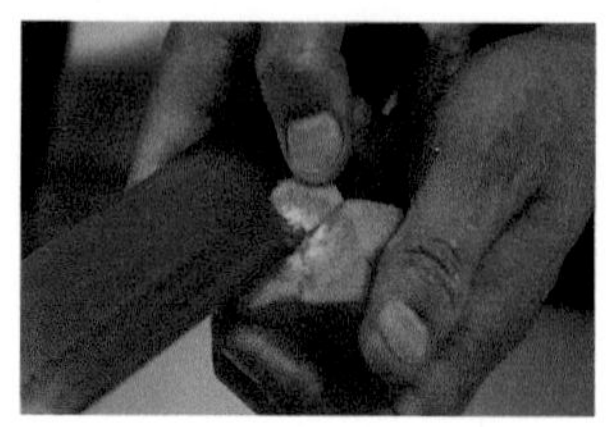

칼집 넣은 곳에서 다음 칼집까지 비스듬히 잘라낸다.

다섯 잎 모두 잘라내면 완성

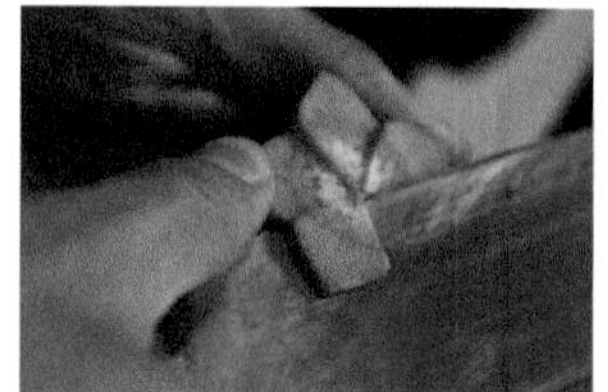

완성된 입체형 꽃잎모양

(2) 매화꽃 B형 만들기

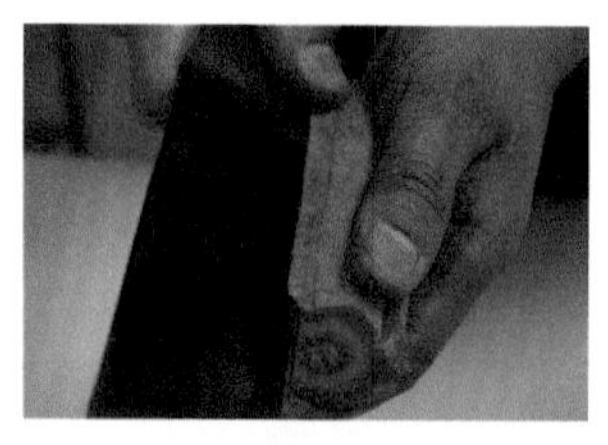

정오각형 기둥을 만든다.

측면마다 중앙에 칼집을 넣는다.

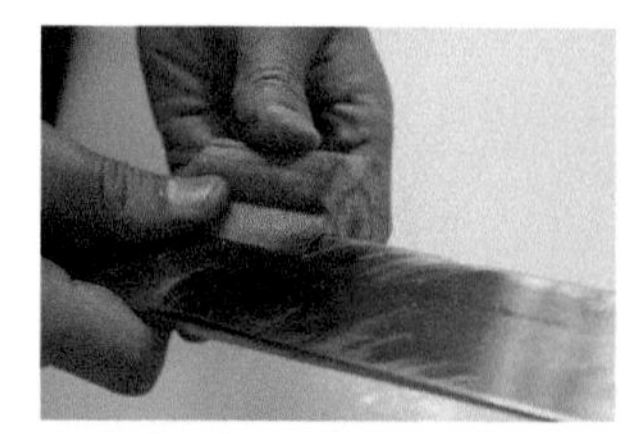

모서리각에서 면 중앙에 칼집 넣은 쪽으로 둥글게 잘라낸다.

전면을 잘라내면 꽃잎모양 기둥이 된다.

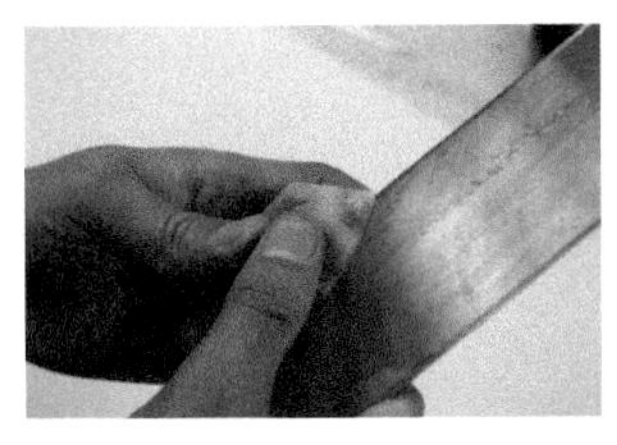

연필모양으로 만든다.

얇게 돌려깎는다.

얇게 돌려깎다 보면 꽃잎이 말린 형태가 된다.

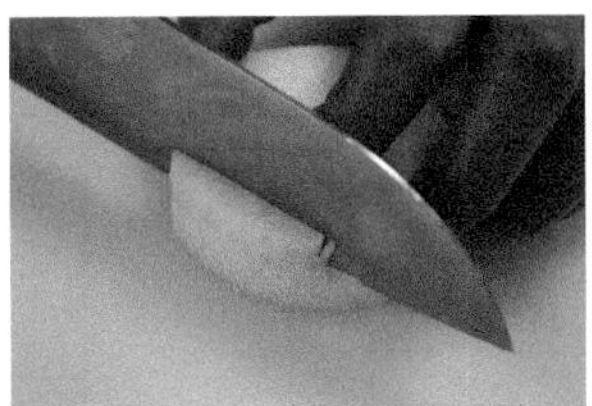

꽃잎에 양쪽으로 칼집을 한 번씩 더 넣어준 모양

(3) 국화 A형 만들기

무를 5~6cm 두께로 자른다.

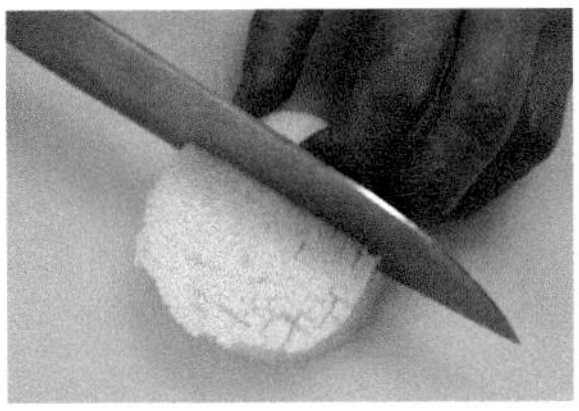

밑부분을 0.5cm 정도 남겨두고, 가로세로 2㎜ 간격으로 격자모양의 칼집을 낸다.

2~3cm 크기의 정사각형으로 잘라낸다.

소금물에 담가 부드러워지면 물기를 뺀 후 단식초물에 담가 절여 둔다.

물기를 제거하고 국화꽃모양으로 만든다.

국화 위에 색 있는 다른 채소로 꽃수술을 만들어 올린다.

(4) 국화 B형 만들기

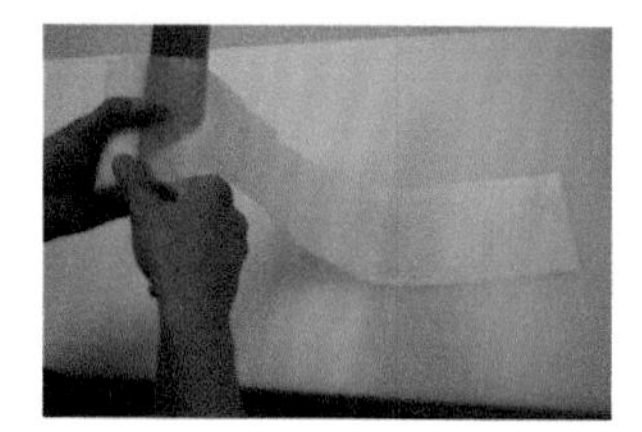

무는 9cm 정도로 잘라 25cm가 되도록 돌려깎기한다.

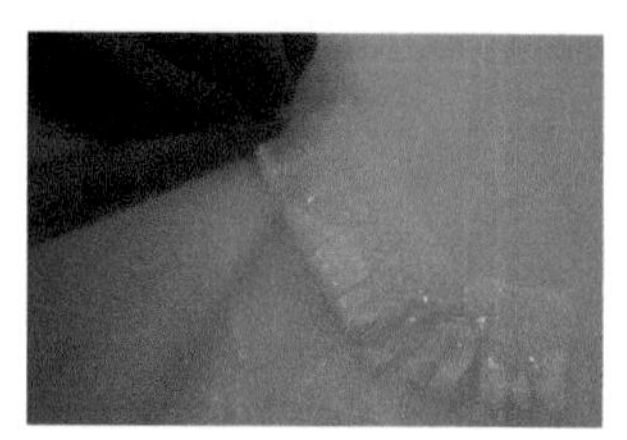

돌려깎기한 무를 가로로 반으로 접어 1/3을 남겨놓고 비스듬히 5mm 간격으로 자른다.

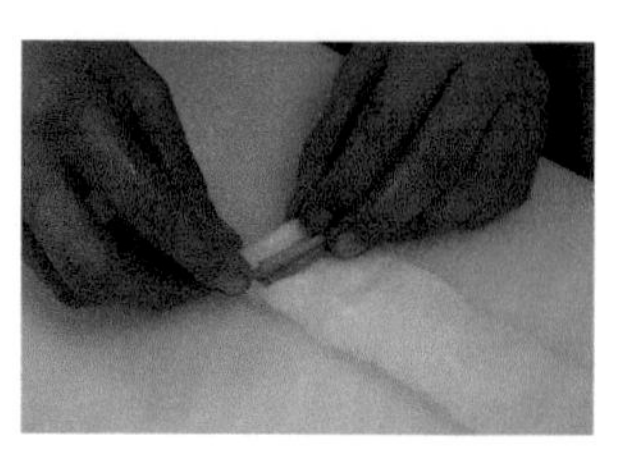

오이나 당근 등으로 꽃술을 만든다.

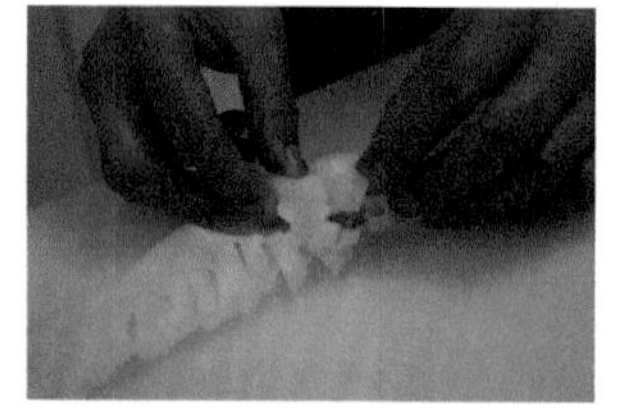

준비된 무를 말아서 꼬챙이로 고정시킨다.

완성된 국화꽃

3) 그물모양

무는 9cm 정도로 잘라 30cm가 되도록 돌려깎기한다.

돌려깎기한 무를 소금물에 절여 물기를 제거한다.

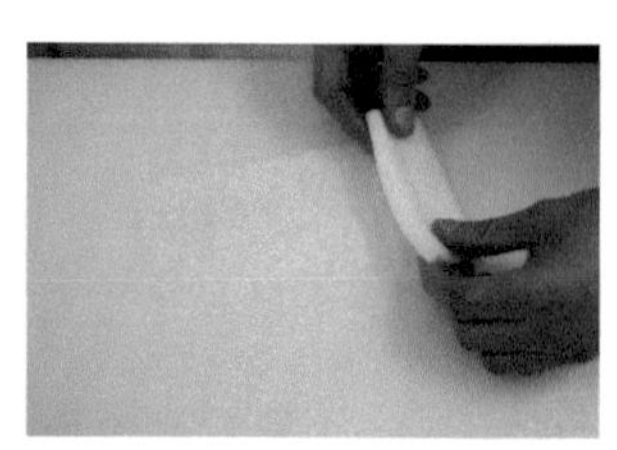

길이 8cm 정도로 접어서 말아준다.

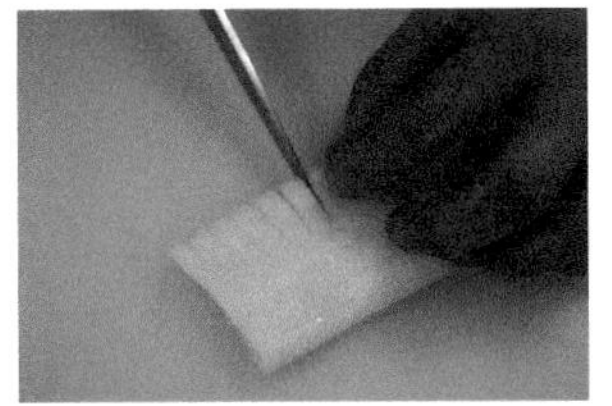
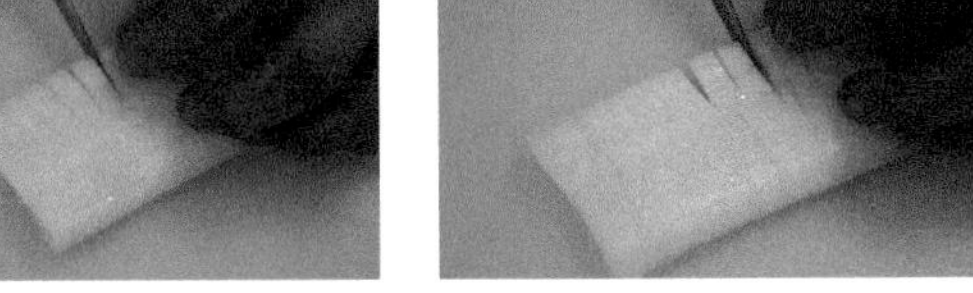

접은 무를 양쪽에서 3㎝ 정도씩 자른다.

완성된 그물모양

4) 나비모양

당근을 5㎝ 길이로 자른다.

한쪽 면을 직각이 되도록 자른다.

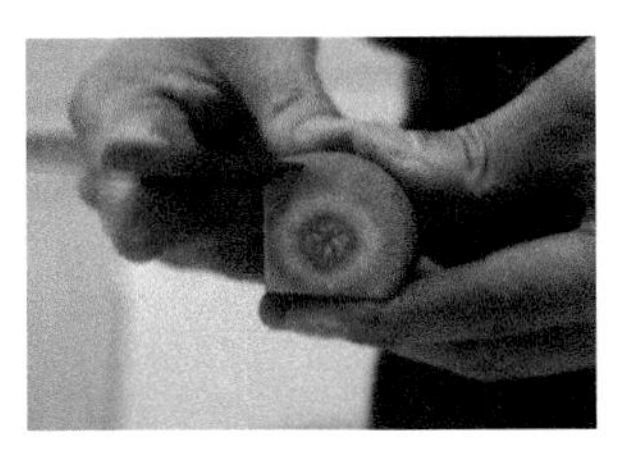

둥근 부분의 껍질을 매끄럽게 벗겨낸다.

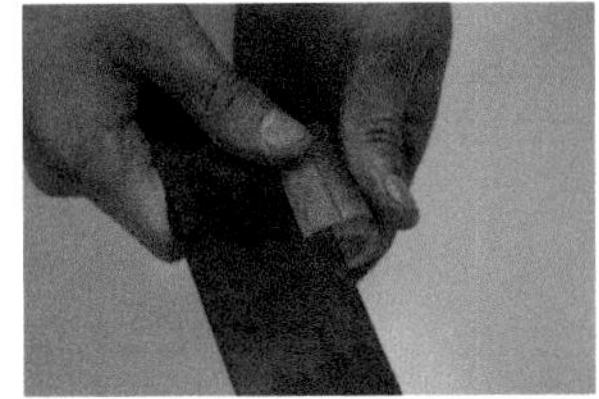

윗부분에 2개의 칼집을 넣어준다.

바닥부분을 5㎜ 정도 남기고 1㎜ 정도 두께로 한 번 더 잘라준다.

나비 앞부분을 접을 수 있게 두 번의 칼집을 넣어준 다음 접어서 나비를 만든다.

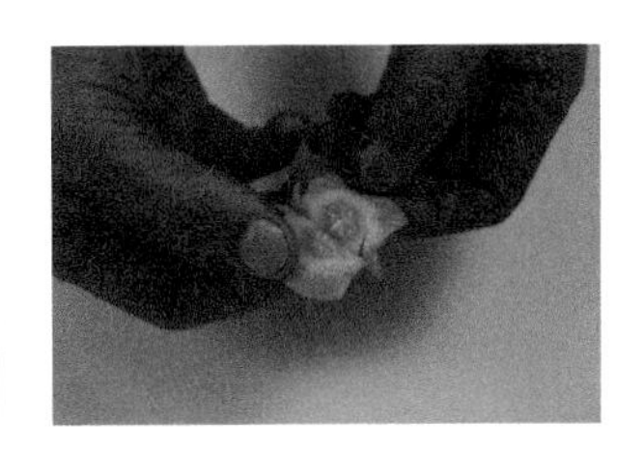

완성된 나비모양 당근

5) 소나무모양

오이를 10㎝ 길이로 자른 후 1/3 정도 잘라낸다.

껍질 쪽으로 길게 1/3 정도 남기고 칼집을 넣는다.

끝부분을 2~3㎝ 정도 대각선으로 잘라낸다.

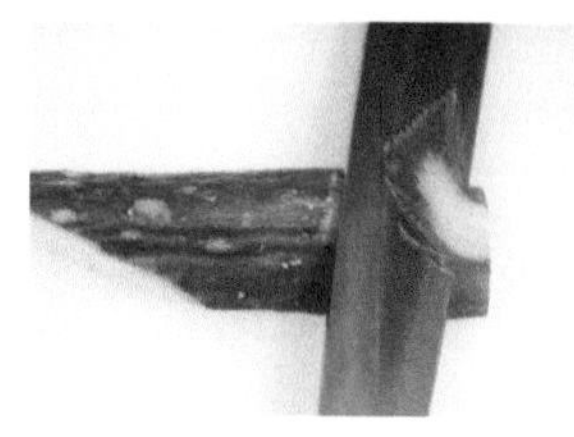

칼을 비스듬히 눕혀 앞으로 당기면서 끝부분이 조금 남도록 자른다.

윗부분은 칼을 비스듬히 눕혀 밀면서 끝부분이 조금 남도록 자른다. 3~4회 반복한다.

완성된 소나무모양 오이

6) 부채모양

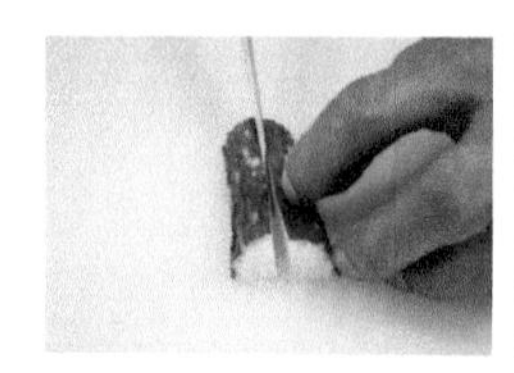

오이를 5㎝ 길이로 잘라 4등분한다.

씨를 제거하고 평평하게 만든다.

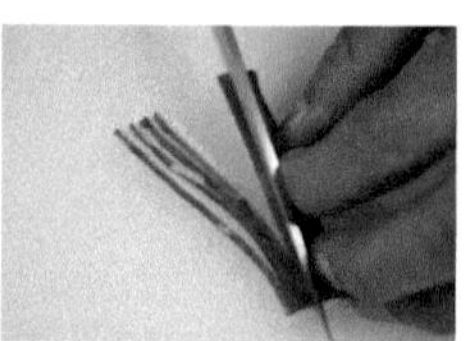

한쪽 끝을 5㎜만 남기고 두께 1㎜ 정도의 칼집을 세로로 5~7개 정도 낸다.

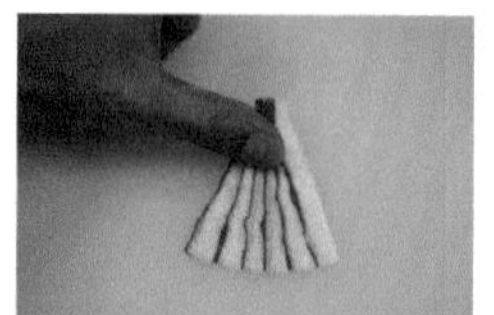

위 사진처럼 펼쳐준다.

7) 왕관모양

오이를 5㎝ 길이로 자르고 4등분하여 씨를 제거한다.

한쪽 끝을 8㎜만 남기고 두께 2㎜ 정도의 칼집을 세로로 4개 낸다.

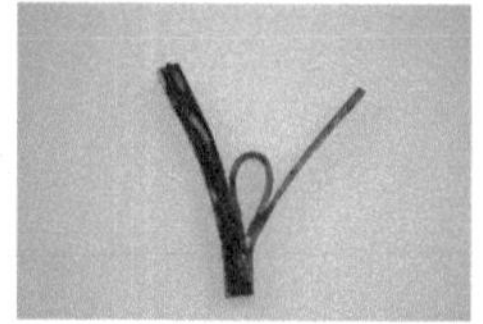

양쪽 끝과 가운데 부분을 남기고 나머지 2개를 바깥쪽으로 접어준다.

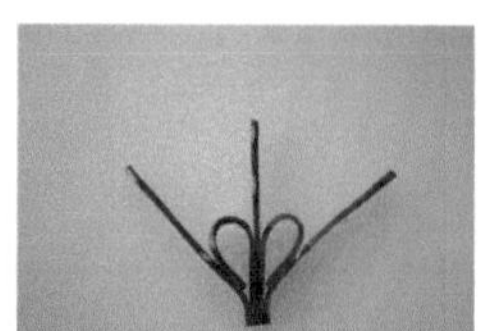

양쪽 끝과 가운데 부분을 남기고 나머지 2개를 바깥쪽으로 접어준다.

8) 올리베트(Olivette)모양

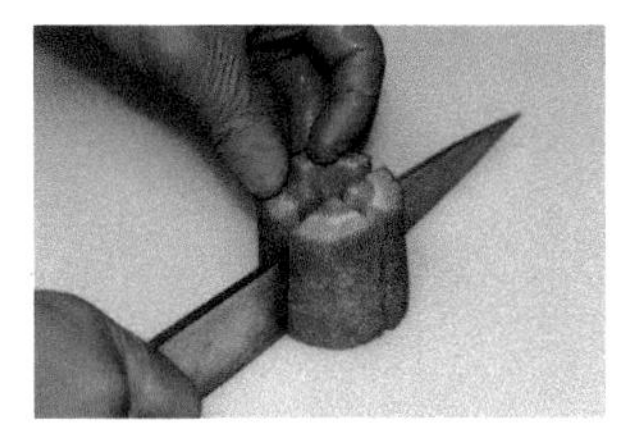

당근을 4등분한다.

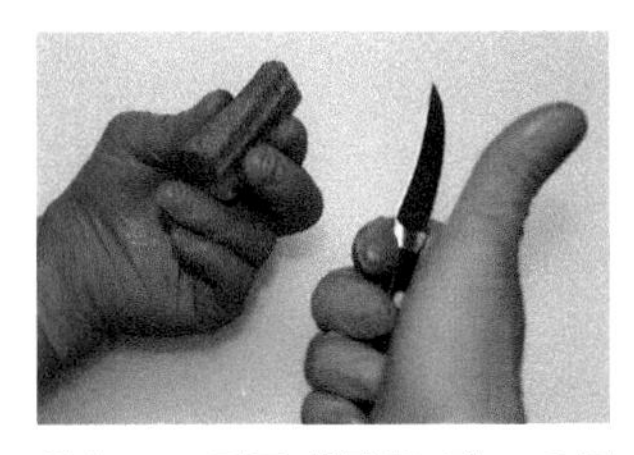

왼손으로 당근 한쪽을 잡고 오른손으로 Paring knife를 잡는다.

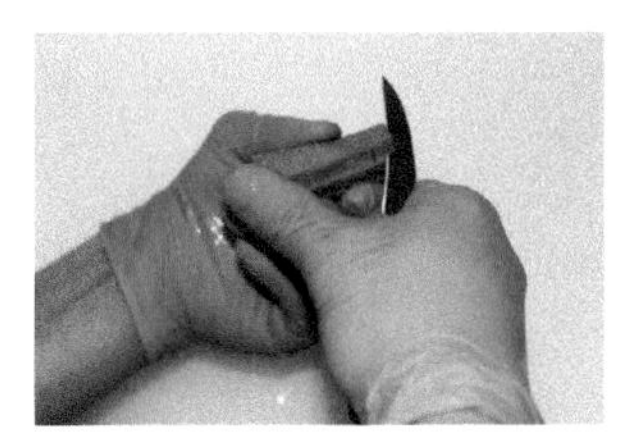

오른손 엄지로 당근 왼쪽 끝을 받쳐준다.

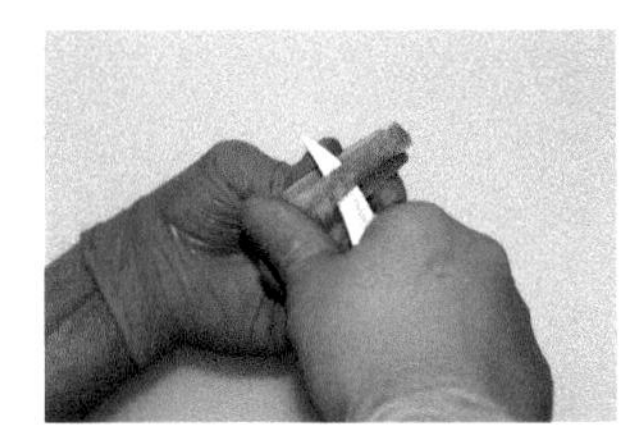

한 번에 멈추지 않고 당근의 모서리를 깎는다.

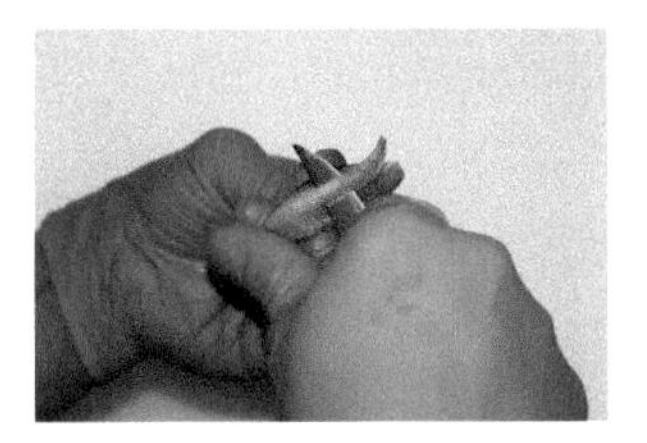

당근을 돌려주면서 연속해서 깎는다.

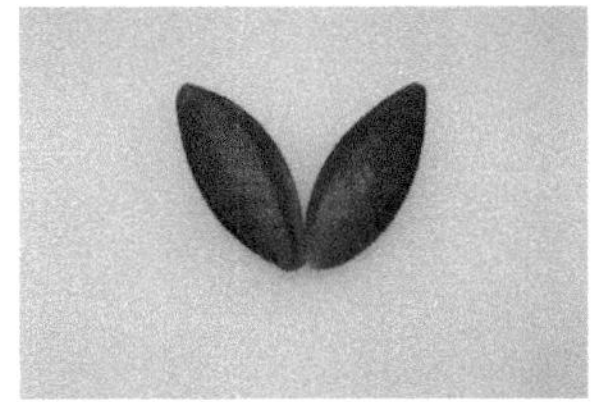

가운데가 볼록하고 양끝이 뾰족한 형태의 올리베트모양

9) 비시(Vichy)모양

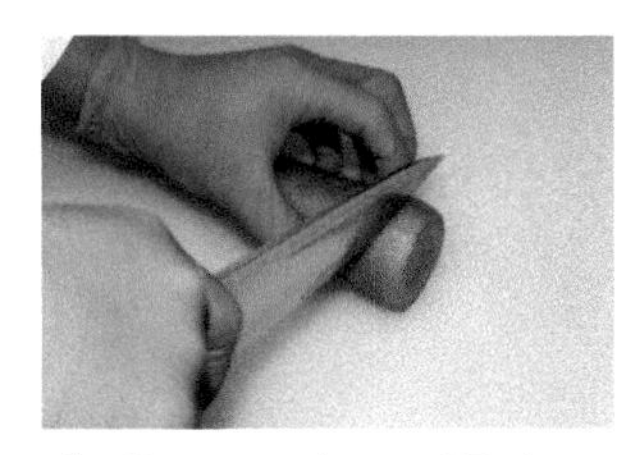

당근을 0.7cm 정도로 자른다.

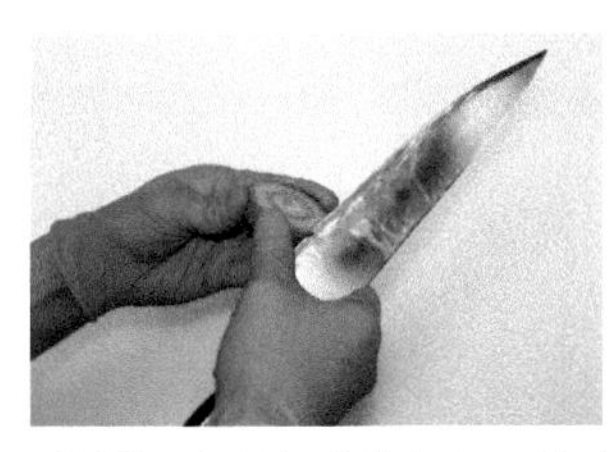

칼날을 당근의 가장자리 모서리 부분에 갖다 댄다.

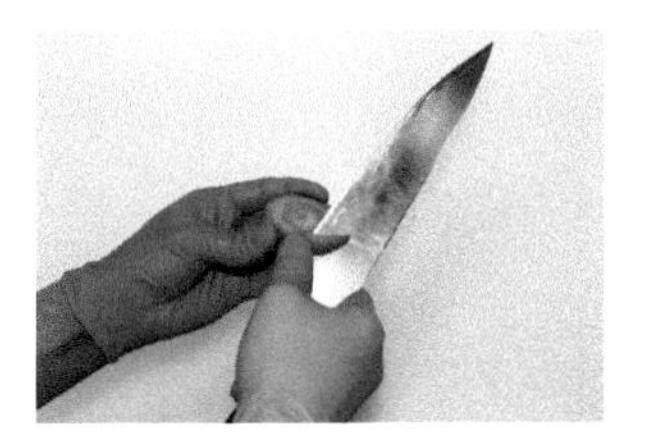

왼손으로 당근을 돌려주면서 천천히 깎는다.

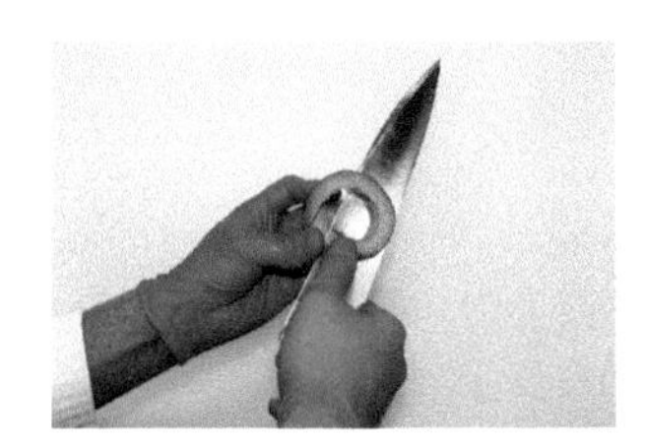

당근의 반대쪽 모서리도 연속해서 깎는다.

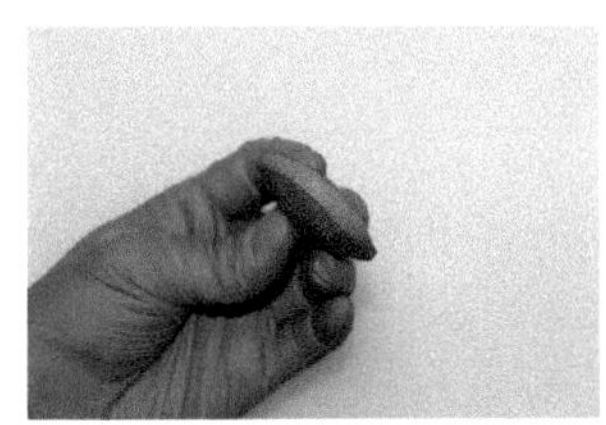

비행접시 모양으로 완성된 비시모양

10) 파리지엔(Parisienne)모양

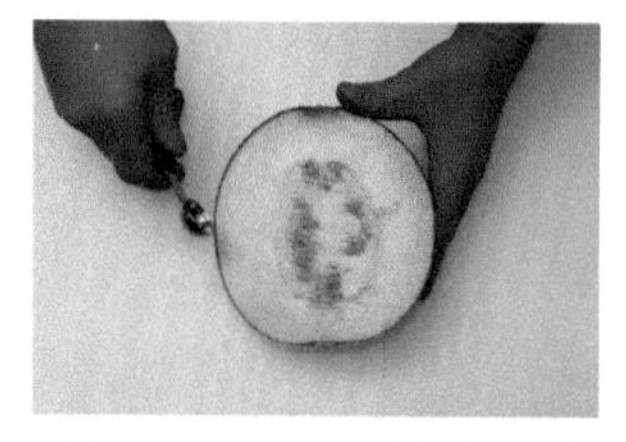

과일이나 채소를 둥근 구슬모양으로 파내는 방법으로 Parisienne knife를 사용한다.

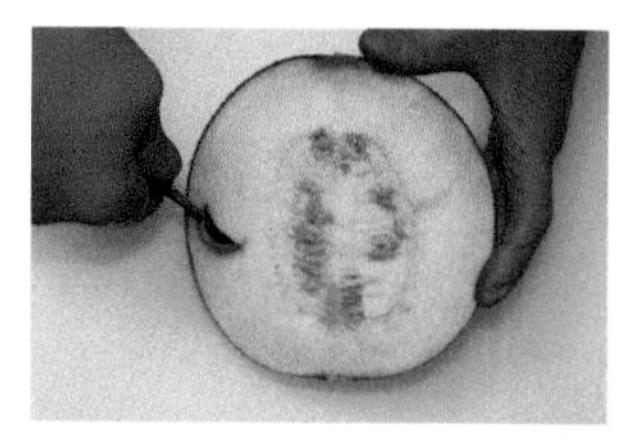

Parisienne knife를 과육에 갖다 댄 후 한 바퀴 돌려서 파낸다.

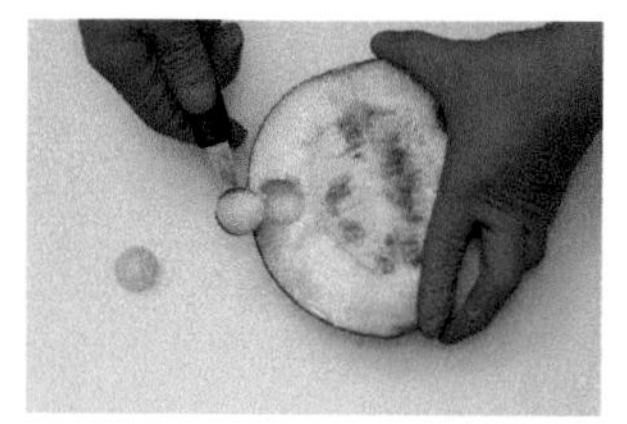

Parisienne knife 크기에 따라 파리지엔 크기도 달라진다.

11) 콩카세(Concasse)모양

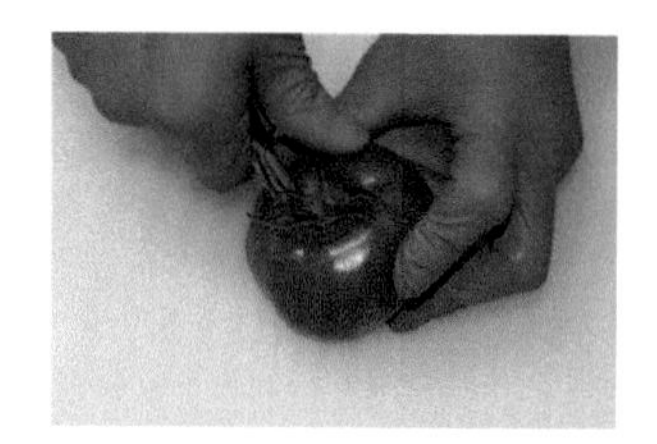

토마토의 꼭지를 제거한다.

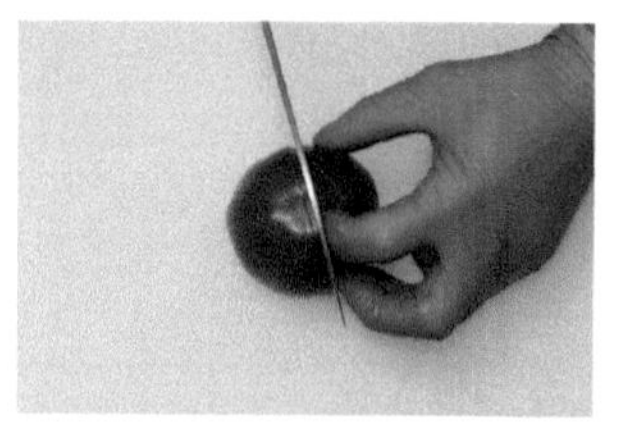

열십자로 칼집을 낸다.

칼집낸 모양

끓는 물에 소금을 넣고 데친다.

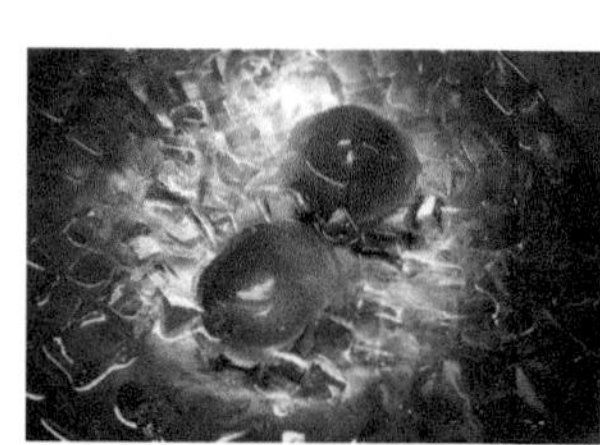

데친 토마토를 얼음물에 식힌다.

껍질을 제거한다.

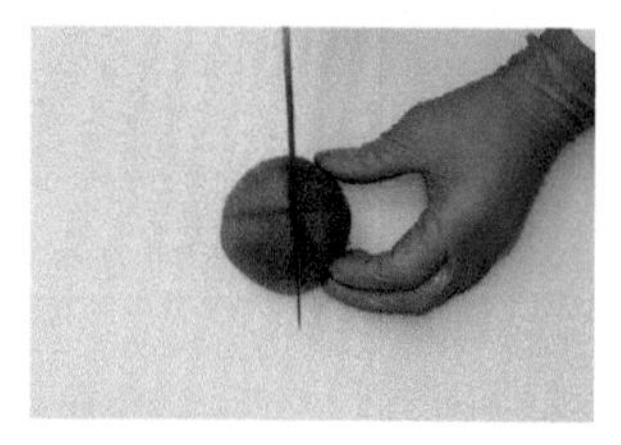

토마토를 4등분한다.

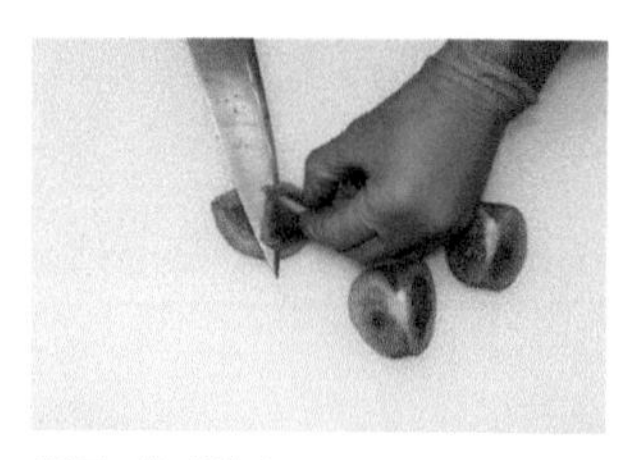

씨를 제거한다.

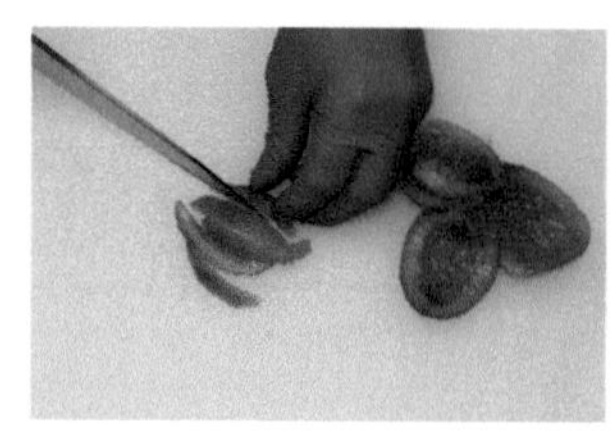

굵게 채썬다.

주사위모양으로 썬다.

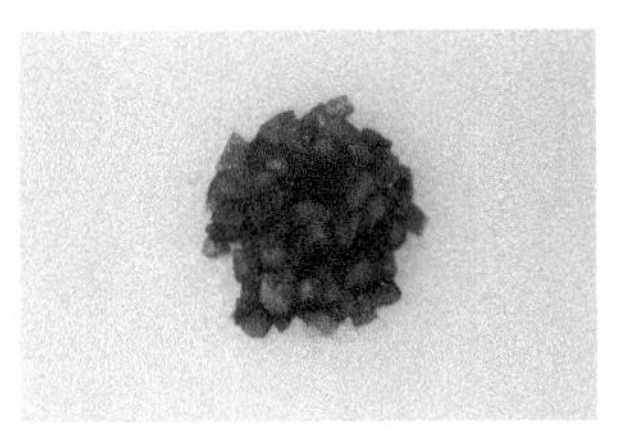

완성된 콩카세 모양

2. 엽란을 이용한 모양내기

엽란을 깨끗이 닦아 가운데 심 있는 부분을 잘라낸다.

엽란을 4등분한다.

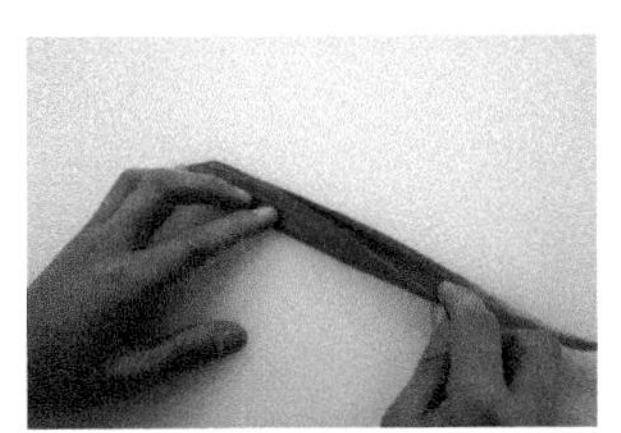

세로로 반을 접는다.

사진과 같이 오려낸다.

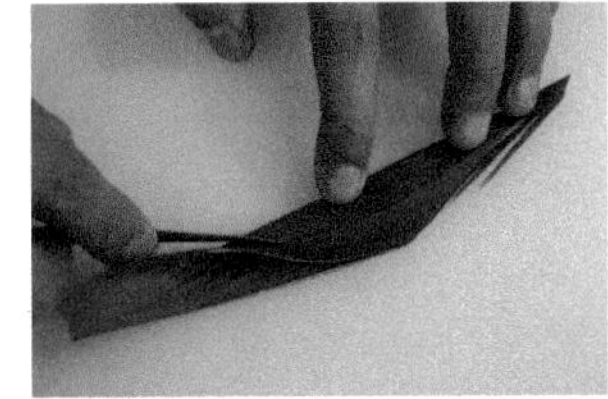

사진과 같이 오려낸다.

반으로 접힌 상태

펼친 모양

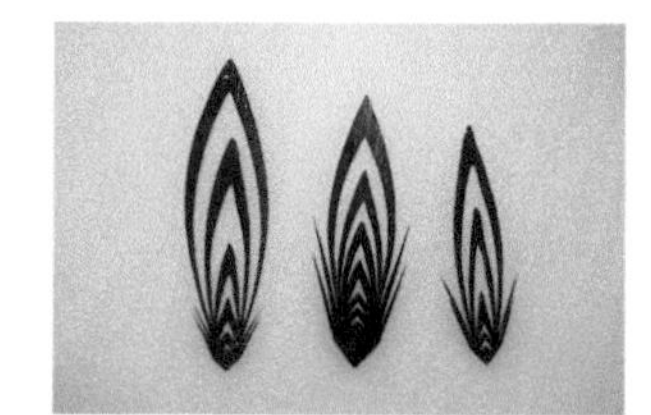
다양한 형태

3. 과일별 모양썰기 및 담는 방법

1) 과일별 모양썰기

(1) 사과

① 나비넥타이모양

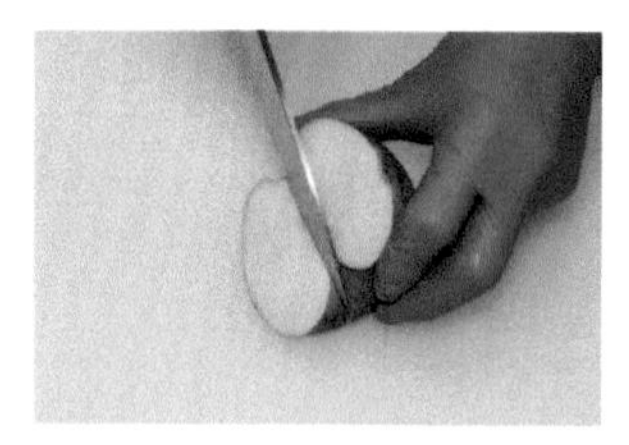
사과를 반으로 자른다.

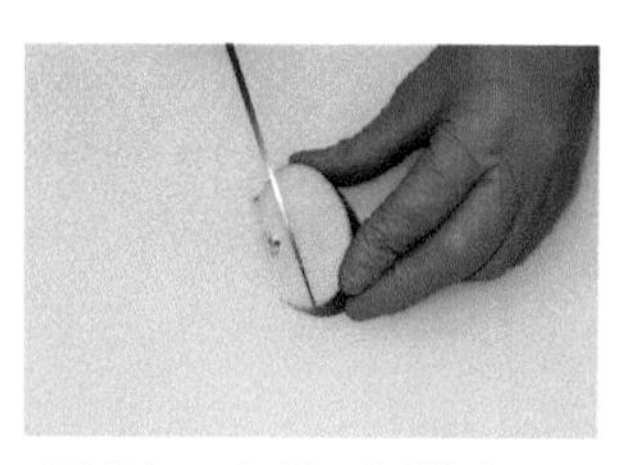
4등분하고 씨방을 제거한다.

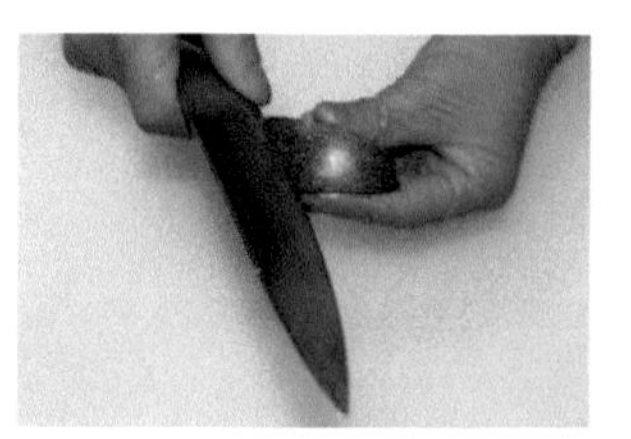
사과껍질에 칼집을 낸다.

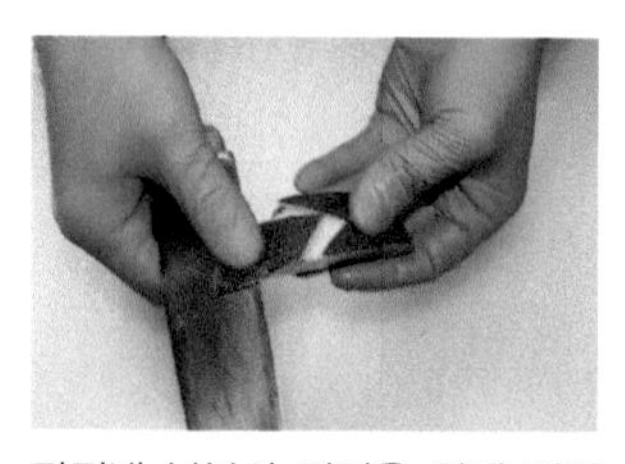
칼집낸 부분의 껍질을 얇게 깎아 낸다.

반대쪽도 마찬가지로 얇게 깎아 낸다.

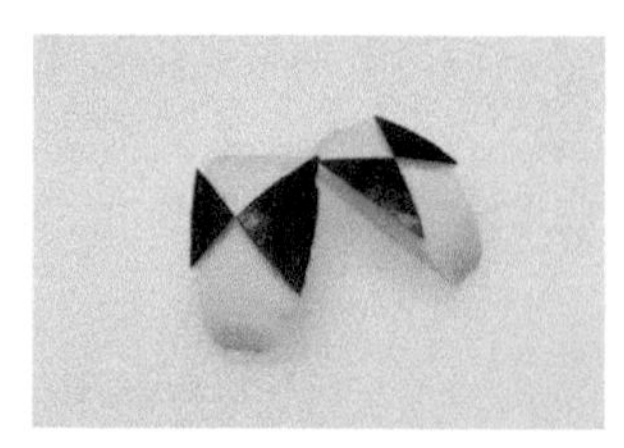
예쁜 나비넥타이모양으로 완성된 사과모양

② 토끼모양

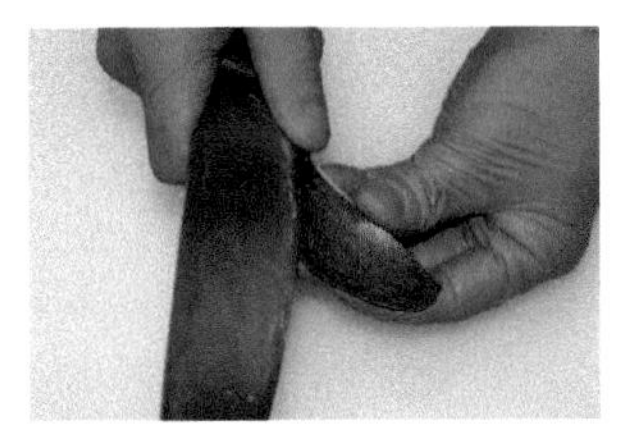

사과껍질에 V자 형태의 칼집을 낸다.

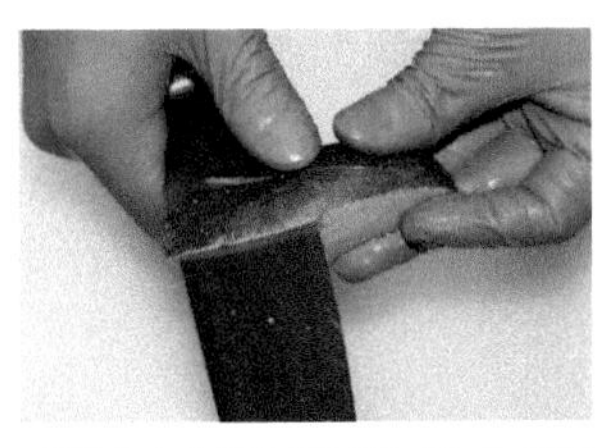

칼집낸 부분의 껍질을 얇게 깎아 낸다.

토끼모양으로 완성된 사과모양

③ 꽃모양

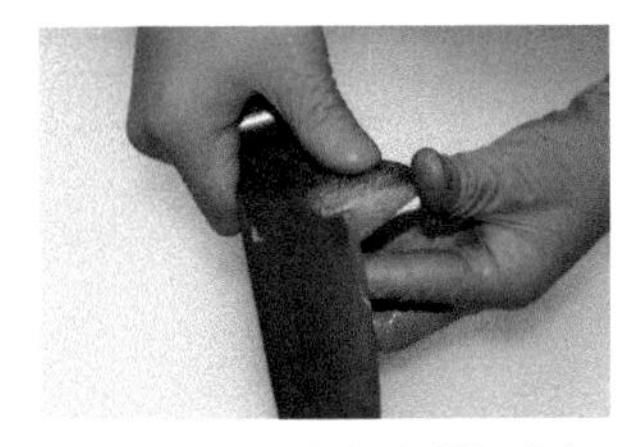

사과껍질의 중앙에 칼집을 낸다.

칼집낸 부분의 껍질을 얇게 깎아 낸다.

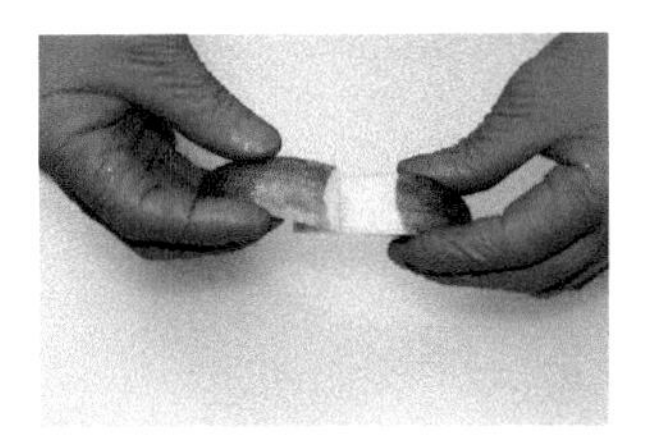

깎아낸 껍질을 분리한다.

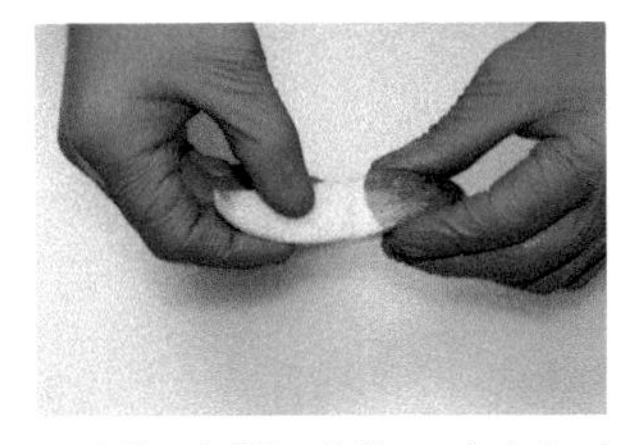

분리한 껍질을 반대로 뒤집어 칼집낸 사과에 끼워서 고정시킨다.

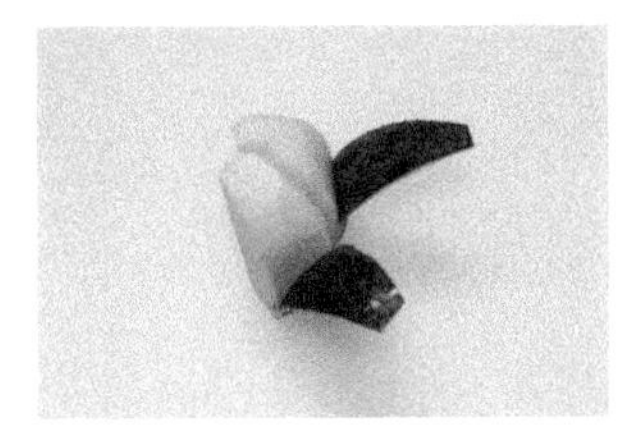

꽃잎모양으로 완성된 사과모양

(2) 감귤

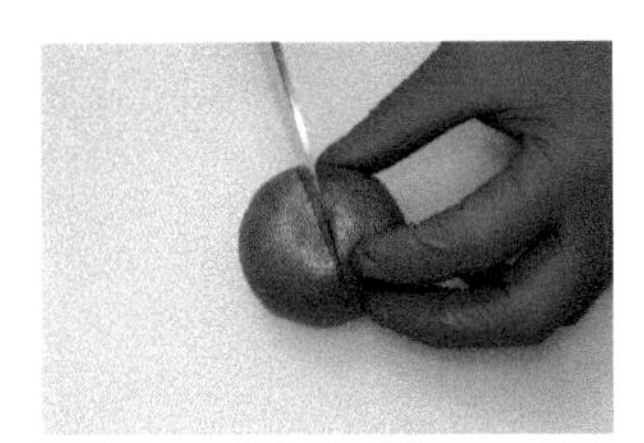

감귤을 반으로 자른다.

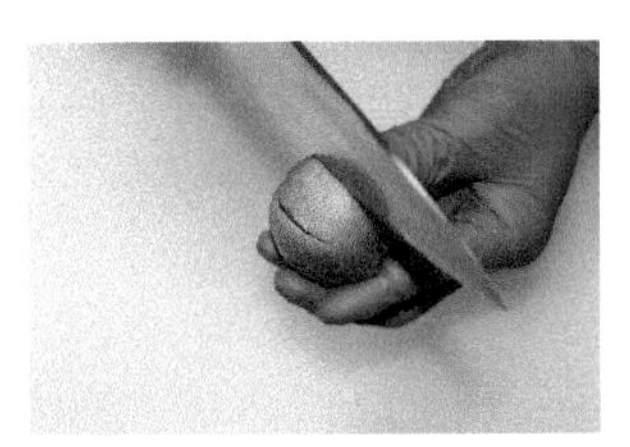

감귤껍질 중앙에 칼집을 완전히 내고 다시 양쪽에 양끝을 남기고 칼집을 낸다.

감귤 중앙에 완전히 칼집을 낸 곳을 기준으로 껍질을 2/3만 벗겨 낸다.

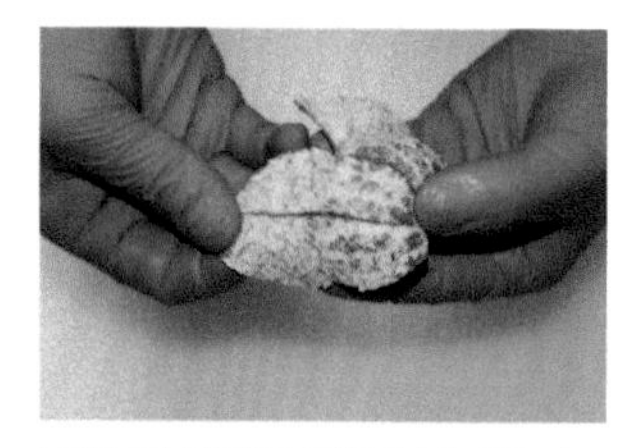

다른 쪽 껍질도 2/3만 벗겨낸다.

감귤 과육 중앙에 칼집을 깊숙이 낸다.

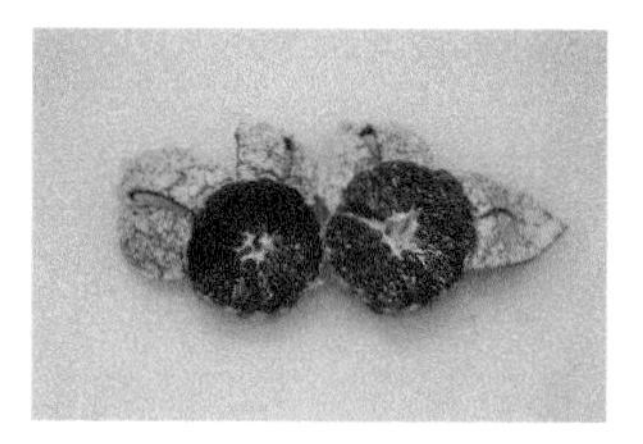

깊숙이 칼집낸 과육을 펼쳐 감귤 꽃모양으로 완성된 모양

(3) 오렌지

① 트위스트모양

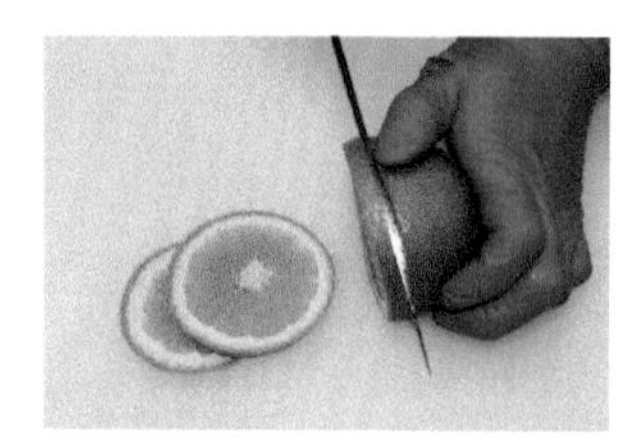

오렌지를 1cm 두께로 자른다.

껍질에 칼집을 낸다.

한 바퀴 돌리면서 자르는데 이때 끝부분은 조금 남긴다.

잘라낸 오렌지껍질 부분을 묶어 준다.

묶어준 오렌지껍질이 풀리지 않도록 끝을 잡아당긴다.

완성된 오렌지 트위스트모양

② 바구니모양

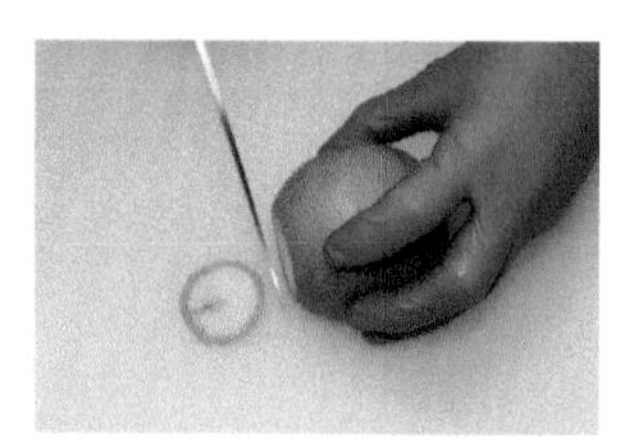

오렌지 밑부분을 조금 잘라낸다.

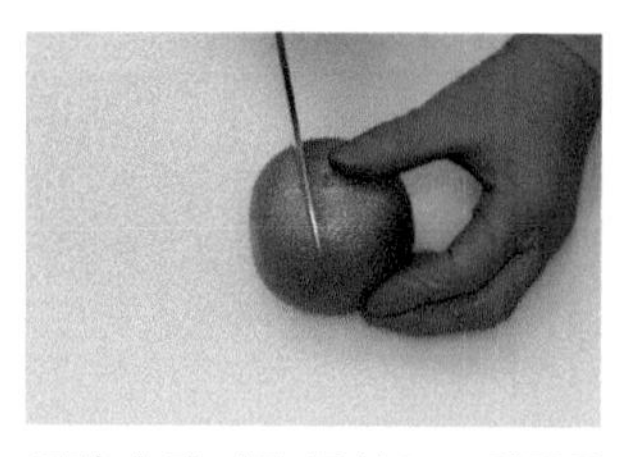

오렌지 꼭지를 중심으로 양쪽을 중앙부분까지 수직으로 칼집을 낸다.

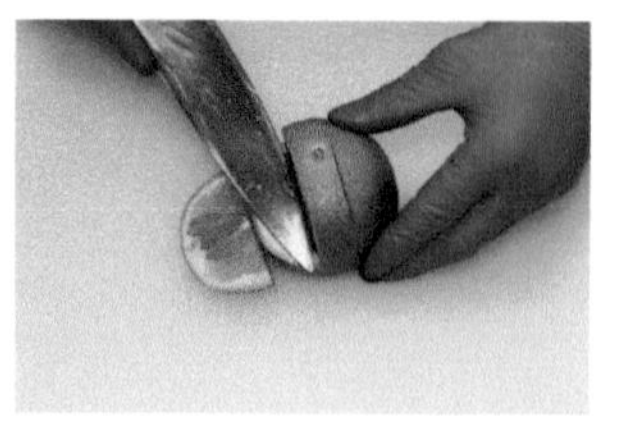

오렌지 양쪽 바깥부분을 수평으로 칼집을 내어 분리한다.

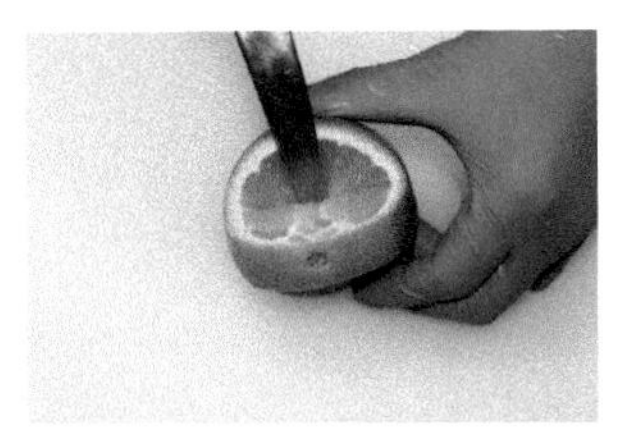

오렌지 꼭지 밑부분의 과육을 제거한다.

오렌지 아랫부분의 과육을 제거한다.

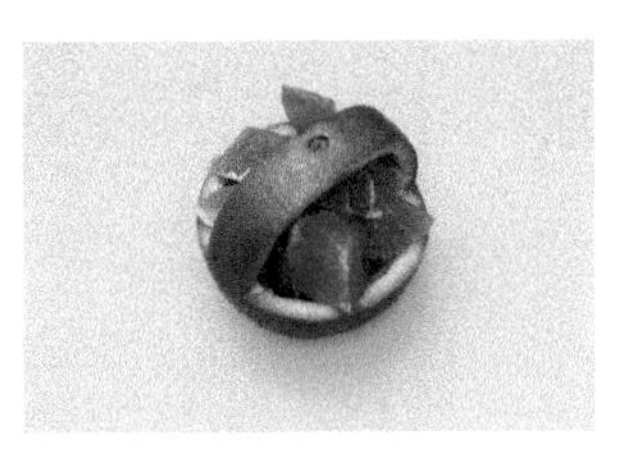

제거한 과육을 일정한 크기로 잘라 오렌지 바구니에 담아 완성한 모양

(4) 감

① **꽃모양**

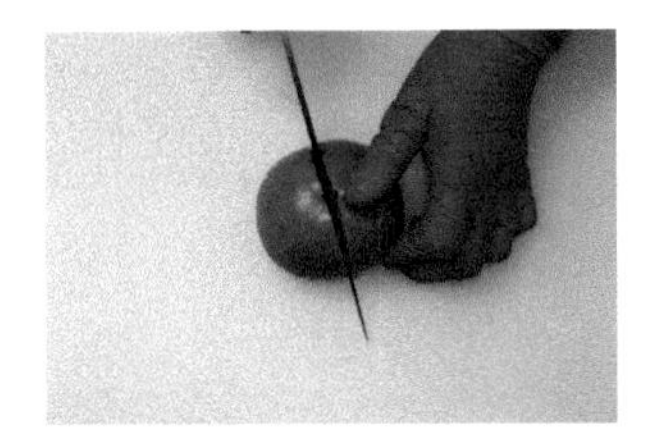

감을 반으로 자른다.

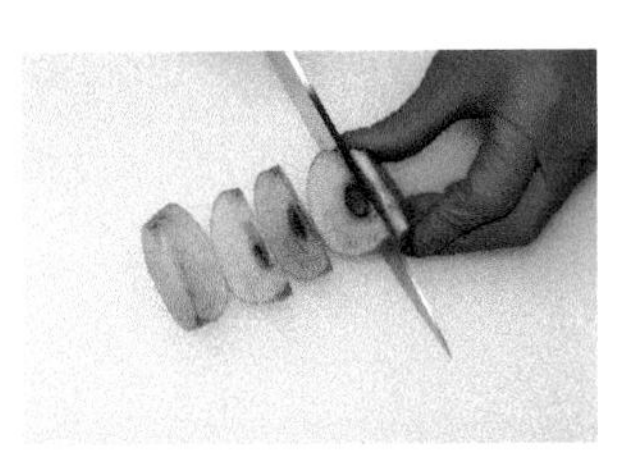

다시 4등분한다.

조각낸 감의 중앙에 칼집을 낸다.

칼집낸 부분의 껍질을 얇게 깎아 낸다.

분리한 껍질을 반대로 뒤집어 칼집낸 감에 끼워서 고정시킨다.

꽃잎모양으로 완성된 감의 모양

② **톱니모양**

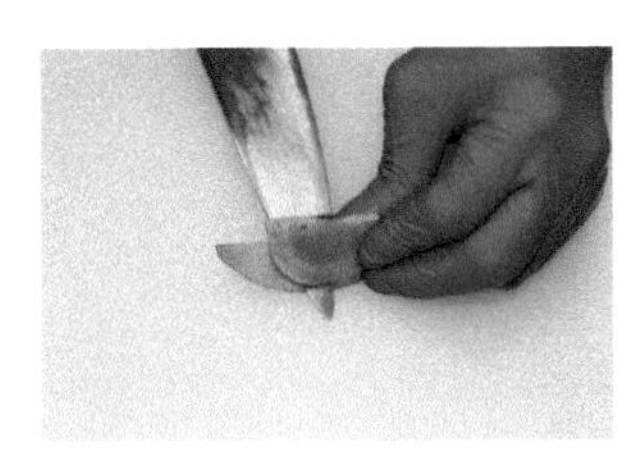

4등분한 감의 껍질을 2/3 정도 얇게 자른다.

얇게 자른 껍질에 톱니모양으로 자른다.

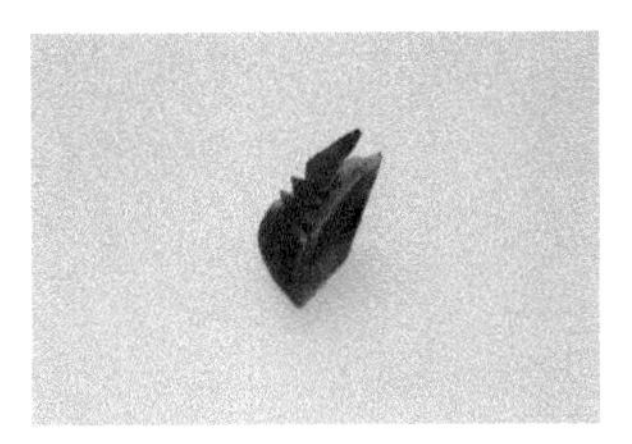

톱니모양으로 완성된 감의 모양

(5) 키위

① 톱니모양

키위의 양쪽 끝을 조금씩 잘라낸다.

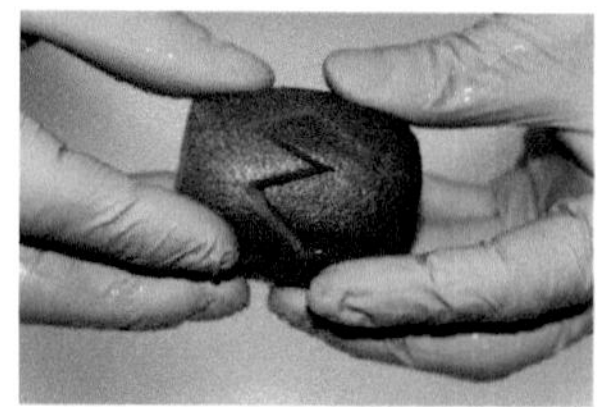

키위의 중심에 톱니모양으로 깊이 칼집을 낸다.

양쪽 끝을 잡아당겨 모양을 낸 키위

② 트위스트모양

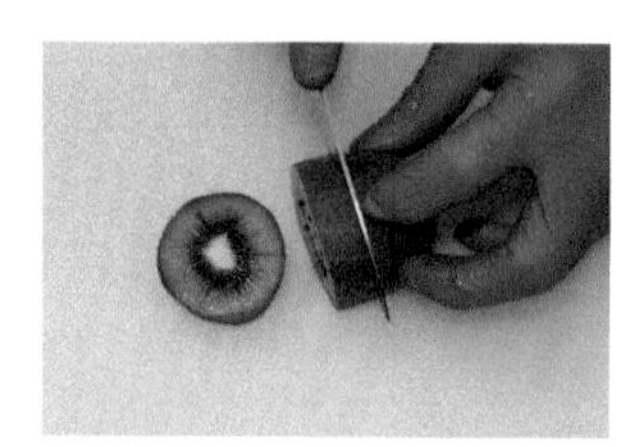

키위를 1cm 두께로 자른다.

껍질에 칼집을 낸다.

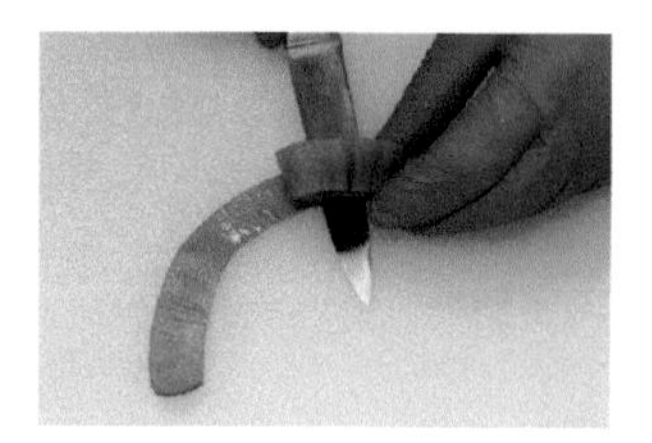

한 바퀴 돌리면서 얇게 자르는데 이때 끝부분은 조금 남긴다.

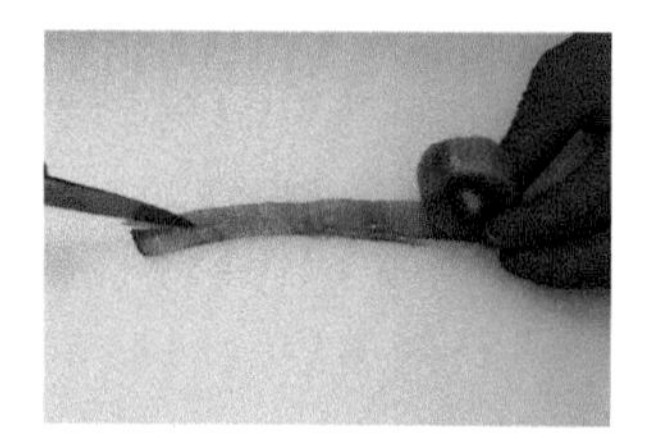

얇게 펼쳐진 껍질을 대각선으로 잘라낸다.

껍질을 손으로 비틀어 완성한 키위 트위스트

(6) 멜론

① 과육을 받쳐준 모양

멜론을 반으로 자른 후 스푼을 이용하여 씨를 제거한다.

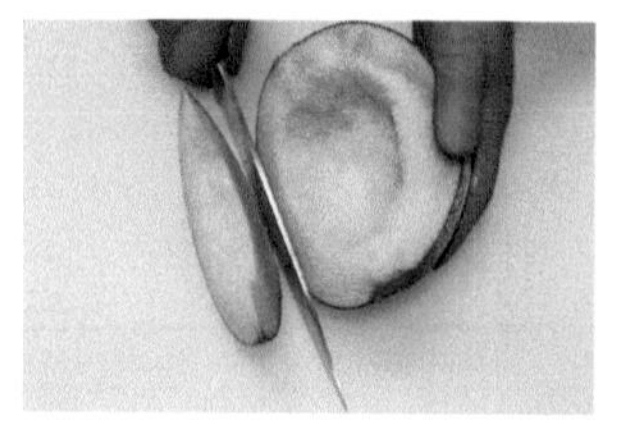

다시 4등분한다.

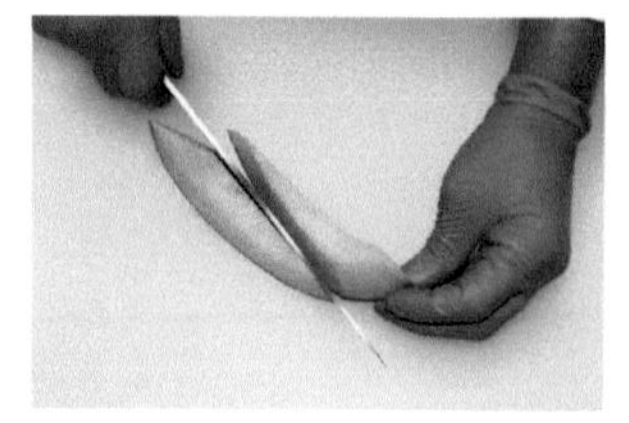

멜론을 대각선으로 2등분한다.

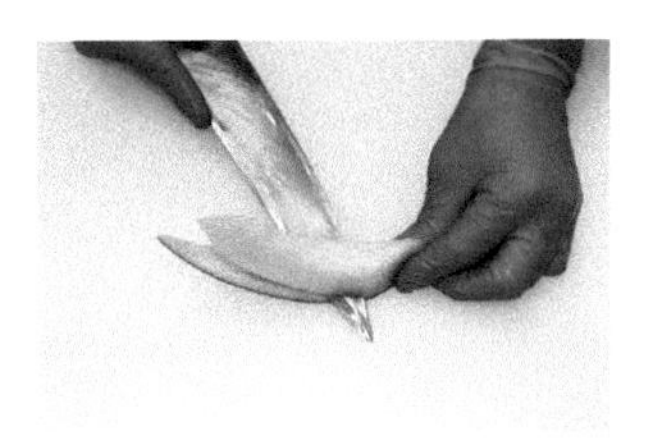

껍질을 얇게 자르는데 이때 끝부분은 조금 남긴다.

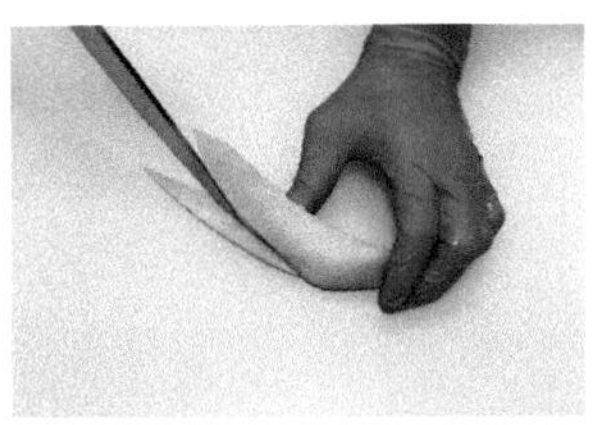

얇게 자른 껍질에 대각선으로 칼집을 낸다.

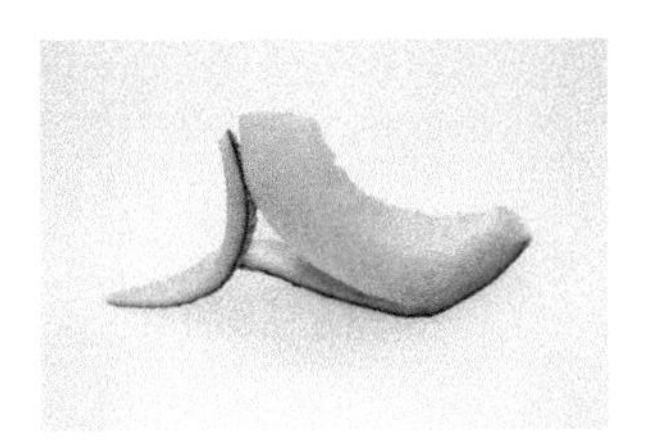

칼집낸 껍질을 들어올려 과육에 받쳐준 멜론의 모양

② 흔들의자모양

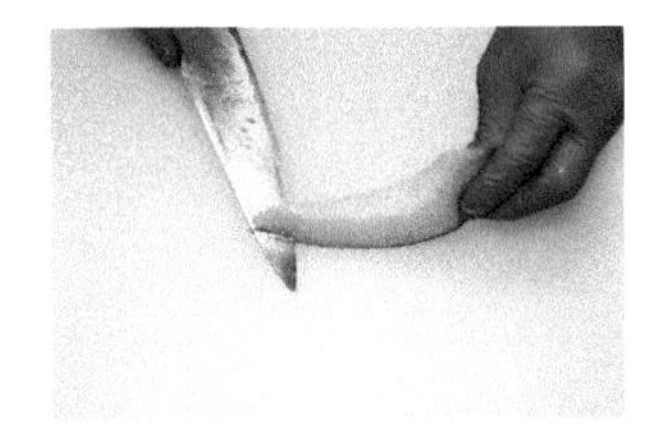

껍질을 얇게 자르는데 이때 끝부분은 조금 남긴다.

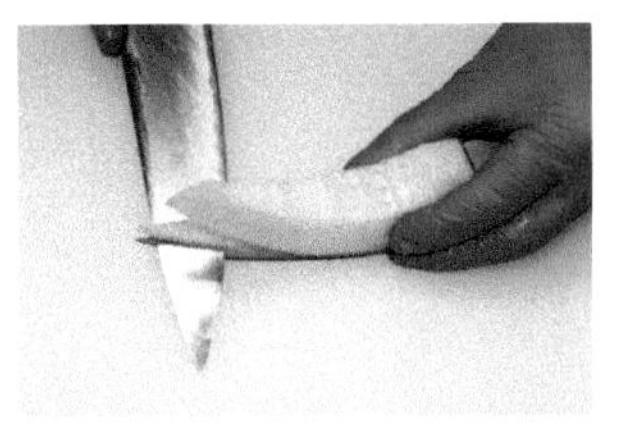

껍질 위 과육을 다시 한 번 얇게 자른다.

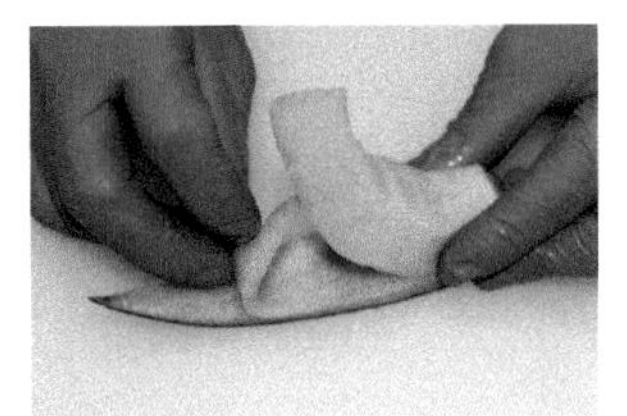

얇게 자른 과육을 들어올려 과육에 받쳐준다.

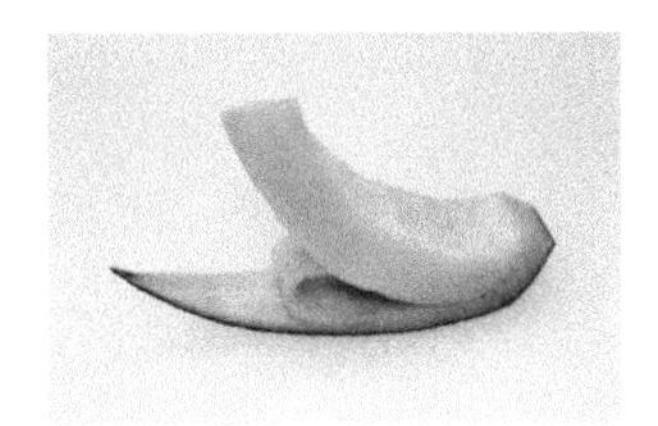

흔들의자모양으로 완성된 멜론

③ 잎사귀모양

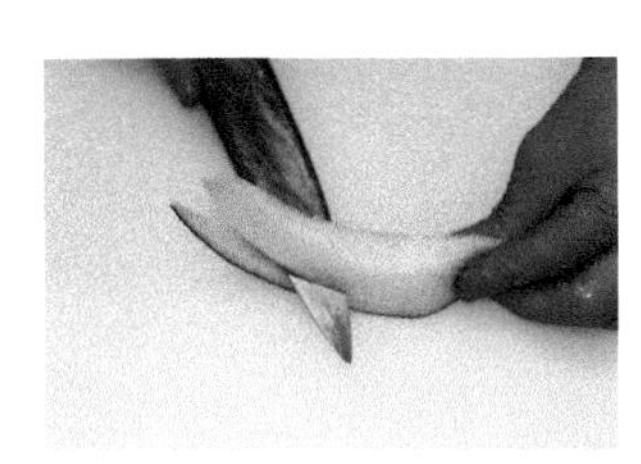

껍질을 얇게 자르는데 끝부분은 조금 남긴다.

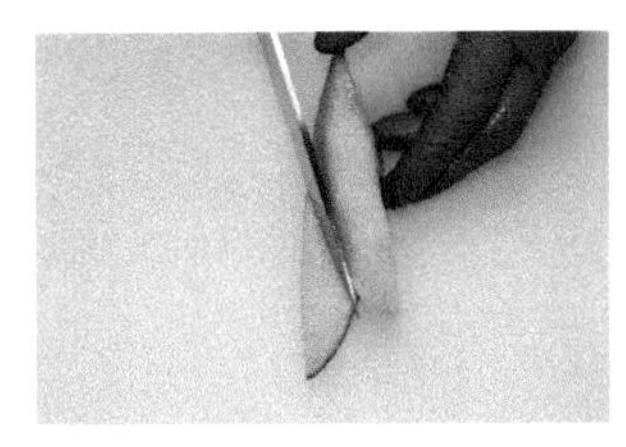

껍질부분을 어슷하게 잘라낸다.

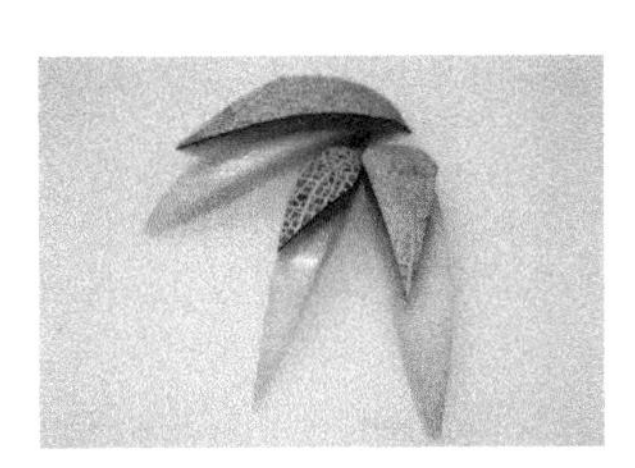

잎사귀모양으로 완성된 멜론

④ 엇갈리게 놓은 모양

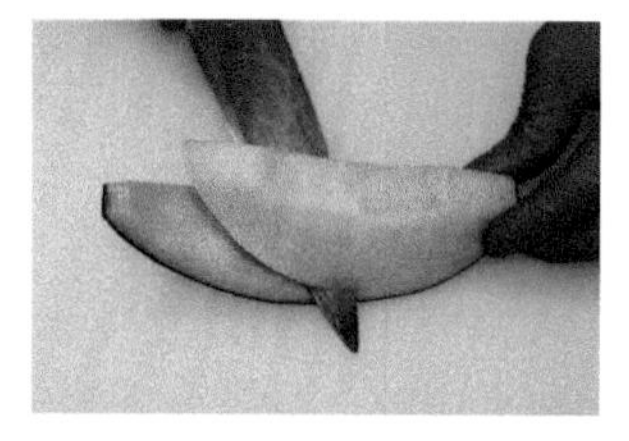
멜론의 과육을 자른다.

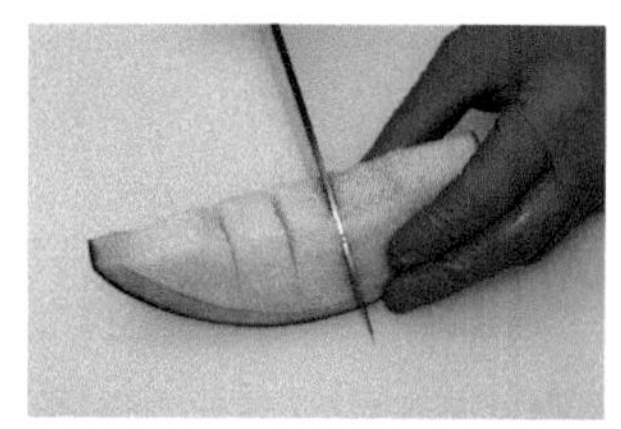
과육을 일정한 간격으로 자른다.

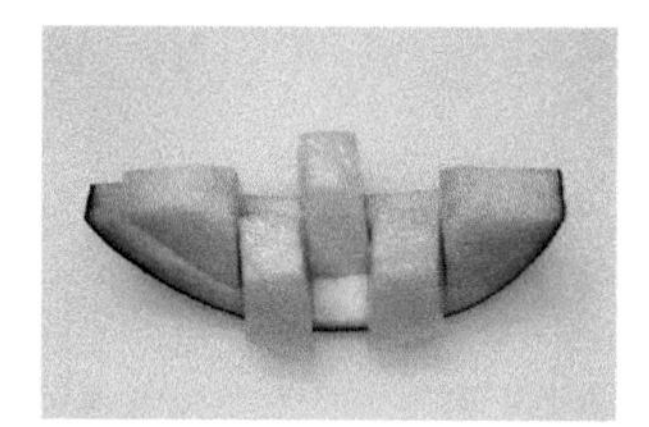
과육을 엇갈리게 놓는다.

(7) 수박

① 수박바 모양

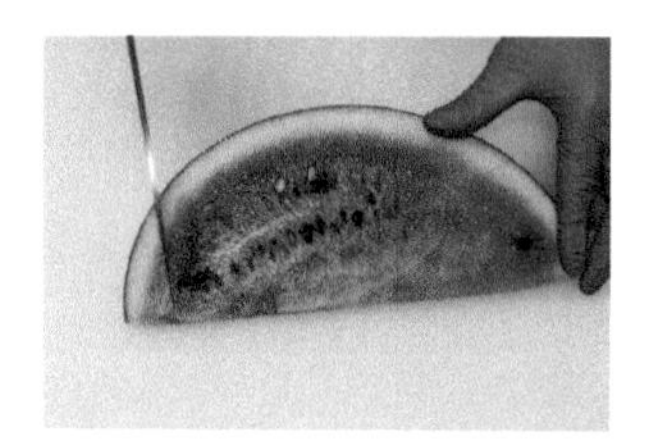
수박을 8등분으로 자른다.

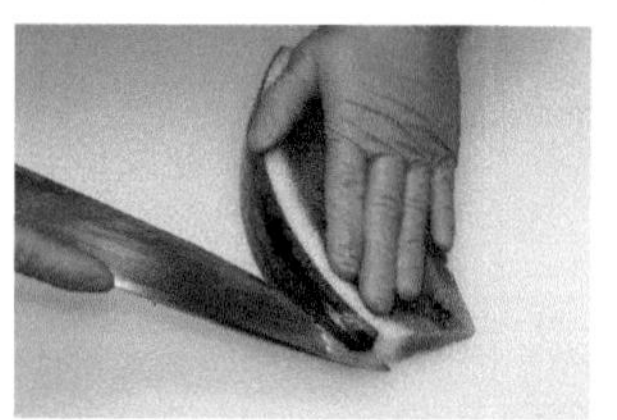
껍질 중앙을 중심으로 양쪽에 칼집을 길게 낸다.

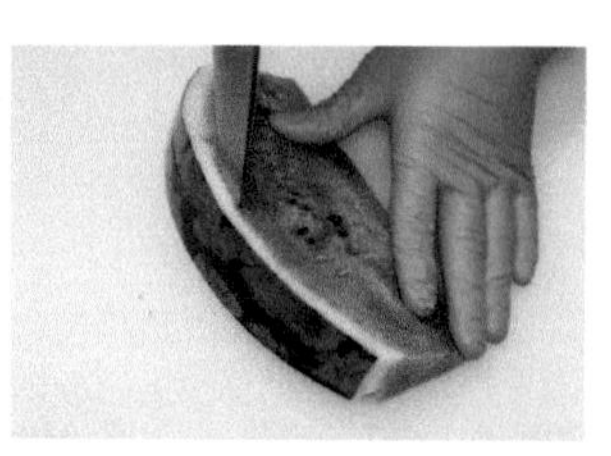
수박 단면의 껍질에도 길게 칼집을 내어 분리한다.

반대쪽도 마찬가지로 칼집을 내어 껍질을 분리한다.

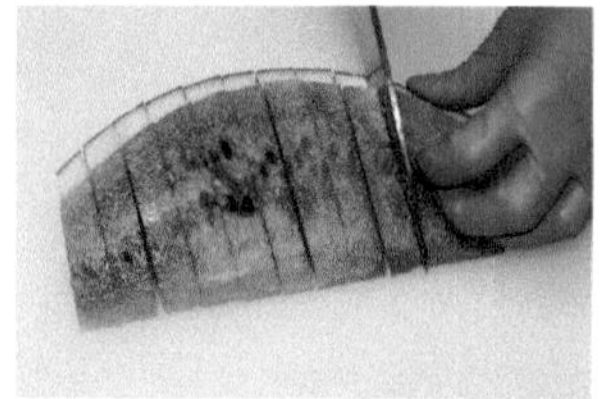
수박을 일정한 간격으로 자른다.

완성된 수박바의 모양

② 엇갈리게 놓은 모양

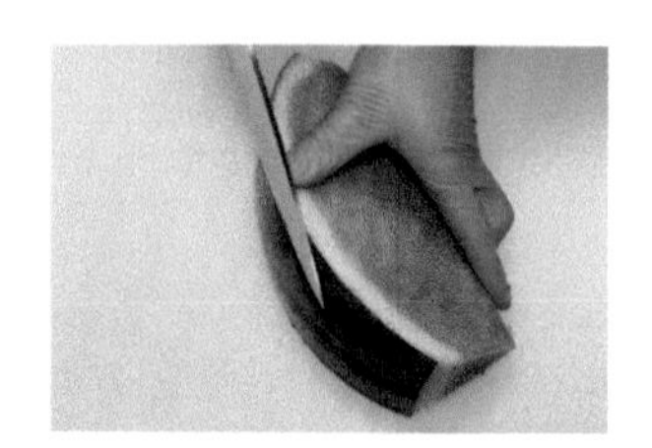
수박껍질 밑부분을 잘라낸다.

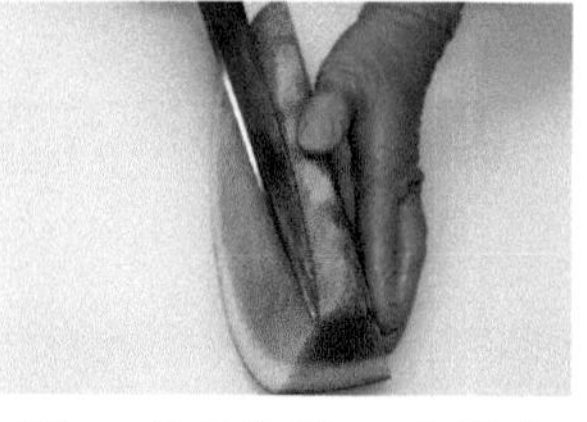
과육 모서리부분을 V자 형태로 잘라낸다.

V모양으로 홈을 파낸 수박

껍질을 자르는데 이때 끝부분은 조금 남긴다.

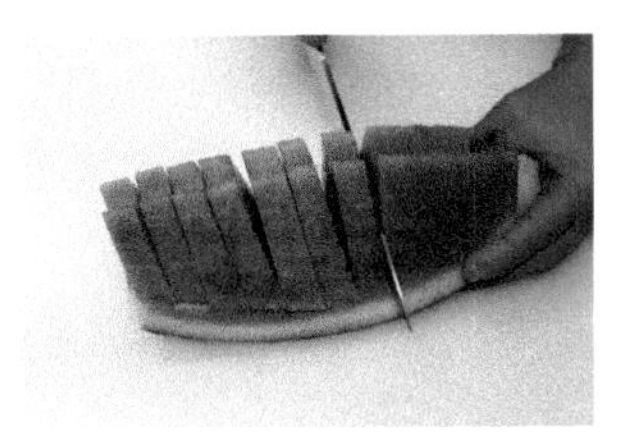

과육을 일정한 간격으로 자른다.

과육을 엇갈리게 놓는다.

(8) 파인애플

① 엇갈리게 놓은 모양(A)

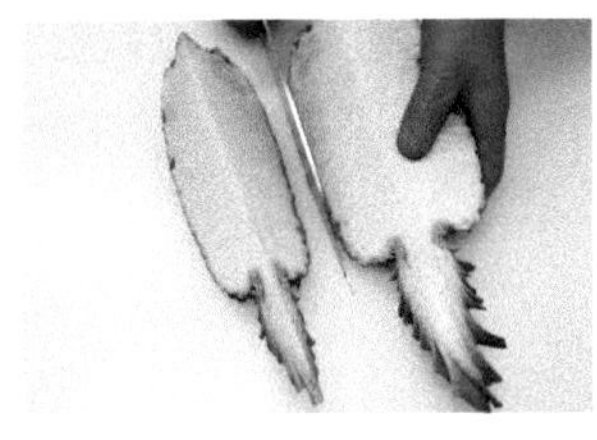

파인애플을 세로로 길게 자른다.

밑부분을 잘라낸다.

파인애플 코러부분에 대각선으로 칼집을 낸다.

나머지 코어부분을 V자 형태로 잘라낸다.

대각선으로 칼집을 낸 코어부분을 시작으로 껍질에서 과육을 자른다.

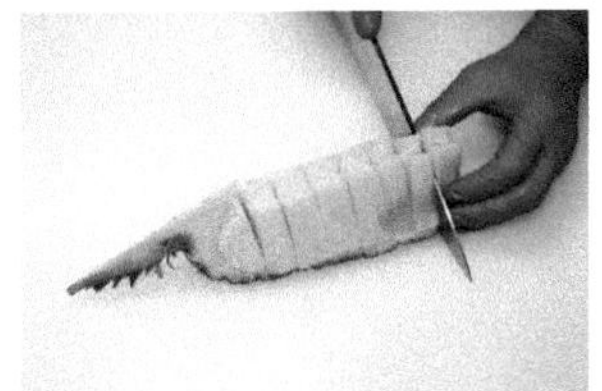

과육을 일정한 간격으로 자른다.

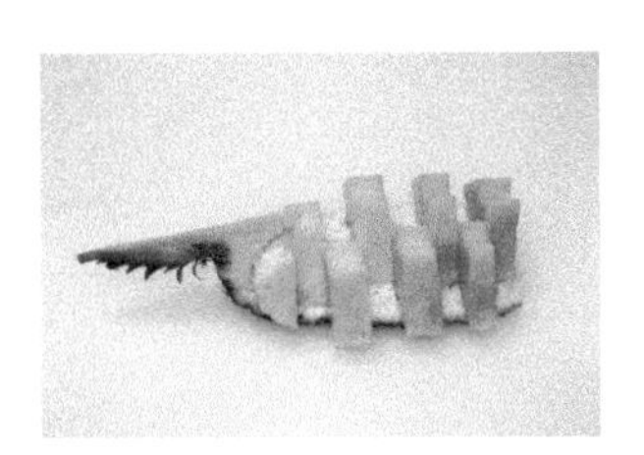

과육을 엇갈리게 놓은 모양

② 엇갈리게 놓은 모양(B)

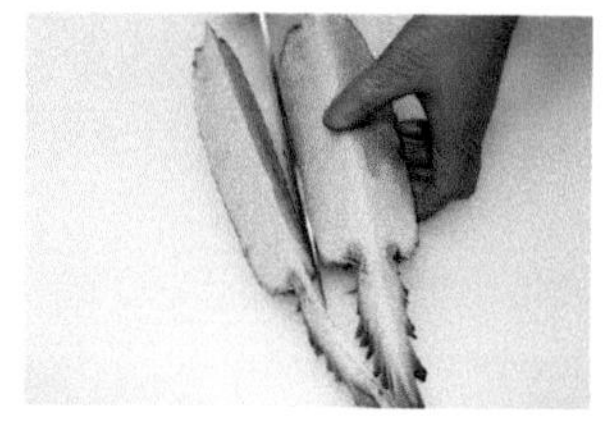
파인애플을 세로로 길게 자른다.

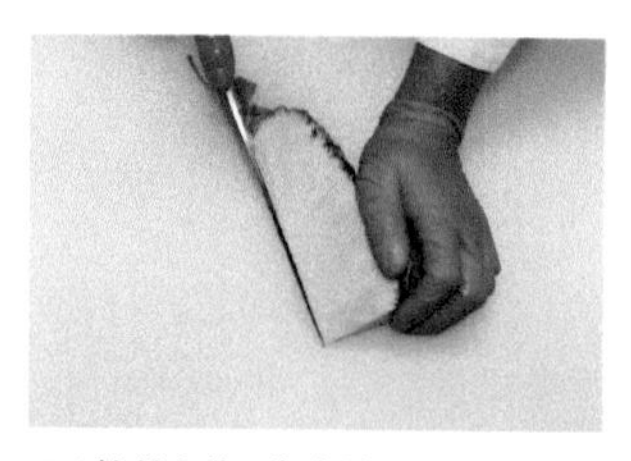
코어부분에 대각선으로 길게 칼집을 낸다.

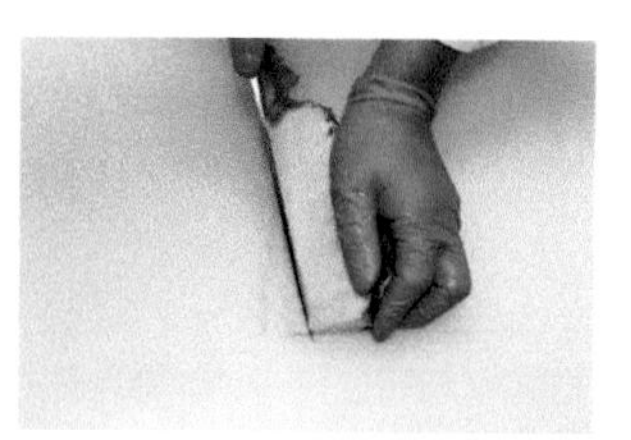
나머지 코어부분을 일직선으로 길게 잘라낸다.

껍질에서 과육을 자른다.

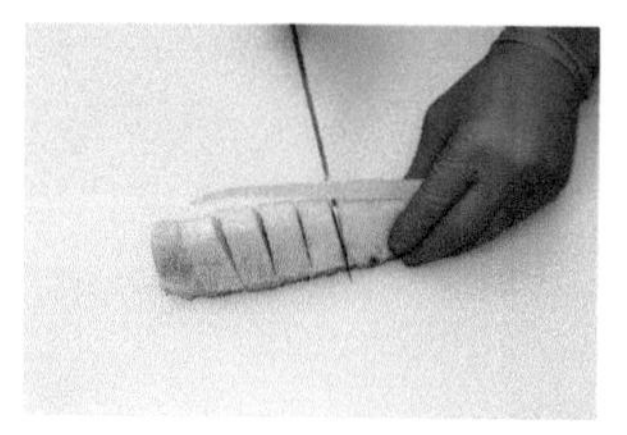
과육을 일정한 간격으로 자른다.

과육을 엇갈리게 놓는다.

③ 엇갈리게 놓은 모양(C)

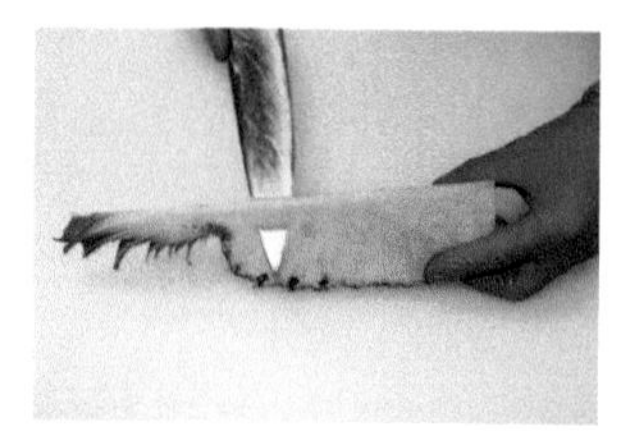
코어부분 밑에 칼집을 길게 낸다.

껍질 위에 칼집을 길게 낸다.

양끝 과육부분에만 수직으로 칼집을 낸다.

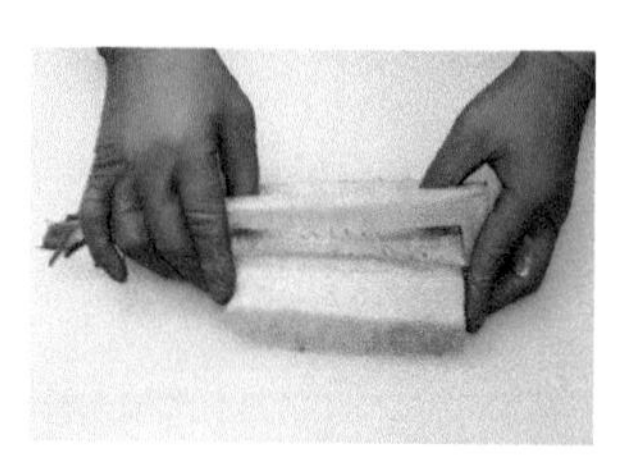
과육을 분리한다.

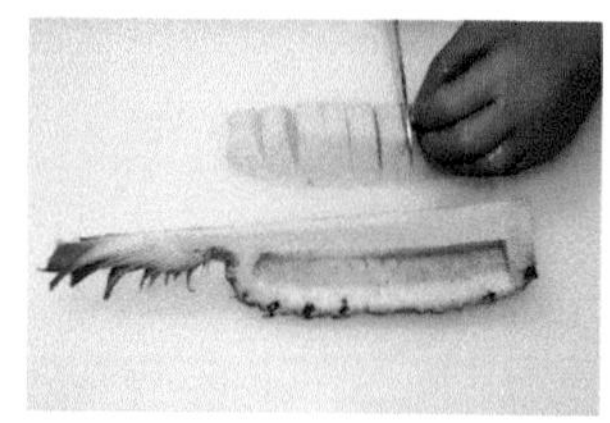
과육을 일정한 간격으로 자른다.

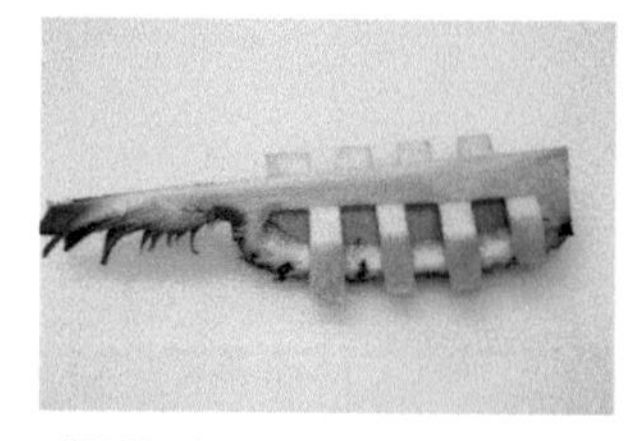
과육을 엇갈리게 끼워넣는다.

(9) 바나나

① V자 모양

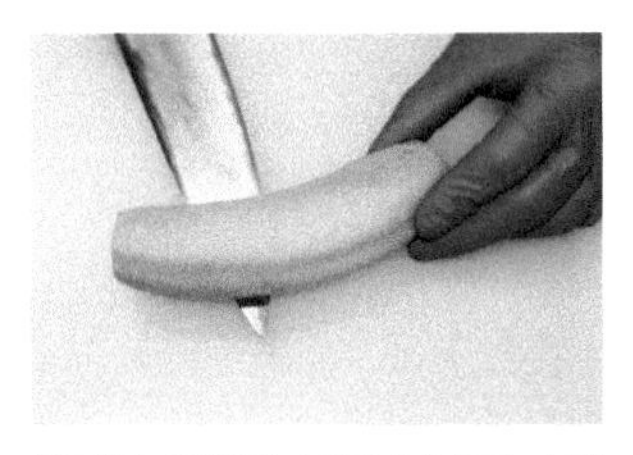

바나나 양끝을 조금 남기고 수평으로 길게 칼집을 낸다.

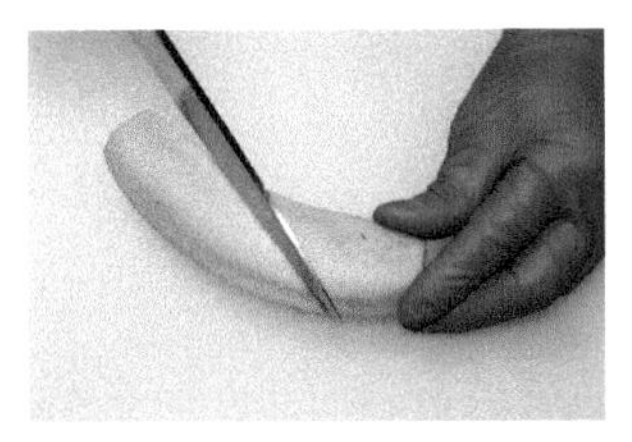

중앙에 대각선으로 칼집을 내고 반대편도 마찬가지로 칼집을 낸다.

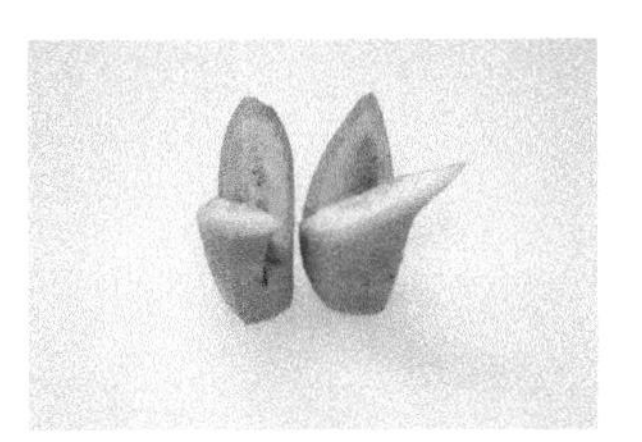

양쪽 끝을 잡아당겨 분리한다.

② 사선모양

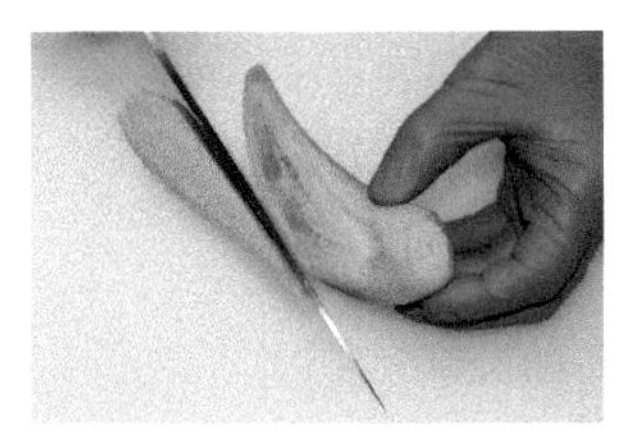

바나나를 대각선으로 길게 자른다.

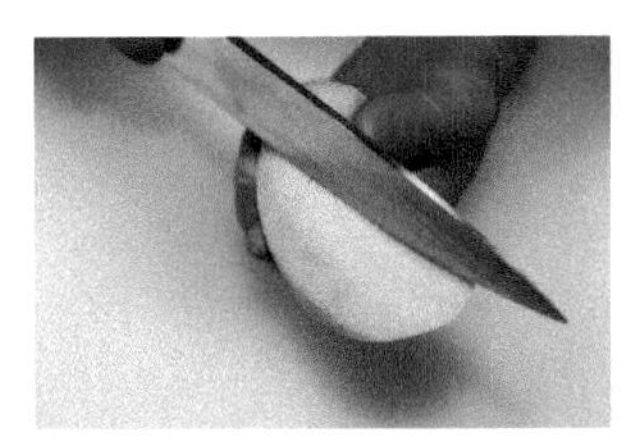

껍질에 V자 모양으로 칼집을 낸다.

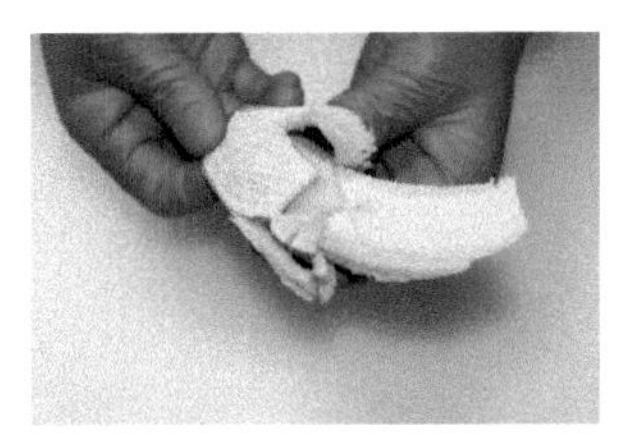

껍질을 칼집낸 부분까지 벗긴다.

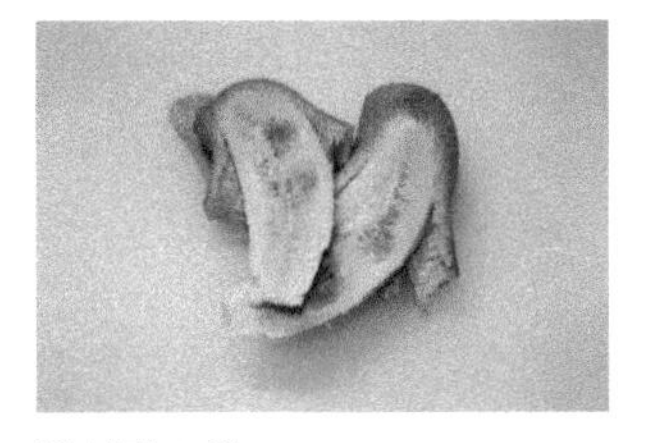

완성된 모양

③ 바나나바 모양

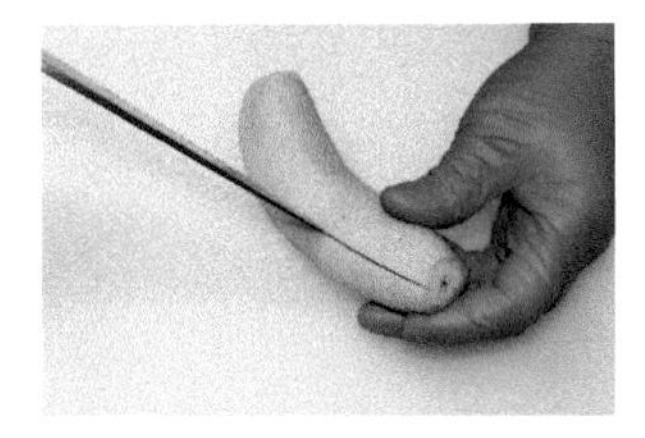

바나나 양쪽 중앙에 길게 칼집을 낸다.

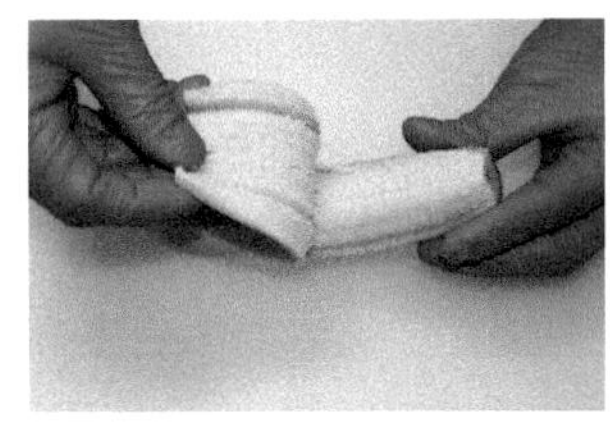

껍질을 한쪽 면만 벗겨낸다.

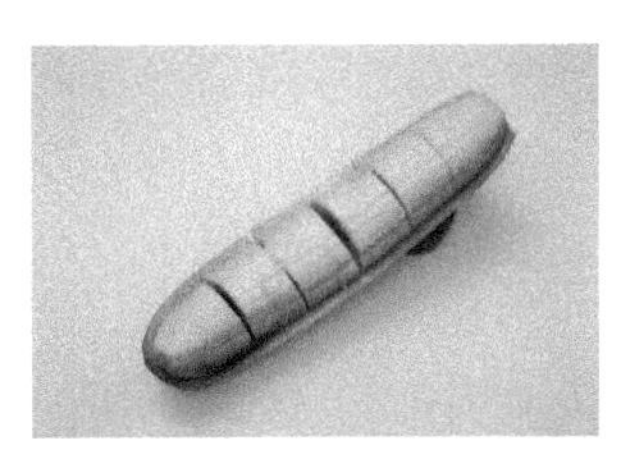

과육을 일정한 간격으로 자른다. 완성된 모양

2) 과일 담는 방법

과일의 모양을 내는 것도 중요하지만 어떤 형태로 담아내느냐에 따라 여러 가지 모양이 연출되기도 한다. 과일의 시각적 · 미각적 효과를 극대화하여 각 재료의 특징을 살리면서 색상, 디자인 등을 고려한 접시 및 소품을 짜임새 있게 구성해야 보다 아름답게 연출할 수 있다.

(1) 그릇의 형태별 접시 담기

그릇에 과일을 담을 때 가장 중요한 포인트는 과일 중에 상대적으로 큰 것을 선정하여 중심을 잡아서 담아내는 것이다.

① 정사각형 접시 담기

② 직사각형 접시 담기

③ 긴 직사각형 접시 담기

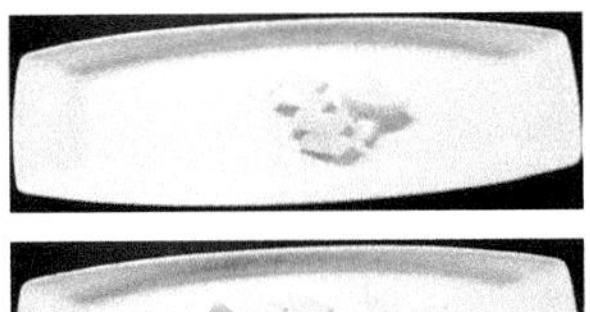

④ 타원형 접시 담기

⑤ 원형 접시 담기

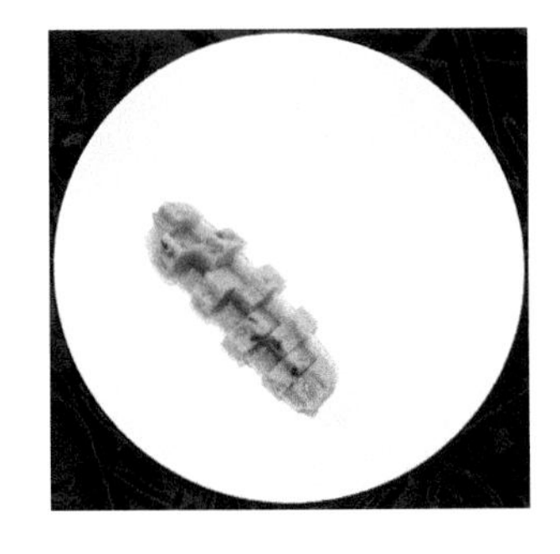

4. 육류 및 가금류 손질방법

1) 소고기

(1) 소고기 부위별 명칭

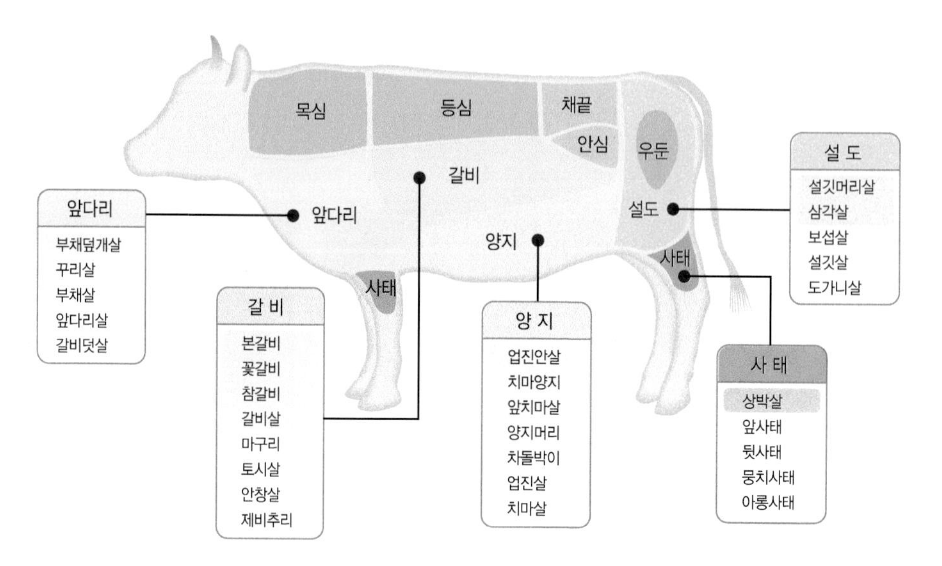

(2) 소고기 등급 규정

도살한 모든 동물성 어육류는 사후강직이 일어나는데 사후강직이란 일종의 자가 숙성과정으로 도살하면 근육이 강하게 수축되어 신전성(물체가 파괴되지 않고 늘어나는 성질-extensibility) 또는 탄성을 잃고 경직성을 나타내며 투명도가 떨어져 흐려지는 현상을 말한다. 사후강직 기간 동안 단백질이 분해되어 고기를 숙성시키게 되면 육질이 연하고 맛이 좋아진다. 숙성은 소고기의 경우 0℃에서 10일 정도, 8~10℃에서 4일, 17℃에서 3일 정도 걸린다.

소고기의 등급기준은 상강도, 조직도, 지방과 조직의 빛깔, 향기에 기준을 두고 있다. 수분과 단백질이 지방으로 변하여 대리석 같은 얼룩무늬 형태로 골격근에 남게 되는데, 이것을 마블링(marbling)이라 한다. 이러한 지방교잡정도(상강도)는 근육조직에 산포되어 있는 지방질의 양과 모양으로 측정한다.

지방색은 흰 노란색보다는 크림색에 가까울수록 좋으며, 덩어리진 지방보다 작은 좁쌀처럼 미세한 지방이 근육 속에 그물조직같이 분포된 것이 좋다. 조직도는 육질의 조직형태와 비율을 말하며, 결이 곱고 윤기가 있는 육질이 우수하다. 고기의 빛깔은 선홍색의 육질이 대체로 양질의 것이다. 빨간색은 수분이 많은 것이며, 암갈색은 나이가 많은 소고기이다. 고기의 향기는 익힐 때 휘발되는 냄새를 말하며, 향기로운 냄새가 좋다.

① 한국산 소고기 등급 분류

소고기의 등급은 육질등급과 육량등급으로 구분하여 판정한다.

육질등급은 근내지방도(마블링), 육색, 지방색, 조직감, 성숙도에 따라 1+, 1, 2, 3등급으로 판정하는 것으로 소비자가 고기를 선택하는 기준이 되며, 육량등급은 도체에서 얻을 수 있는 고기량을 도체중량, 등지방두께, 등심단면적을 종합하여 A, B, C등급으로 판정한다.

- 1+등급 : 식육판매표시판에 1+등급 또는 특상등급(1+)으로 표시되며, 살코기 속에 지방이 골고루 많이 분포되어 있고, 고기의 색과 광택, 지방의 색 및 탄력성과 윤기 등이 특히 좋은 고기를 말한다.
- 1등급 : 식육판매표시판에 1등급 또는 특상등급(1)으로 표시되며, 1+등급과 같으나 살코기 속의 지방분포가 1+등급보다 다소 적은 고기를 말한다.
- 2등급 : 식육판매표시판에 2등급 또는 상등급으로 표시되며, 살코기 속에 지방분포가 보통이고, 고기의 색과 광택, 지방의 색 및 탄력성과 윤기 등이 보통인 고기를 말한다.
- 3등급 : 식육판매표시판에 3등급 또는 중등급으로 표시되며, 살코기 속에 지방이 다소 부족하고 고기의 색과 광택, 지방의 색 및 탄력성과 윤기 등이 다소 떨어지는 고기를 말한다.
- 등외등급 : 살코기 속에 지방이 없거나, 있더라도 고기의 색과 광택, 지방의 색 및 탄력성과 윤기 등이 좋지 않은 고기로 노폐우 고기 등이 이에 속한다.

소고기 등급 표시 요령

도체육질등급	식육판매업소 표시
1+등급	1+등급 또는 특상등급(1+)
1등급	1등급 또는 특상등급(1)
2등급	2등급 또는 상등급
3등급	3등급 또는 중등급
등외등급	등외등급

② 미국산 소고기 등급 분류

• Prime(최상급)

최상급의 등급으로 고급호텔이나 전문식당에서 주로 사용되고, 총 생산량의 4% 미만이기 때문에 가격이 비싸다. 육질은 맛과 육즙을 더해주는 좋은 그물조직으로 되어 있고, 단단하고 하얀 크림색의 지방으로 두껍게 덮여 있어 숙성시키기에 가장 적합하다. 도축소의 연령은 42개월 이하만 해당된다.

• Choice(상등급)

소매시장에서 가장 인기 있는 등급으로, 육질이 연한고 육즙이 많으며 최상급보다 지방질이 적다. 생산량도 많고 경제적인 가격이므로 인기도 좋으며 소비량도 많다. 도축소의 연령은 대부분 72개월 이하의 소가 해당된다.

• Good(상급)

최상급과 상등급보다는 연질과 맛에서는 떨어지지만 지방함량이 적기 때문에 숙성기간 중이나 요리과정 후에도 덜 수축된다.

• Standard(표준급)

살코기의 비율이 높고 지방량은 적다. 위의 등급보다 맛이나 연질이 떨어진다.

• Commercial(판매급)

비교적 연령이 높은 소에서 생산되는데 육류로서 맛은 풍부하지만 질기다. 조리방법을 고려할 때 건식열 조리방법(dry-heat cooking)보다는 복합열

(combination cooking) 조리방법으로 장시간 조리하여 육질이 연해지도록 천천히 요리하여야 한다.

• Utility(보통급), Cutter(분쇄급), Canner(통조림급)

위의 등급보다 맛의 특성은 떨어지는데, 경제적 · 규모적으로 유리하고 제조 가공하거나 기계에 갈아 사용하기에 적합하다.

✻ 소고기 고르는 요령

육색이 선홍색이거나 밝고 붉은빛을 띠는 것이 좋다. 또 소고기 안에 섞여 있거나 붙어 있는 지방의 색깔이 하얀색일수록 좋은 소고기이다. 소고기는 냉장상태에서 장시간 숙성될수록 육질이 연해지므로 숙성 중 고기 표면이 약간 암적색을 띠어도 새로 절단된 면의 색이 밝고 윤기가 나면 상관없다. 또 살코기 속에 마치 서리가 내린 것처럼 지방이 서리서리 박혀 있는 고기가 맛있다. 이것을 마블링(Marbling)이라고 하는데, 이 마블링이 잘된 고기를 구우면 지방이 녹으면서 육즙이 고루 배어 씹을 때 훨씬 부드럽고 향미가 뛰어나다.

③ 육류 포장상자 라벨 읽기

라벨을 육류의 포장상자에 부착하여 제품을 식별하고 추적 가능성을 보장한다.

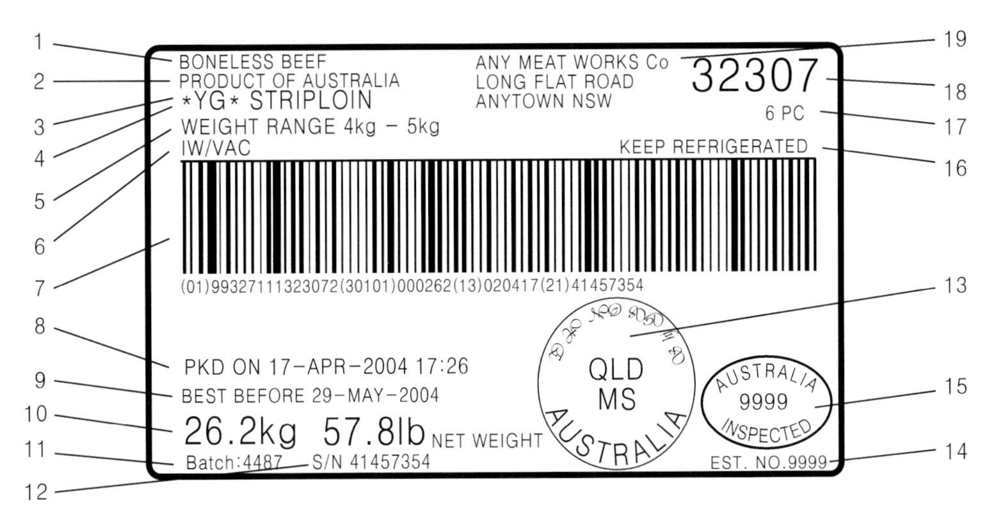

1. 일반 : 지육/정육 기재 및 품증 확인
2. 원산지 : 이것은 수출요건으로 수출관련 시설에서 나오는 모든 상자에 적용된다.
3. 도체식별 : 도체의 연령과 성별을 식별하는 분류기호(*YG*) 또는 young beef
4. 제품식별 : 호주식육편람에 따라 주요 부분육 명시(예 : 채끝등심). 수입국의 요구에 따라 공통 코드기호가 적용될 수 있다(예 : *STL*).
5. 부분육의 중량범위 : 상자에 든 주요 부분육이 라벨과 같이 최소/최대 중량 범위라는 표시
6. 포장유형 : IW/VAC는 제품이 개별/진공 포장되었다는 뜻이다.

7. GS1-EAN · UCC 128 바코드 : 국제육류산업지침에 따라 개발된 바코드
8. 포장일자 : 제품이 상자에 포장된 연, 월, 일과 시간표시
9. "Best Before"일자 : 포장일자가 해당 저장조건에 따라 저장된 육류에 관한 기간의 끝이라는 뜻이다. "Best Before"일자가 있는 육류는 손상, 질 저하, 부패되지 않는 한 이날 이후에도 계속 판매할 수 있다. "use by" 일자가 있는 제품은 이 날 이후 판매 금지된다.
10. 순중량 : 모든 포장재료를 뺀 육류내용물을 킬로그램으로 소수 두 자리까지 나타내며 킬로그램과 파운드로 이중기재되는 경우도 있다.
11. 일괄번호 : 제품을 역추적할 목적으로 업체의 특정 생산량에 붙이는 사내 식별번호이다.
12. 상자 일련번호 : 일련번호는 바코드에 나타나는 것과 동일하다.
13. 이슬람식 인증 : 제품이 회교의식에 따라 도축되어 승인된 이슬람조직의 인증을 받았다는 뜻이다.
14. 시설번호 : 등록된 공장시설번호
15. 검사도장 : 호주연방정부 검사도장
16. 냉장표시 : 냉장보관은 상자의 제품이 포장 당시부터 적절한 냉장상태에 있었다는 의미이다.
17. 조각수 : 상자에 든 주요 부분육의 개수이다.
18. 회사코드 : 상자에 든 제품의 사내 식별코드
19. 회사명 : 제품 포장업체의 명칭

기타 라벨사항

MSA : 소고기만 - EU와 기타 수입국의 요구에 따른 고급 소고기 라벨사항

(3) 소고기분위별 특징 및 용도

부위	특징	용도	세부부위 특징
목심	목심에는 여러 개의 다양한 근육이 모여 있으며 두꺼운 힘줄이 여러 갈래로 표면에 나타난다. 약간 질기지만 지방이 적당히 있어 풍미가 좋은 편임	- 불고기 - 국거리	
등심	갈비 위쪽에 붙은 살로 결조직이 그물망형태로 풍미가 좋고 근육 속 지방이 많아 결이 곱고 연함	- 스테이크 - 구이	■ **꽃등심** 결이 가늘고 풍미가 좋고 부드러우며 마블링이 좋음 ■ **살치살** 등심에서도 최상급인 꽃등심을 얻기 위해 분리한 살이다. 근내지방이 잘 발달하여 구이나 스테이크용으로 쓰인다.
채끝	등심과 이어진 부위의 안심을 에워싸고 허리뼈를 감싸고 있는 부위로 육질이 부드럽고 지방이 적당히 포함되어 있음	- 스테이크 - 구이	

우둔살	둥근 모양의 엉덩이 부위로 지방이 적고 살코기가 많다. 고깃결이 약간 굵은 편이나 근육막이 적어 연함	– 산적 – 장조림 – 육포 – 불고기	■ **우둔살(방심살)** 외측 전면에 지방이 붙어 있고 안쪽은 살코기로 근육결이 섬세하고 부드럽다. ■ **홍두깨살** 우둔살 옆에 긴 원통모양의 홍두깨처럼 붙어 있는 반힘줄 모양근을 분리하여 정형한 살로 결이 거칠고 단단하며 장조림에 쓰임
설도	엉덩이 부위로 지방이 적고 단백질이 많음. 보섭살, 설깃살, 도가니살로 구성됨	– 산적 – 육포 – 장조림	■ **보섭살** 설깃살에 이어지는 근육으로 결이 세로방향으로 거칠고 단단함 ■ **설깃살** 설도부위 등 운동을 많이 하는 부위로 근육의 결이 거칠고 단단함 ■ **도가니살** 설도부위 중 근육의 결이 가늘고 부드럽다.
앞다리	운동량이 많아 질긴 반면 단백질과 맛성분이 많이 함유되어 있음. 안쪽에 어깨뼈를 떼어내면 넓은 피막이 나타나며 안심과 유사한 쐐기형의 살뭉치가 달려 있다. 고기의 결이 곱고 힘줄이나 막이 많이 있어 부분적으로 약간 질긴 곳도 있다.	– 불고기 – 육회 – 탕	■ **꾸리살** 고기가 질긴 편으로 얇게 썰어서 조리하는 육회나 잡채용으로 좋다. ■ **부채살** 구이 및 불고기용 ■ **앞다리살** 육회, 탕, 불고기용
갈비	옆구리 늑골을 감싸고 있는 부위. 늑골은 13대이며 육질은 근육조직과 지방조직이 3중으로 형성됨. 우리나라에서 가장 인기 있는 부위로 갈비뼈 사이의 살코기를 말한다. 조금 질길 수도 있으나 육즙과 골즙이 어우러져 농후한 맛을 내고 마블링이 매우 좋은 부위	– 구이 – 찜 – 탕	■ **마구리** 갈비살을 얻기 위해 제거되는 척추, 가슴부위의 살을 말함. 살코기는 별로 없고 뼈가 많아 육수나 갈비탕용으로 쓰임 ■ **안창살** 횡격막 부위의 살로 토시살과 함께 내장보를 붙들고 있는 근육 모양이 신발의 안창처럼 생겼다고 해서 붙여진 이름으로 생산량이 적어 희소가치가 높은 특수부위로 구웠을 때 쫄깃쫄깃한 맛을 느낄 수 있다. ■ **제비추리** 갈비 안쪽에 등뼈를 따라 가늘고 길게 이어진 원통형 모양의 부위 생산량이 적은 특수부위로 특히 고소하며 섬유질 방향이 일정해 직각으로 얇게 썰어 구이용으로 사용하면 좋다.

			■ **토시살** 횡격막의 일부로 팔에 끼는 토시처럼 생겼다고 해서 붙여진 이름 척추에서 내장보를 붙잡고 있는 근육을 이르는데, 적당량의 지방을 포함하고 있고 육질이 부드러워 구이용으로 인기가 높다.
양지	앞가슴으로부터 복부 아래까지이며, 지방과 근막이 많이 형성되어 있으며 차돌박이가 포함됨. 오랜 시간 끓이는 조리를 하면 맛이 좋다. 국물맛이 좋고 육질이 치밀하다.	- 스테이크 - 구이	■ **치마살** 결이 거칠지만 지방이 고루 펴져 있어 육질이 쫄깃쫄깃하고 독특한 맛이 있어 구이나 국거리용으로 쓰임 ■ **양지삼겹살** 허리쪽 지방층이 붙은 부위 ■ **차돌박이** 양지 하단으로 단백질 지방조직이 하얀색이며, 구울 때 독특한 풍미가 있어 구이, 육회로 쓰임 ■ **업진살** 양지의 뒤쪽으로 근육결이 굵고 지방과 살코기가 교차해 풍미가 진해 국거리로 쓰임 ■ **양지머리** 차돌박이를 분리한 양지부분
사태	다리가 붙은 부위로 질기지만 장시간 끓이면 육질이 연하고 담백함	- 육회 - 탕 - 찜 - 스튜	■ **아롱사태** 뒷다리 아킬레스건에 연결된 단일근육으로 짙은 적색으로 근육결이 굵고 단단해 쫄깃한 맛을 냄. 육회, 구이 등에 쓰임 ■ **무치사태, 앞사태, 뒷사태** 소의 뭉치에 붙은 고기로 국거리로 쓰임. 운동량이 많아 색이 짙고 근육결이 단단하고 근막이 많음
안심	등심 안쪽에 위치해 있는 살로 고깃결이 곱고 육질이 가장 연한 최상품으로 지방이 적어 담백함	- 스테이크 - 구이	

(4) 소고기 안심 및 등심 손질법

① 안심 손질법

지방이 제거된 안심

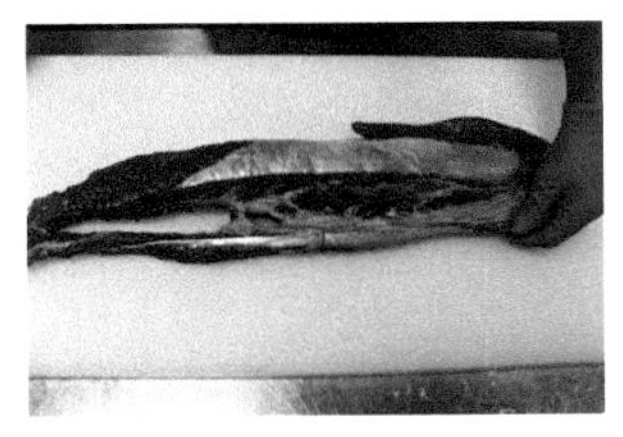
Chain Muscle부분을 손으로 벌려 준다.

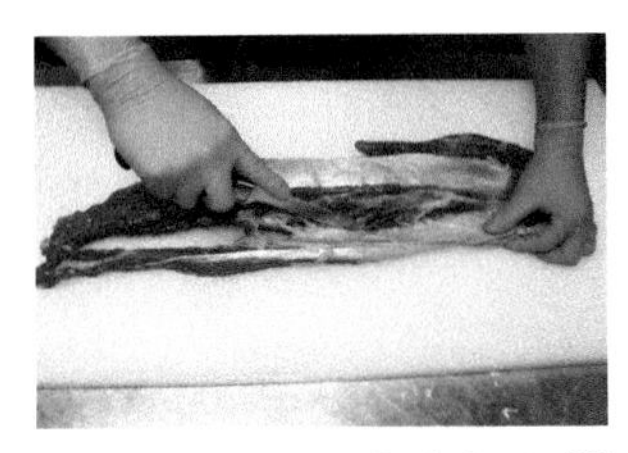
Boning knife를 이용하여 분리한다.

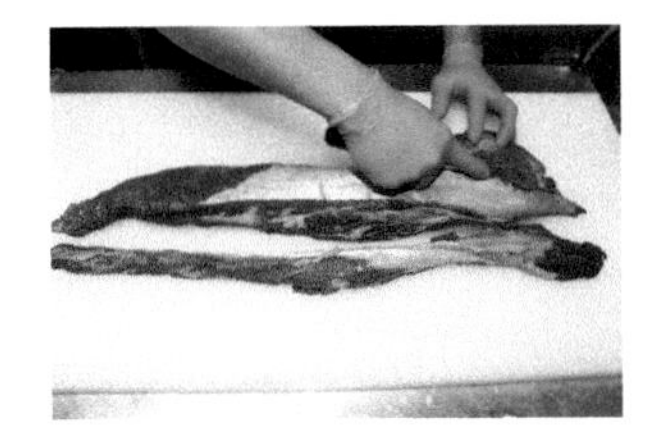
Silver skin에 붙어 있는 Head를 분리한다.

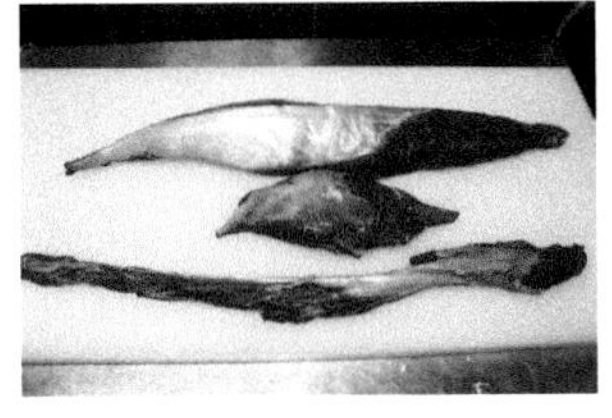
완전히 분리된 모습

Silver skin에 칼끝을 찔러넣는다.

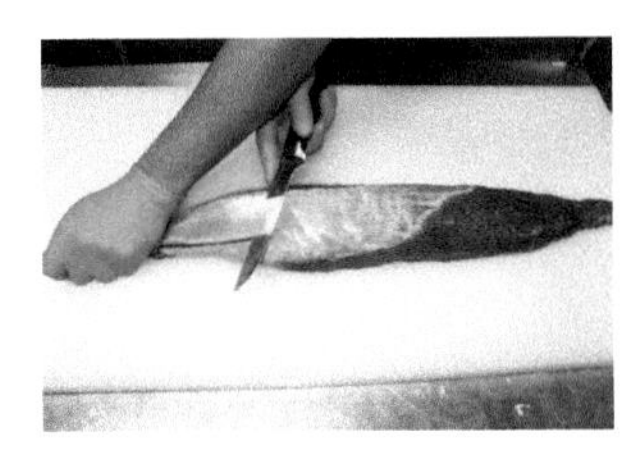
왼손으로 Silver skin을 잡고 칼날을 Silver skin에 붙여 이동하면서 자른다.

나머지 Silver skin도 제거한다.

Silver skin이 완전히 제거된 모습

② 등심 손질법 및 묶는 방법

지방이 붙어 있는 소등심

등심의 두꺼운 부분에 칼집을 넣는다.

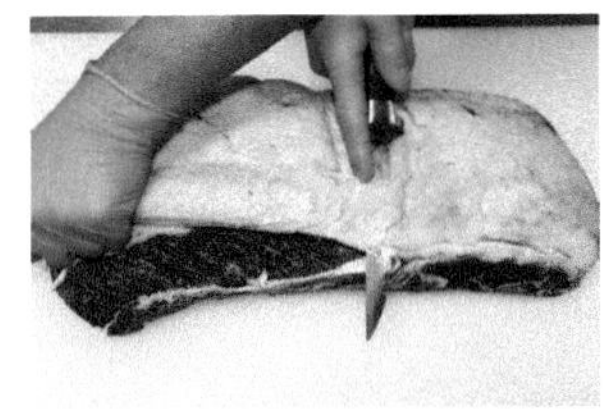
칼집을 낸 부분의 지방과 근막을 제거한다.

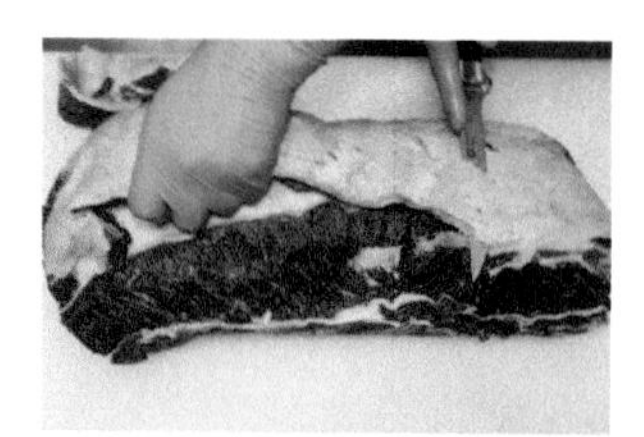

나머지 부분의 지방은 조금만 제거한다.

손질이 끝난 등심

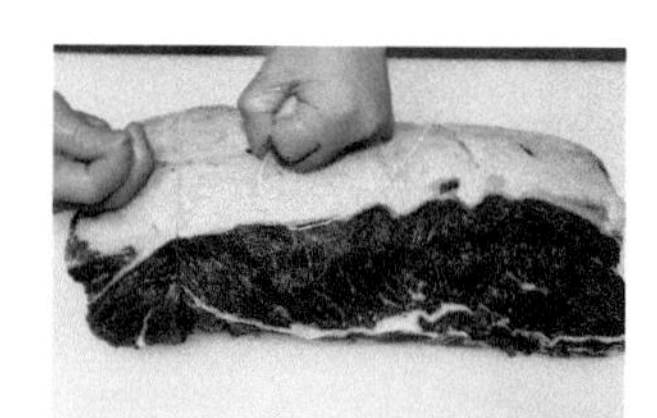

키친용 실을 이용하여 단단히 묶는다.

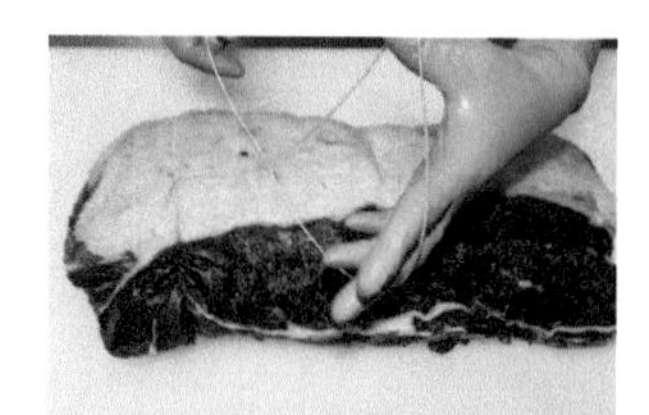

실을 십자로 교차한다.

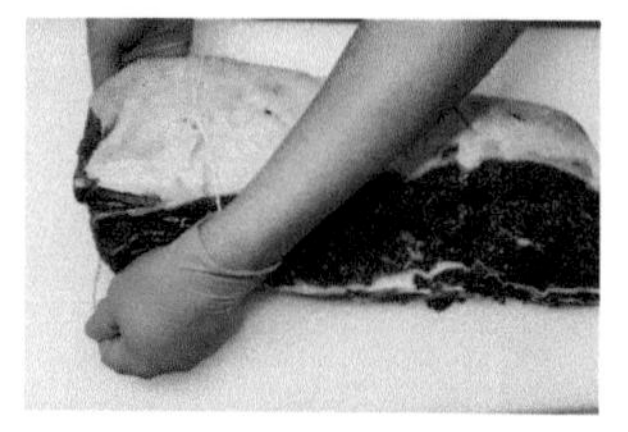

등심을 들어 올가미처럼 씌운다.

실을 잡아당겨 잘 고정시킨다.

등심을 뒤집어 일정한 간격으로 매듭을 지어준다.

마지막에 잘 묶어 마무리한다.

완성된 모습

(5) 소고기 굽기 구분

① Rare(레어)

내부온도는 49~51℃로 고기의 겉은 색깔만 살짝 내고 속은 따뜻하게 한다. 자르면 구운 고기의 색은 짙은 붉은색이고 육즙이 흐르도록 굽는 방법으로 육즙이 풍부하고 매우 부드럽다.

② Medium rare(미디엄 레어)

내부온도는 52~54℃로 rare보다 조금 더 익힌 것으로 육즙이 풍부하고 따뜻하며 부드럽다.

③ Medium(미디엄)

내부온도는 57~60℃ 정도로 핑크빛 육즙이 배어 있으며 따뜻하고 부드러우며 탄력이 있다.

④ Medium well done

내부온도는 60~62℃ 정도로 고기 가운데 부분이 약간 붉은색을 띠며 핑크빛 육즙이 조금 남아 있다.

⑤ Well done

내부온도는 65~70℃ 정도로 고기의 색은 옅은 회색이며 육즙이 조금 있고 단단하다.

⑥ Very well done

내부온도는 67~72℃ 정도로 고기의 육즙이 거의 남아 있지 않고 매우 단단하다.

(6) 안심의 부위별 명칭

소의 등뼈 안쪽 콩팥에서 허리부분에 이르는 가느다란 양쪽 부위를 말한다.

안심 자체는 지방이 거의 없고 부드러운 육질을 가지고 있기 때문에 소고기 중에서도 최고급으로 치며, 그중에서도 샤토브리앙은 안심부위 중 가장 넓은 부분에 해당하는 것으로 스테이크의 백미라 할 수 있다.

19세기 프랑스의 귀족작가였던 샤토브리앙의 이름에서 유래되었다. 당시 샤토브리앙은 자신의 요리사 몽미레이유에게 안심을 가장 맛있게 구워올 것을 지시했으며, 구워온 안심 중에 가장 넓은 부분만을 맛있게 먹고 다른 부분은 남기었다. 이것이 세상에 알려지면서 그 귀족의 이름을 따 샤토브리앙으로 불리게 된 것이라고 한다.

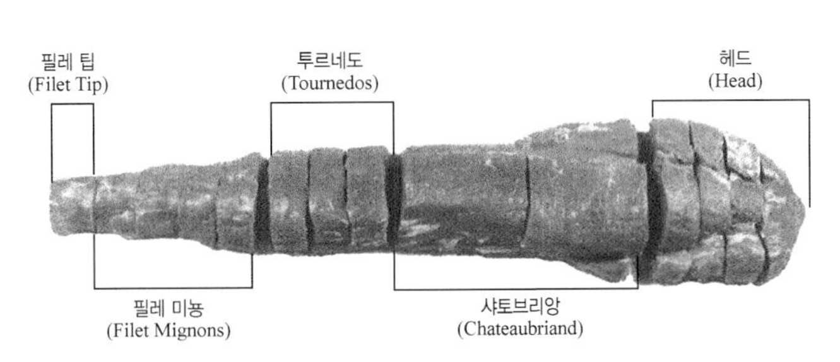

2) 돼지고기

(1) 돼지고기의 부위별 명칭

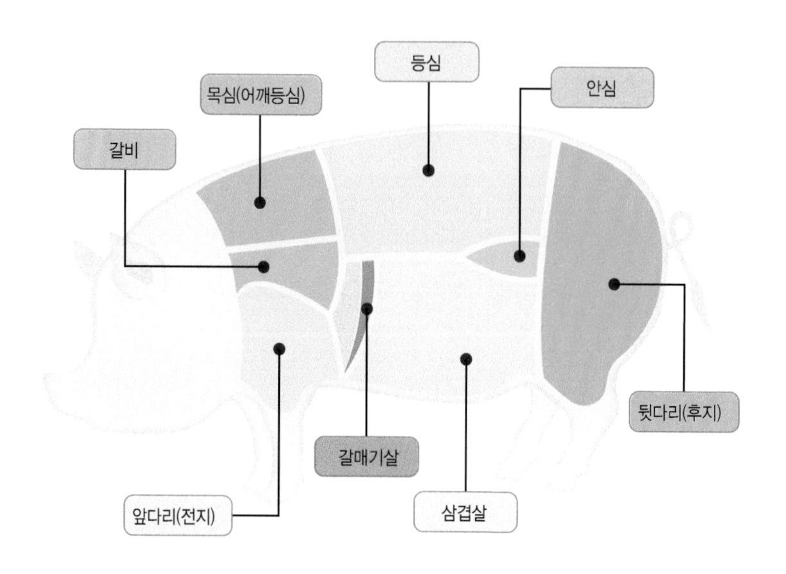

(2) 돼지고기의 부위별 특징 및 용도

돼지고기는 부위별 육질의 차이가 심하지 않고 가격과 품질도 안정되어 있으며 단백질과 비타민 등이 풍부하다. 육색이 연분홍빛을 띤 것이 좋고, 부위에 따라 지나치게 짙은색을 띠는 것은 질기고 맛이 없으며 고기 전체가 누런 것은 오래된 것이다. 지방층이 붉거나 부분적으로 변색된 것, 물렁물렁한 것은 피하도록 한다. 지방이 희고 윤기가 있으며 단단하고 적당히 끈기가 있어 썰 때 고기가 칼에 달라붙는 것이 좋다.

① 목심

- 용도 : 로스구이, 불고기, 보쌈 등
- 특징 : 등심에서 목 쪽으로 이어지는 부위로서 여러 개의 근육이 모여 있다. 근육막 사이에 지방이 적당히 박혀 있어 풍미가 좋다.

② 등심

- 용도 : 돈가스, 스테이크, 로스구이, 폭찹

• 특징 : 등 표피 쪽에 길게 형성된 단일근육으로 고기의 결이 곱고 지방이 없는 편이라 맛이 담백하다. 그냥 먹기엔 매우 퍽퍽한 부위이므로 주로 기름기 없는 카레, 짜장, 돈가스용으로 많이 쓰인다.

③ 갈비

• 용도 : 불갈비, LA갈비, 갈비찜

• 특징 : 옆구리 늑골(갈비)의 첫 번째부터 다섯 번째까지를 말하며 육질이 쫄깃쫄깃하며 풍미가 뛰어나다.

④ 삼겹살

• 용도 : 로스구이, 수육, 구이, 베이컨

• 특징 : 근육의 지방이 삼겹으로 층을 이루고 있는 복부 근육으로 육질이 부드럽고 풍미가 좋다.

⑤ 안심

• 용도 : 탕수육, 바비큐, 로스구이, 스테이크, 돈가스

• 특징 : 허리부분 안쪽에 위치하며 안심 주변은 약간의 지방과 밑변의 근막이 형성되어 있고, 육질이 부드럽고 연하다. 등심과 마찬가지로 기름기가 없으며 용도 역시 비슷하게 카레, 짜장, 돈가스용으로 쓰이고 장조림에도 쓰인다. 부위도 조금 나오고 부드럽기 때문에 등심보다 조금 높은 가격이다.

⑥ 사태

• 용도 : 보쌈, 수육, 찌개

• 특징 : 사태는 다리 근육, 알통을 말하며 앞사태(아롱사태)와 뒷사태로 나눠진다. 보쌈, 수육, 장조림 등으로 많이 사용된다. 특징이라면 기름기가 없는 반면에 육질이 쫄깃한 맛을 느끼게 해주기에 기름기 싫어하는 사람이 좋아한다. 찌개에도 사태를 넣으면 쫄깃한 맛을 느낄 수 있다. 뒷사태도 용도는 비슷하나 아롱사태에 비해 약간 더 퍽퍽한 쪽이다.

⑦ 앞다리

- 용도 : 불고기, 찌개, 보쌈, 완자, 만두속
- 특징 : 어깨부위의 고기로 근육이 잘 발달되어 있고 지방이 적어 다용도로 조리할 수 있음

⑧ 뒷다리

- 용도 : 돈가스, 장조림, 탕수육, 불고기
- 특징 : 볼기부위의 고기로 살집이 두텁고 지방이 적어 담백한 맛을 내는 요리에 적합함

⑨ 돼지고기 특수부위

- 항정살 : 돼지 목살과 앞다리 사이에서 손바닥 정도의 크기로 조금밖에 안 나오며, 마블링이 좋아 매우 부드러우며 쫄깃한 부위. 천겹살이라 부르기도 한다.
- 가브리살 : 항정살과 마찬가지로 목살과 등심 사이에서 손바닥 정도의 크기밖에 안 나오며, 맛과 모양이 항정살과 비슷하여 일반인은 구별하기 조금 어렵다. 다른 점은 가브리살이 항정살에 비해 약간 색이 더 붉은 것이다.
- 갈매기살 : 갈매기살은 횡격막을 말하는데 지방이 가장 없는 부위이며 한 마리에 단 두 줄만 나온다. 갈매기살을 소고기로 착각하는 경우가 가끔 있으며, 맛은 연하고 부드럽다.
- 토시살 : 갈매기살과 비슷하나 갈매기살보다 육질이 약간 떨어진다. 토시살 역시 부위가 너무 적게 나와서 일반적으론 토시살만 파는 곳이 거의 없다.
- 꽃살 : 흔히 등심부위로 알고 있지만 목살을 뜻한다. 목살 중에 동글동글한 모양이 꽃과 같다 해서 꽃살이라 부르기 시작했다.

(3) 돼지고기 등급 규정

돼지 도체등급은 육량등급과 육질등급을 구분하지 않고 혼합해서 평가한다. 이와 같은 이유는 사육기간이 소와 같이 변이가 크지 않고, 사료도 차이가 적고 품종적 특

성도 비육돈은 대부분이 잡종강세 효과를 이용한 3원교잡종을 사용하기 때문에 개체 간 품질적 차이가 크지 않기 때문이다. 하지만 돼지고기의 품질은 암퇘지냐 수퇘지냐 하는 성별에 따른 질적 차이가 크다. 돼지 도체등급은 도체 온마리 상태에서 등급평가를 원칙으로 하고 있으며, 등급평가 시 육색, 지방색과 지방의 품질 등의 질적 문제보다 양적인 문제를 등급 판정에서 보다 중요한 요인으로 평가하고 있다. 특히 우리나라는 돼지 도체 등급기준에서 상품화를 위한 돼지고기 생산수율과 가장 관계가 높은 등지방 두께를 중요한 요인으로 평가하고 있다. 또한 돼지 한 마리를 사육하여 가장 경제적이면서도 육질이 가장 우수한 크기에서의 출하를 유도하기 위하여 도체중을 평가요인으로 채택하여 도체등급을 1차 판정하고 있다.

도체중량과 등지방 두께에 따른 1차 등급판정기준(2013년 7월 1일부터 개정)

구분	박피도체		탕박도체	
	도체중	등지방 두께	도체중	등지방 두께
1+등급	74kg 이상~83kg 미만	12mm 이상~20mm 미만	83kg 이상~93kg 미만	17mm 이상~25mm 미만
1등급	71kg 이상~74kg 미만	10mm 이상~25mm 미만	80kg 이상~83kg 미만	15mm 이상~28mm 미만
	74kg 이상~86kg 미만	10mm 이상~12mm 미만	83kg 이상~93kg 미만	15mm 이상~17mm 미만
		22mm 이상~25mm 미만		25mm 이상~28mm 미만
	86kg 이상~90kg 미만	10mm 이상~25mm 미만	93kg 이상~98kg 미만	15mm 이상~28mm 미만
2등급	1+, 1등급에 속하지 않는 것		1+, 1등급에 속하지 않는 것	

3) 양고기

양의 조상으로는 지중해지방에 서식하고 있던 무플론(mouflon), 중앙아시아지방에 서식하는 아르칼(arkal), 시베리아 · 알래스카 등지에 서식하는 몬타나(montana)의 세 가지가 있다. 학자에 따라서는 가양(家羊)의 조상이 무플론과 아르칼이라는 설과 무플론만이 가양의 조상이라는 설로 나누어지고 있다. 양이 가축화된 연대는 기원전 6000년경으로 추정되며 우랄알타이민족에 의하여 순화된 것으로 추측

된다.

우리나라에서의 면양 사육기록은 고려 때 금나라에서 들어오기 시작한 것으로 되어 있다. 그 뒤 조정에서는 제사용으로 이것을 중시하여 조선시대까지 양장(羊場)을 설치하여 사육하였으나 풍토병 등으로 성적이 좋지 않았으며, 더욱이 산업용으로까지는 발전하지 못하였다. 면양이 산업용으로 사육되기 시작한 것은 일제시대 이후이며, 광복 후에는 전멸상태에 빠졌다가 제3공화국에 의해서 장려되기 시작하였다.

우리나라에서 사육되던 품종은 종전에는 오스트레일리아에서 개량된 코리데일(corriedale)이었으나 현재는 메리노(merino)종이 대부분을 차지하고 있다. 메리노종은 면양 품종 중 가장 우수한 종류로 스페인이 원산지이며 영국 · 프랑스에서도 유명한 품종을 배출하였다. 현재 세계 제일의 면양국으로 알려져 있는 나라는 오스트레일리아와 뉴질랜드이다. 이 밖에 소련의 면양업도 대단하며 미국 · 아르헨티나 · 인도 등도 우수한 면양국으로 꼽히고 있다.

면양은 원래 농경민족보다 유목민족에게 적합한 가축이어서 유목민들에 의하여 사람을 징벌하는 신인 뇌우(雷雨)의 신에 대한 희생용으로 이용되었으며, 중국과 우리나라에서도 제사용으로 이용되었다. 또 우리나라에서는 양이 약으로 이용되었다. 한의학에서 양은 양(陽)을 돋우는 식품으로 혈액을 따뜻하게 하고 체력의 부족을 보충하여 준다고 보았다. 본초강목(本草綱目)에서도 "양고기는 보중익기(補中益氣)하며 성은 감(甘)하고 대열(大熱)하다."고 하였다. 규합총서(閨閤叢書)에서는 "양고기는 허랭(虛冷)한 사람에게는 성약이지만 성이 극히 뜨거우니 어린애나 아이 가진 여자는 먹지 못한다."고 하였다. 동양의서에 나온 양의 부위에 따른 효능은 다음과 같다.

- 고기 : 양고기는 살결이 고와지게 하며, 산후의 여성에게 유익하다고 한다. 산후에 젖이 잘 나지 않을 때에는 양고기와 으름을 함께 달여서 먹는다.
- 갑상선과 위 : 천금방(千金方)과 외태비요(外台秘要)에서는 양의 목밑샘으로 갑상선종을 치료할 수 있다고 하였다. 본초강목에도 송나라 때의 명상 왕안석(王安石)이 갑상선종에 걸렸을 때 양의 목밑샘으로 고쳤다는 말이 나온다. 또 양의 위도 위병(胃病)에 효능이 있는 것으로 알려져 있다.

• 피와 창자 : 당본초(唐本草)에 의하면 양의 피는 혈허(血虛) · 산후의 혈 부족에 특효가 있다고 한다.

• 양란(羊卵) : 난이란 동물의 고환을 말하는 것으로 동물의 생식선조직이다. 본초강목에서는 양란을 양석자(羊石子)라 하며 조로(早老)하여 방사부진(房事不振) · 정력부족한 사람에게 효과가 있고, 성기능이나 정력을 증강시킨다고 하였다.

(1) 양고기의 구분

명칭	생육기간
베이비 램(baby lamb)	생후 6~10주 된 양
스프링 램(spring lamb)	생후 5~6개월 된 양
램(lamb)	생후 1년 미만의 양
이얼링 머튼(yearling mutton)	생후 12~20개월 된 양
핫하우스 램(hothouse lamb)	가을 또는 초겨울에 태어난 새끼 양

(2) 양고기의 부위별 명칭

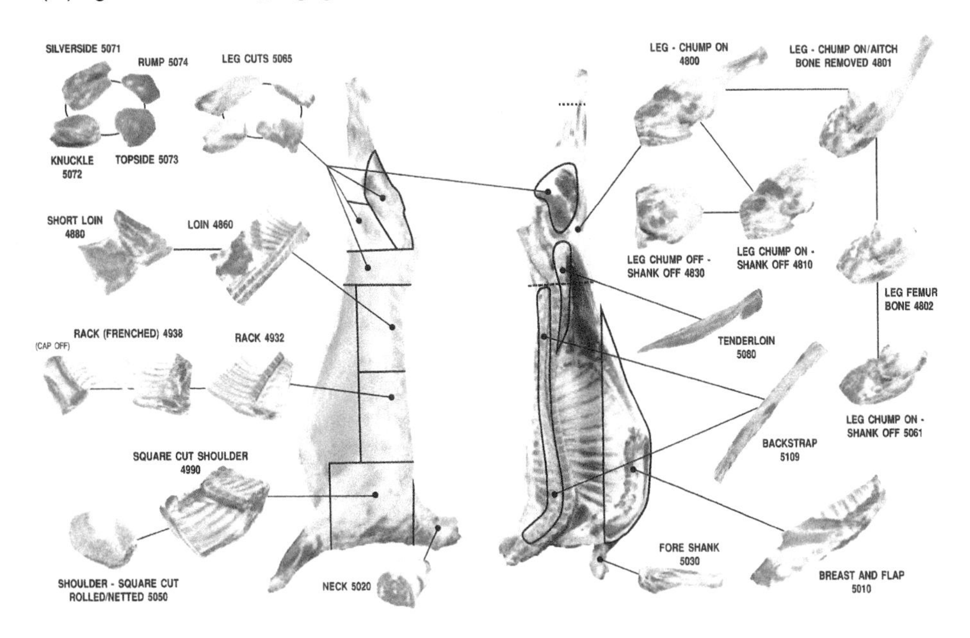

(3) 양갈비 손질방법

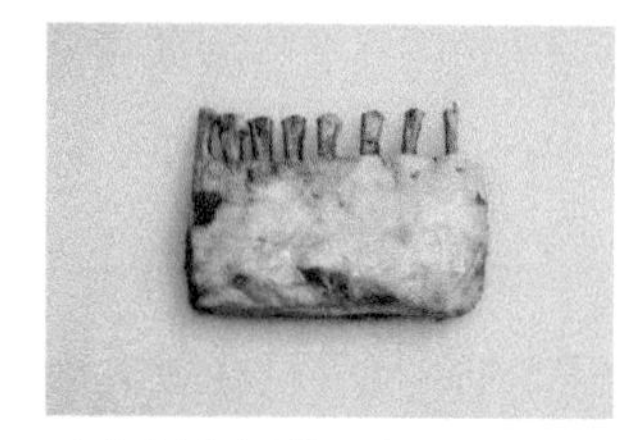

지방이 붙어 있는 양갈비

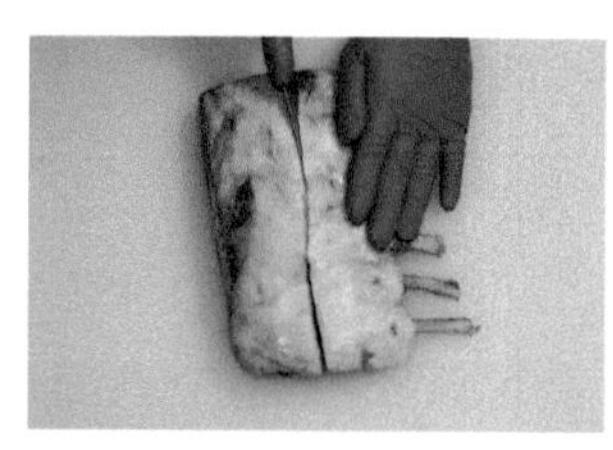

Boning knife를 이용해 양갈비 바깥부분에 칼집을 낸다.

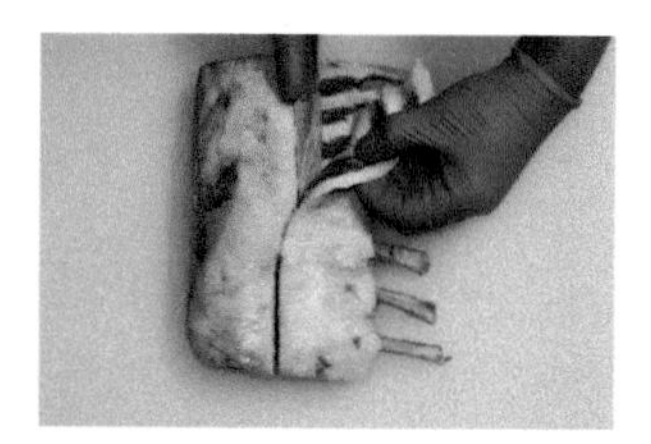

Boning knife로 저미면서 지방을 제거한다.

나머지 지방에 칼집을 낸다.

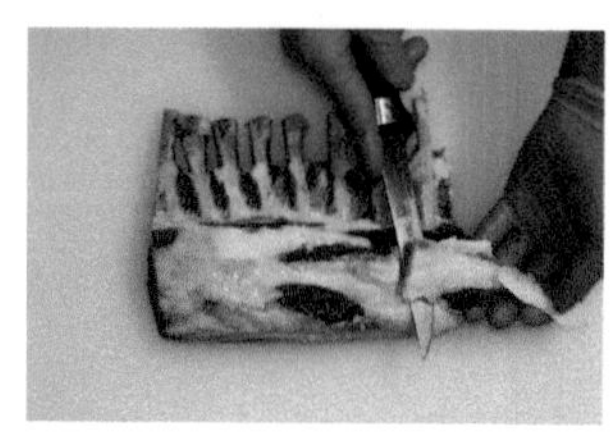

지방을 제거한다.

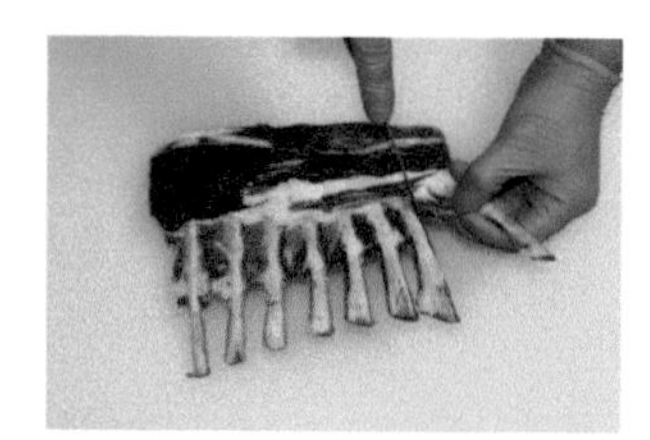

양갈비 뼈마디의 살을 제거한다.

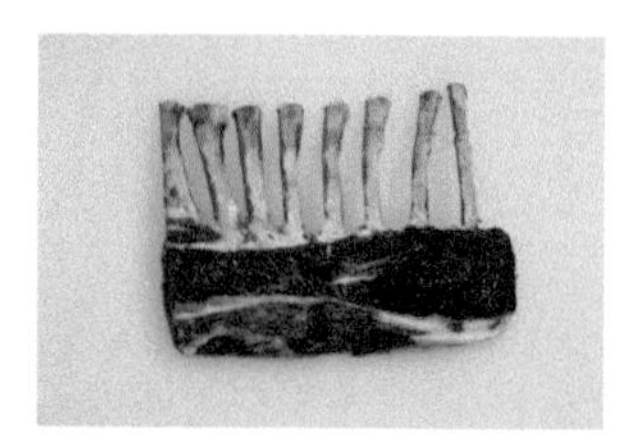

이렇게 손질된 상태를 Lamb rack 이라고 한다.

뼈 사이에 칼집을 내어 하나씩 잘라낸다.

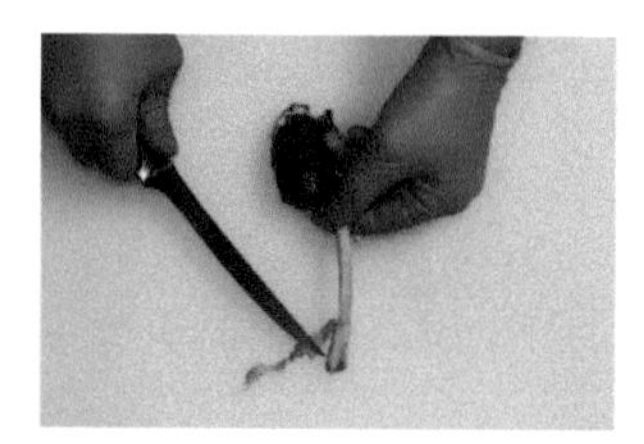

칼등으로 뼈에 붙어 있는 근막을 제거한다.

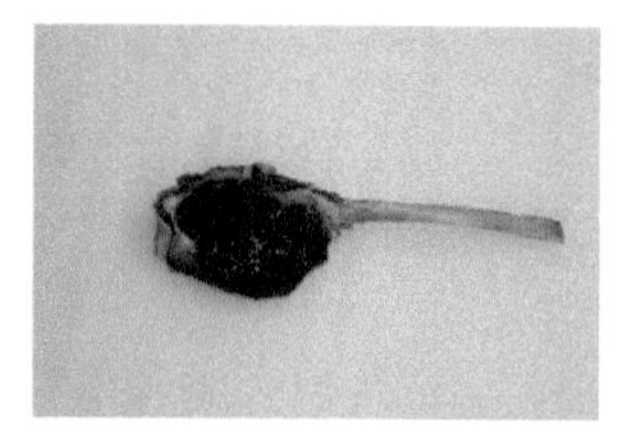

이렇게 손질된 상태를 Lamb chop이라고 한다.

4) 가금류(닭고기)

닭은 원래 들닭(野鷄)이었으나 BC 1700년경 인도에서 기르기 시작하였으며, 처음에는 신성시되었지만 점차 달걀과 더불어 식용하게 되었다.

한국에서도 닭을 식용한 역사는 상당히 오래된 것으로 추정되지만, 문헌에 의한 기록이 별로 없어 언제부터인지는 확실하지 않다. 다만 고려사(高麗史)에 의하면 충렬왕(忠烈王) 때 포계(捕鷄)를 금하였다는 기록이 있고, 1325년(충숙왕 12년) 금령(禁令)을 내려 "이제부터 닭 · 돼지 · 거위 · 오리를 길러서 빈제용(賓祭用)에 준비하거나, 소 · 말을 재살(宰殺)하는 자(者)는 과죄(科罪)한다"는 기록이 있는 것으로 보아 이미 그 이전부터 닭이 식용되어 왔음을 알 수 있다.

닭고기는 수육에 비해 연하고 맛과 풍미가 담백하며 조리하기 쉽고 영양가도 높아 전 세계적으로 폭넓게 요리에 사용된다. 닭고기의 성분은 소고기보다 단백질 함량이 많아 100g 중 20.7g이고, 지방질은 4.8g이며, 126kcal의 열량을 내는데, 비타민 B_2가 특히 많다. 그 밖에 칼슘 4mg, 인 302mg, 비타민 A 40IU, 비타민 B_1 0.09mg, 비타민 B_2 0.15mg 등을 함유한다. 또한 닭고기가 맛있는 것은 글루탐산이 있기 때문이며, 여기에 여러 가지 아미노산과 핵산성분이 들어 있어 강하면서도 산뜻한 맛을 낸다. 흔히 닭을 잡아 바로 사용하나 하루 정도 경과하여 숙성된 것이 맛도 좋고 고기도 더 연하므로 냉장된 닭을 선택하는 것이 좋다.

생산주기가 짧아 육류 부족 시 기민하게 공급할 수 있는 축산물로 육계 출하 소요일수는 40일 내외, 1.5~2.0㎏(연간 6회전 가능) 정도이다. 돼지 5~6개월, 소는 18~24개월에 비해 짧다. 닭고기는 갓 잡은 것일수록 맛있고 고기가 단단하고 껍질막이 투명하고 크림색을 띠며 털구멍이 울퉁불퉁 튀어나온 것이 좋다.

(1) 닭의 품종

① 난용종

- 종류 : 레그혼, 미노르카, 안달루시안, 햄버그 등
- 특징 : 몸집이 작고 활동적이며 신경이 예민하다. 깃털이 몸에 밀착되어 있고 동작이 민첩하며 앞쪽은 작고 뒤쪽이 잘 발달되어 있다. 산란수는 1년에 220~250개 정도이나 더 많은 산란유도를 위해 사료에 각종 호르몬제를 넣고 밤새 불을 켜놓아 닭들의 생체리듬을 흔들어 320~340개 정도로 산란수를 올린다고 한다.

② **육용종**

- 종류 : 코니쉬, 코친, 부라마, 국내종(한협 3호)
- 특징 : 몸집은 정방형이고 성장이 빠르며 고기 맛이 좋다. 성질이 온순하고 알을 품는 성질인 취소성이 있다. 산란수는 1년에 100~120개 정도이다.

③ **난육겸용종**

- 종류 : 뉴햄프셔, 로드아일랜드레드, 폴리머스록, 올핑턴 등
- 특징 : 난용종과 육용종의 중간 체형 정도이다. 성질이 온순하고 취소성이 강하며, 깃털이 많아 추위에 강하다. 산란수는 1년에 180~200개 정도이다.

(2) 닭고기 부위별 명칭

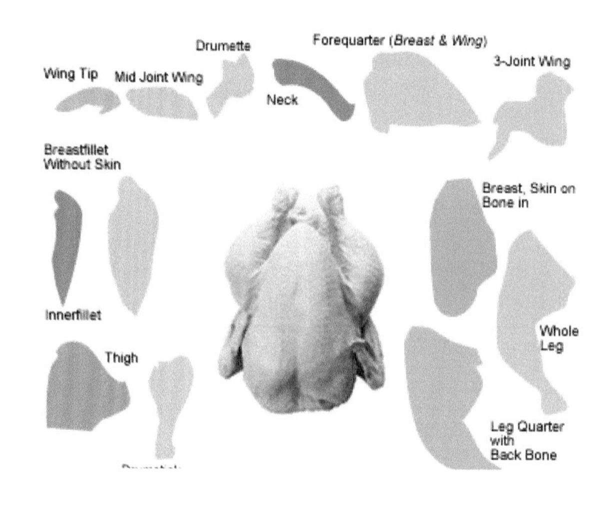

■ 닭고기와 관련된 잘못된 상식

– 젊은이가 먹으면 바람난다는 날개는 콜라겐성분이 많은데 이것은 피부윤택과 노화방지의 효과가 크며 맛이 좋아 젊은이보다는 웃어른에게 드리려는 뜻에서 생긴 이야기로서 과학적 근거는 없다.

– 예부터 내려오는 말로 임산부가 닭고기를 먹으면 태어날 아기의 살결이 거칠어져 닭살이 된다든지, 산모가 먹으면 젖이 귀해진다는 말이 있는데 이는 과학적으로 전혀 근거가 없다. 오히려 양질의 단백질과 소화되기 쉬운 식품을 많이 섭취해야 하는 임산부에게 닭고기는 권장식품으로 성장기의 청소년에게는 더 없이 좋은 단백질 식품이다.

(3) 닭고기 손질방법

① **분할 손질방법**

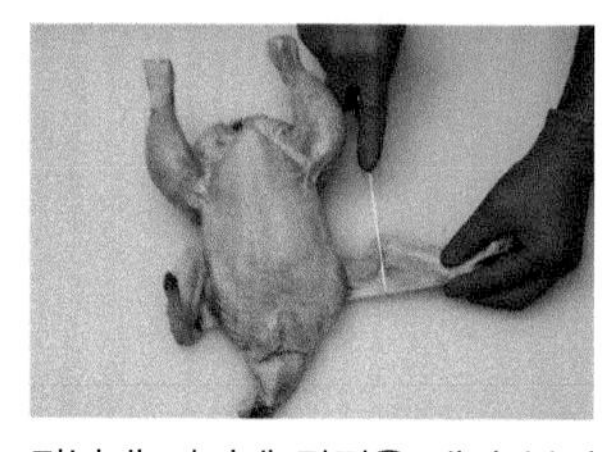
닭날개 마디에 칼집을 내어 분리한다.

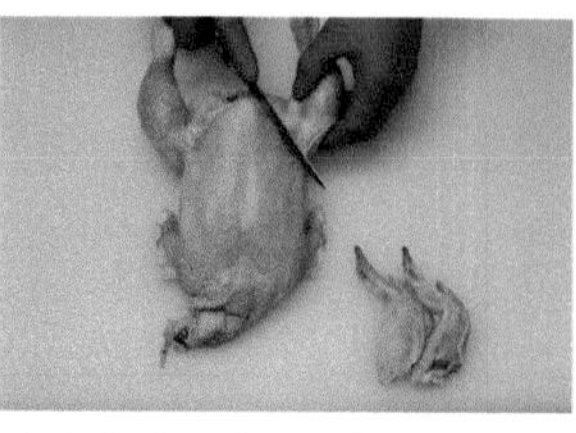
닭다리 안쪽에 칼집을 낸다.

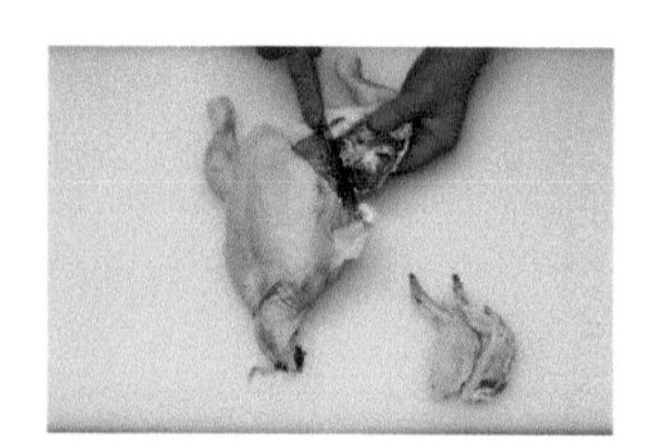
마디부분을 완전히 절단하여 닭다리를 분리한다.

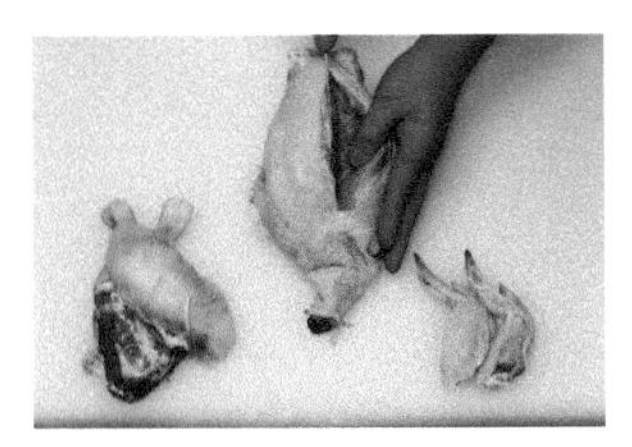

닭 가슴살 중앙에 칼집을 낸다.

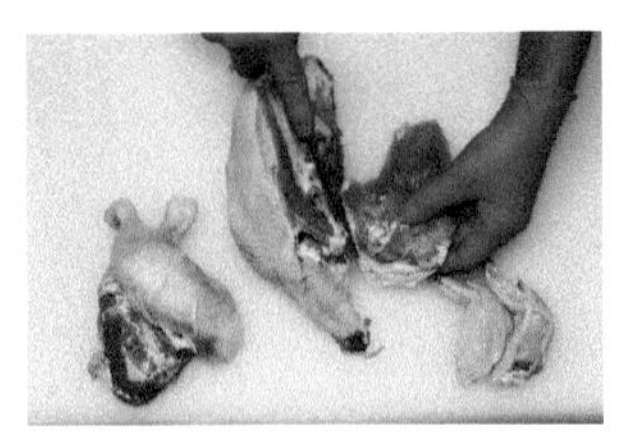

갈비뼈 부분에 칼끝을 밀착하여 저미면서 닭 가슴살을 분리한다.

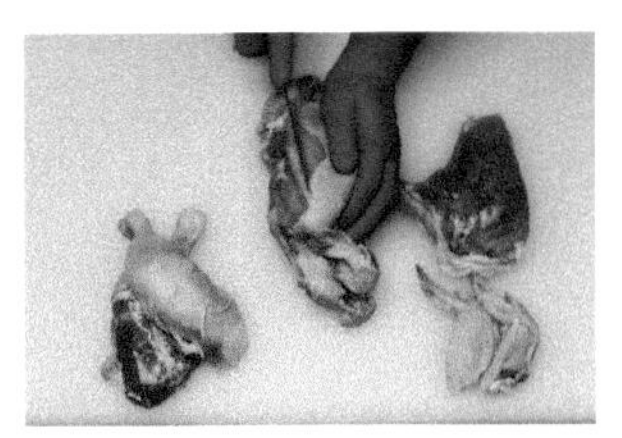

반대쪽 가슴살에 칼집을 낸다.

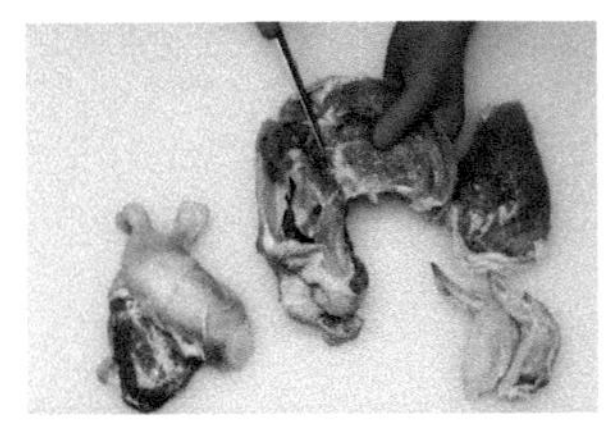

마찬가지로 칼끝으로 저미면서 닭 가슴살을 분리한다.

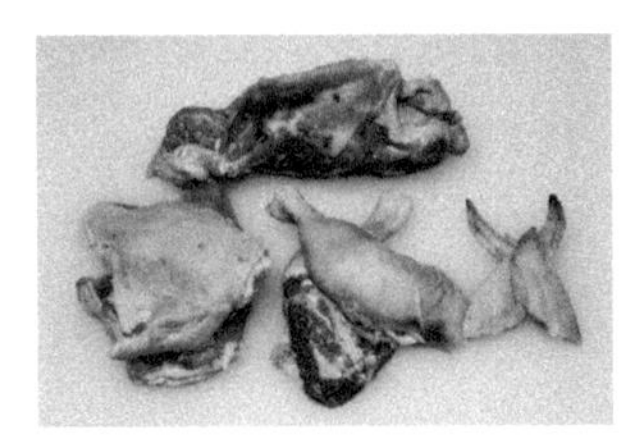

왼쪽부터 닭 가슴살, 닭다리, 닭날개로 분리된 모습

② 통째로 뼈 제거하는 방법

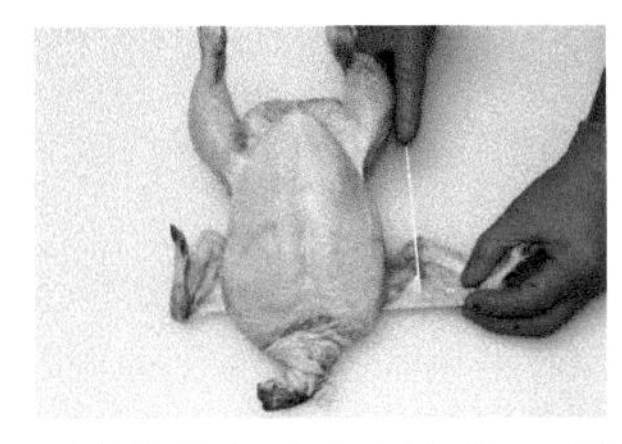

닭날개 처음 마디만 남겨놓고 절단한다.

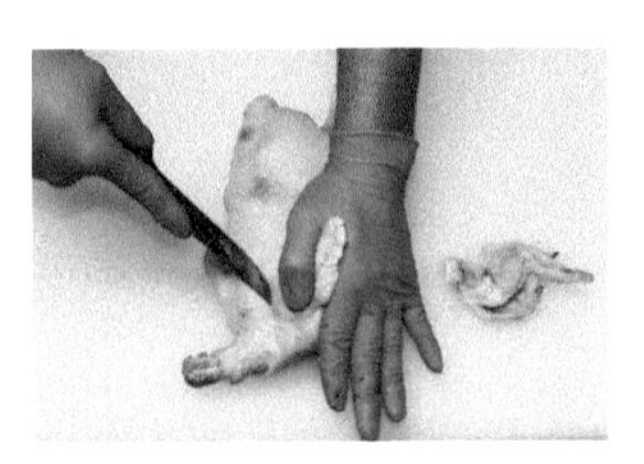

닭 등뼈에 칼집을 넣는다.

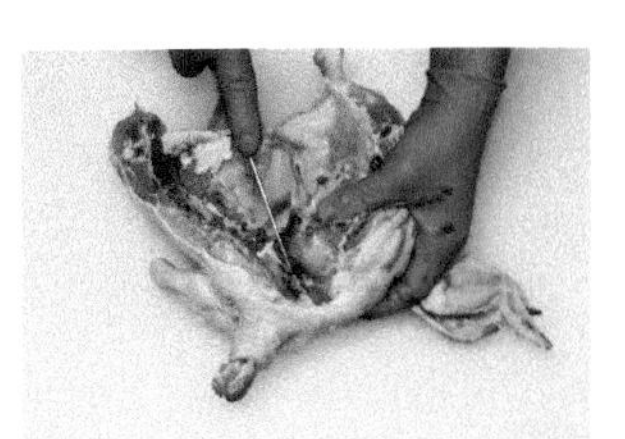

완전히 절단하여 펼친다.

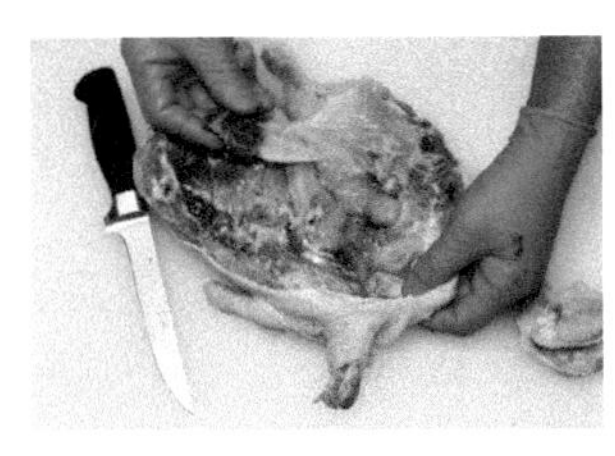

닭 가슴살에 붙어 있는 물렁뼈를 제거한다.

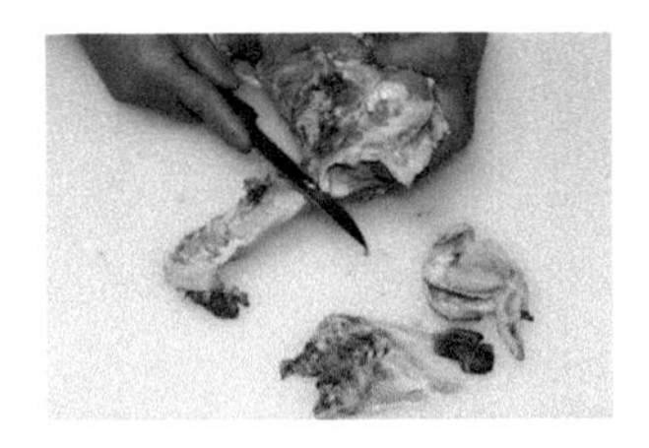

닭 등뼈를 제거한다.

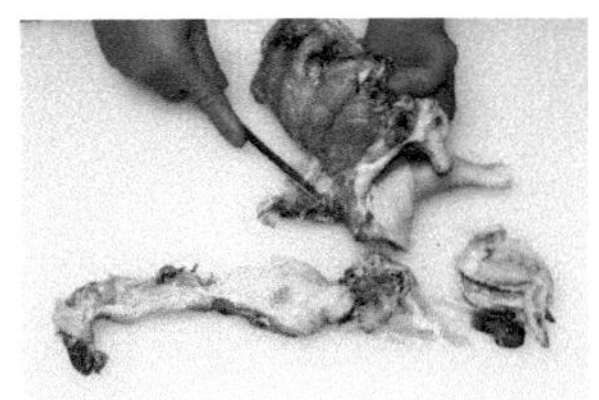

닭 갈비뼈를 제거한다.

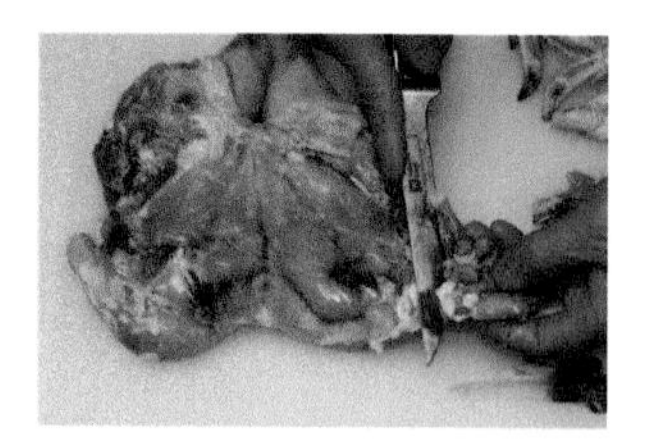

닭날개 뼈를 제거한다.

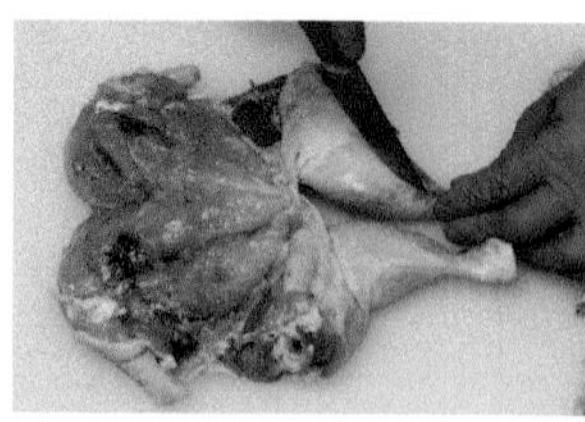

닭다리에 칼집을 낸다.

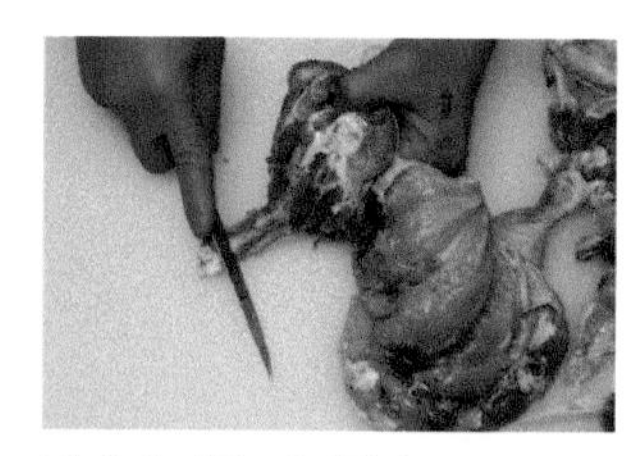

닭다리 뼈를 제거한다.

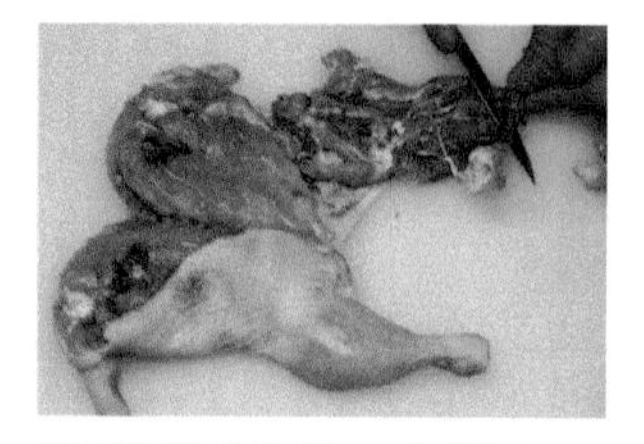

반대쪽 닭다리 뼈도 제거한다.

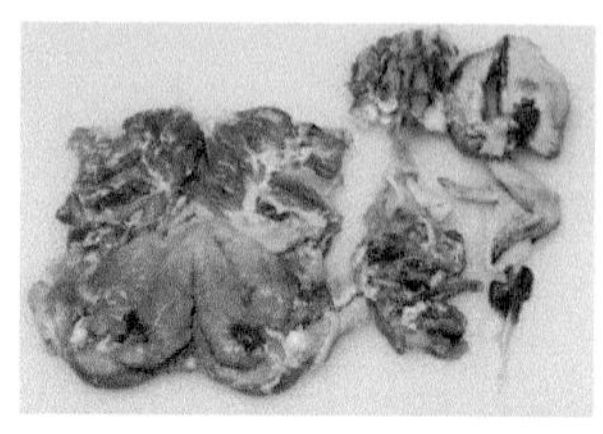

닭 뼈를 완전히 분리한 모습

③ 닭날개 손질방법

닭날개 뼈마디에 칼집을 낸다.

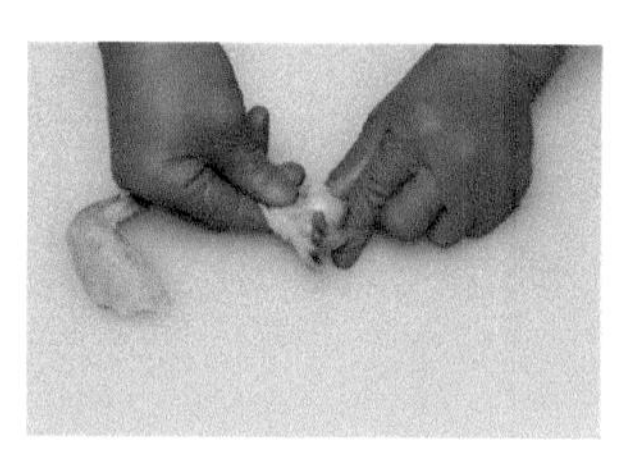

반으로 접어 꺾는다.

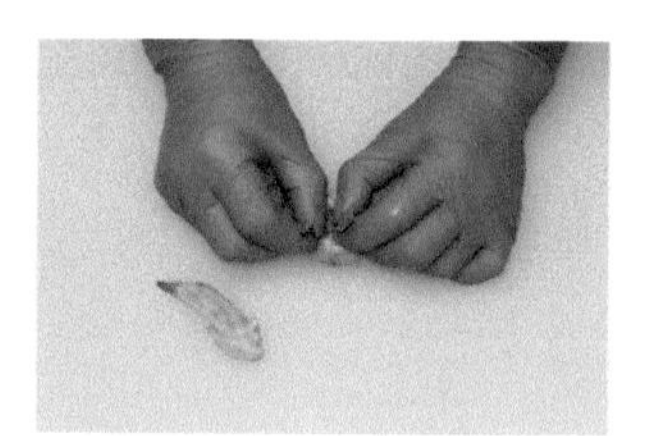

보이는 뼈를 잡고 살을 뒤로 밀어 낸다.

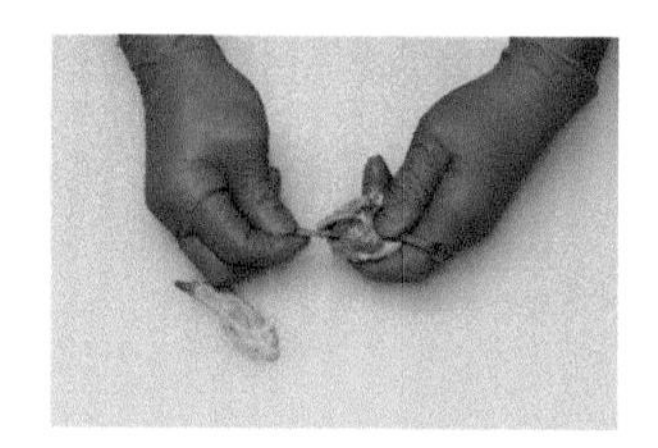

뼈와 살을 완전히 젖힌다.

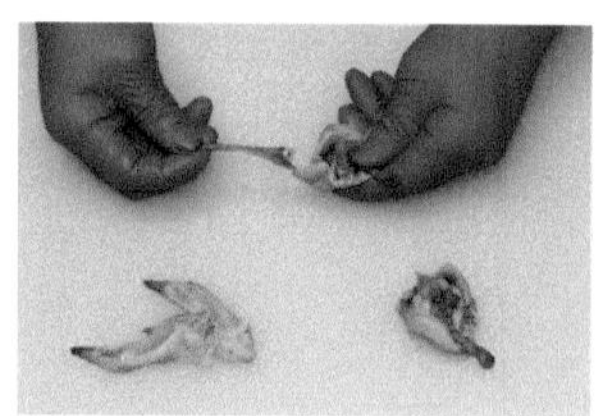

작은 뼈를 분리한다.

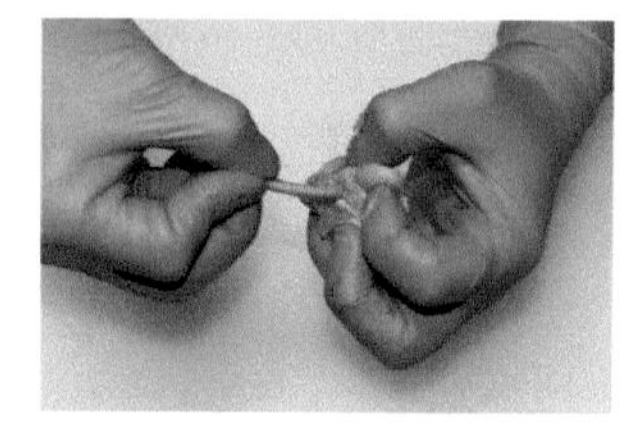

모양을 잡아준다.

닭날개 손질이 완성된 모습

④ 닭다리 손질방법

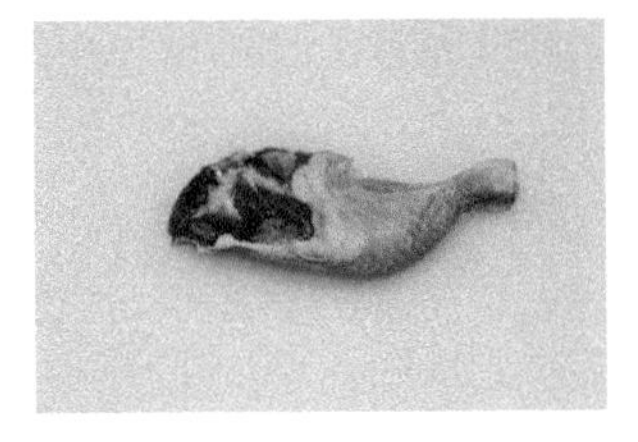

닭다리를 깨끗이 씻어서 준비한다.

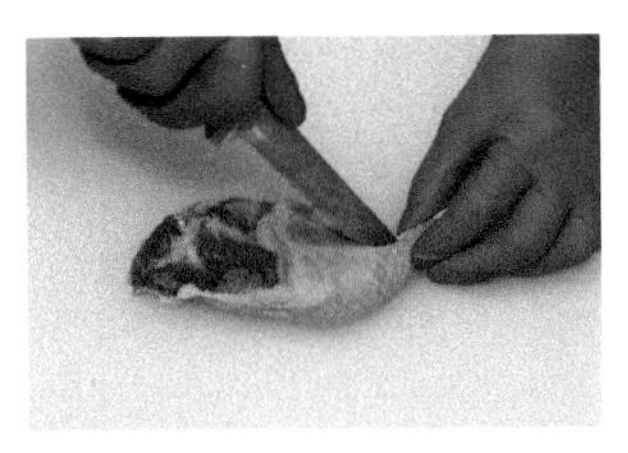

칼끝이 닭다리 뼈에 닿을 정도로 찔러 넣는다.

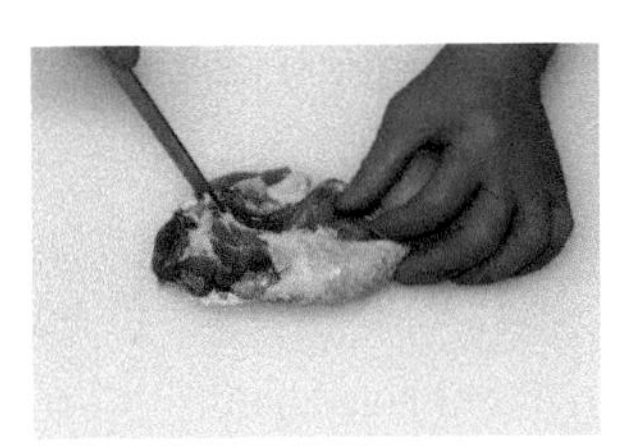

닭다리 뼈 라인을 따라 칼집을 낸다.

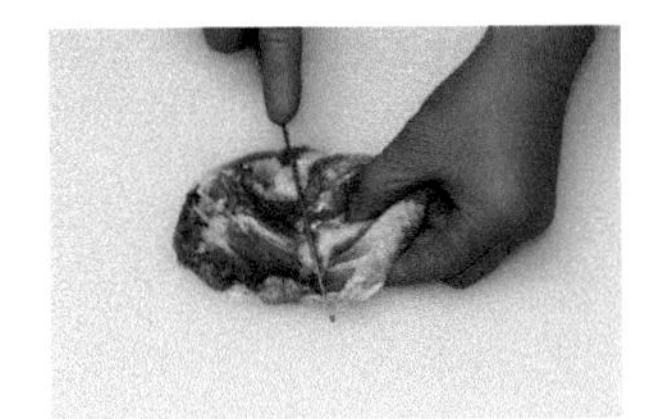

뼈마디를 들어올린다.

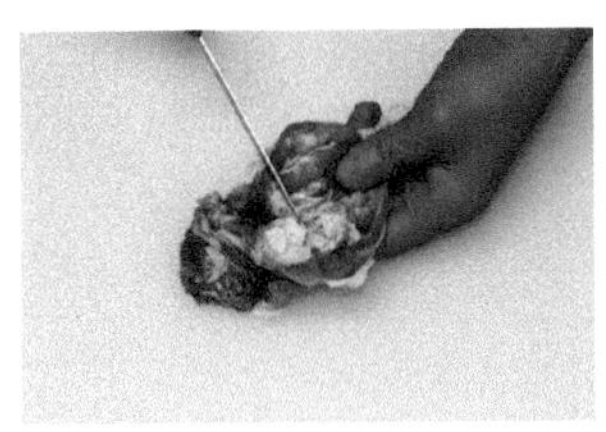

뼈마디를 절단한다.

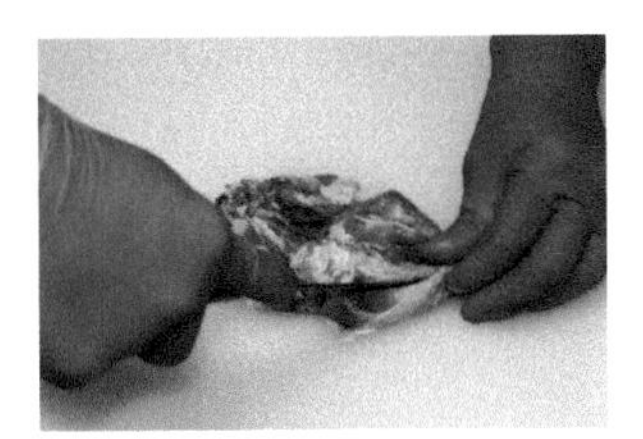

뼈와 살 사이에 칼집을 넣는다.

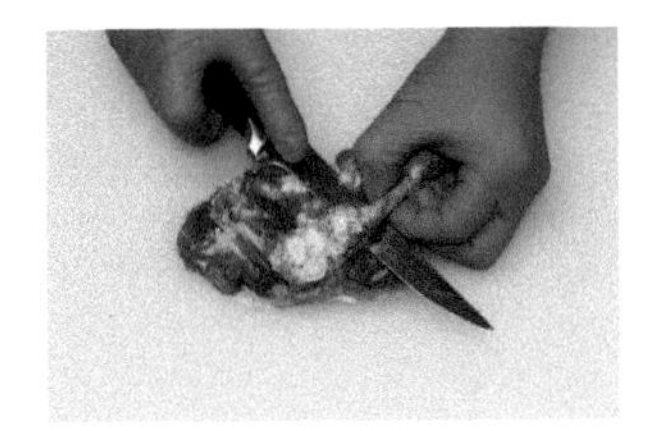

뼈를 들어올려 제거한다.

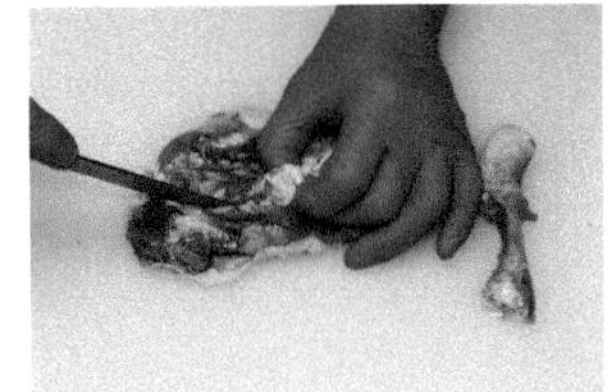

나머지 뼈도 제거한다.

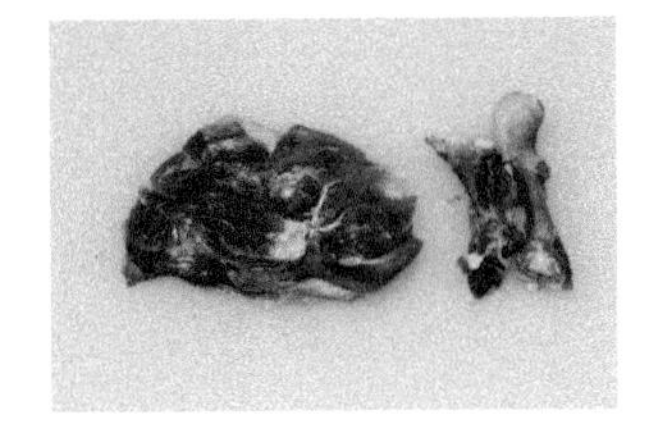

닭다리 살과 뼈를 분리한 모습

고기를 맛있게 먹는 방법

1. 냉동육은 먹기 하루 전에 냉장실에서 해동시킨다

냉장육이 맛이나 영양 면에서 월등히 좋지만 보관상 어쩔 수 없이 냉동을 시킨 고기는 저온에서 천천히 녹여야 한다. 그래야만 고기의 맛있는 육즙이 빠져나오는 양이 적다. 한 번 녹인 고기는 다시 얼리지 않도록 먹을 양만큼만 적당히 해동시키는 요령이 필요하다. 해동시킬 시간적 여유가 없을 경우에는 랩에 싸서 흐르는 물에 담가 해동시킨다. 해동을 했다가 김치찌개나 미역국에 넣는 등 요리 부재료로 쓰고 나면 또 남게 돼 다시 냉동시키는 일이 생기곤 하는데, 이것을 미리 방지하기 위해서는 처음부터 소포장으로 먹을 만큼만 사거나 남아서 냉동시킬 때는 큰 덩어리, 작은 덩어리로 나누어 랩에 싸서 냉동시키면 편리하다.

2. 고기는 조리 직전에 자른다

고기를 잘라서 오래 두면 육즙이 나와 맛이 달라지고 공기 중에서는 신선도도 떨어지므로 잘 드는 칼로 조리 직전에 자르는 것이 좋다.

3. 고깃결과 직각으로 자르면 연해진다

덩어리 고기를 얇게 썰어 사용할 때는 고깃결과 직각으로 잘라야 고기가 연하고 조리하기가 쉽다. 그러나 채썰거나 장조림 등을 할 경우에는 고깃결과 나란히 잘라야 부서지거나 오그라들지 않고 쫄깃한 육질을 느낄 수 있다. 고기가 완전히 녹아버린 상태에서는 고기가 늘렁늘렁해져 썰기가 어려우므로 해동이 약간 덜된 상태에서 써는 것이 요령이다.

4. 고기는 딱 한 번만 뒤집는다

고기를 구울 때 보면 채 익기도 전에(심한 경우는 불판에 올려놓자마자) 자꾸 자꾸 젓가락으로 뒤집는 경우를 볼 수 있다. 아마 이런 사람들은 성미가 급하거나, 가만히 앉아 있기 뭣해서 무의식적으로 젓가락질로 부산을 떠는 경우이다. 그러나 이러한 무심한 행동으로 맛있는 고기는 영 물 건너가 버린다. 자꾸 뒤적이다 보면 육즙이 다 빠져나와 퍽퍽하게 되고 속은 전혀 익지 않게 되어 고기 고유의 맛을 살릴 수 없다. 고기를 구워 먹는 것이 아니라 말려 먹는 것이다. 팬에 올려놓은 후 고기 위로 육즙이 배어 나오면 그때 한번 뒤집었다가 익었을 때 먹으면 된다. 자꾸 뒤집고 싶은 충동이 이는 사람은 고기를 팬에 올려놓고 나면 아예 두 손을 상 밑에 내려놓고 기다려라. 맛있는 고기를 먹으려면 기다릴 줄도 알아야 한다.

5. 고기는 센 불에서 굽는다

육즙과 구수한 맛의 손실을 막으려면 센 불에서 가능한 짧은 시간에 굽는 것이 좋다.

5. 어류 손질법 및 어종별 제철시기

1) 도미

(1) 도미 손질방법(오로시방법) : 3장 뜨기

비늘을 제거한 후 깨끗이 씻는다.

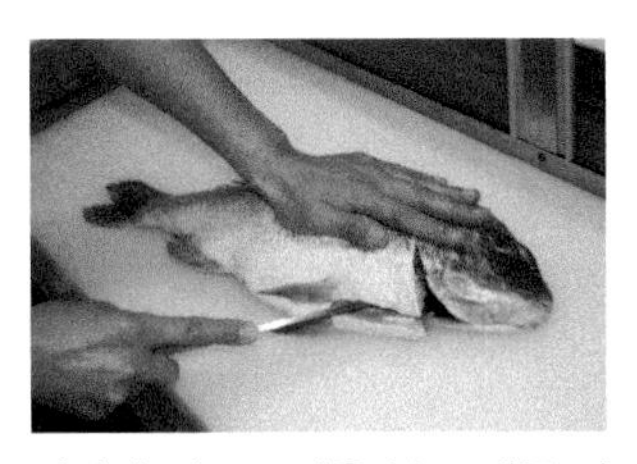

아가미 밑으로 칼을 넣고 배를 가른다.

아가미를 제거하면서 내장까지 단번에 잡아당긴다.

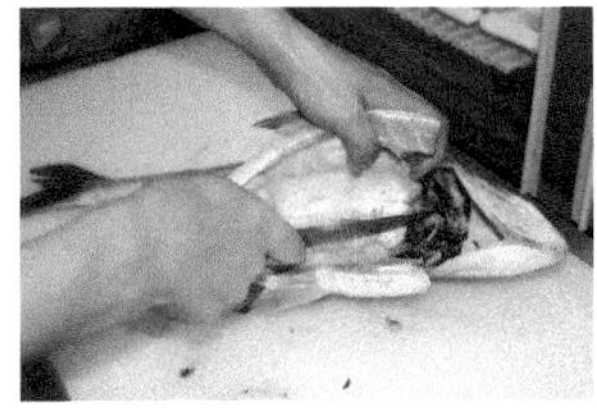

내장을 감싸고 있던 막을 떼어낸 후 굳어 있는 피를 제거한다.

물에 깨끗이 씻어 물기를 제거한다.

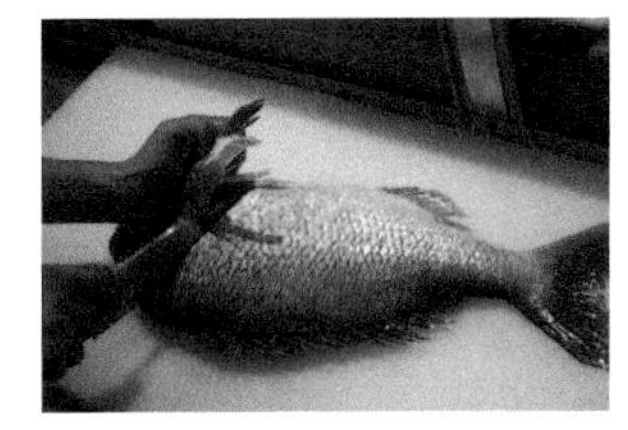

가슴지느러미를 들어올린 다음 머리 쪽까지 칼을 넣는다.

반대편도 가슴지느러미에서 머리 끝부분까지 칼을 넣은 후 척추뼈를 잘라 머리를 완전히 제거한다.

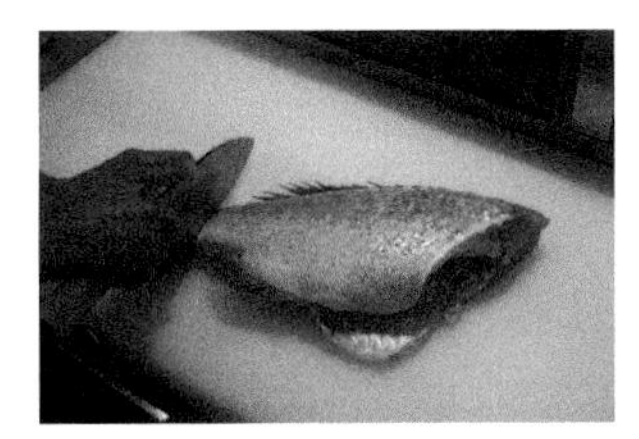

꼬리에 칼집을 넣어준다.

뱃살을 살짝 들어올린다.

데바 끝을 옆으로 눕혀 중심에서 등 쪽으로 칼날을 뼈에 밀착시켜 (사진처럼) 뼈에서 살을 발라낸다.

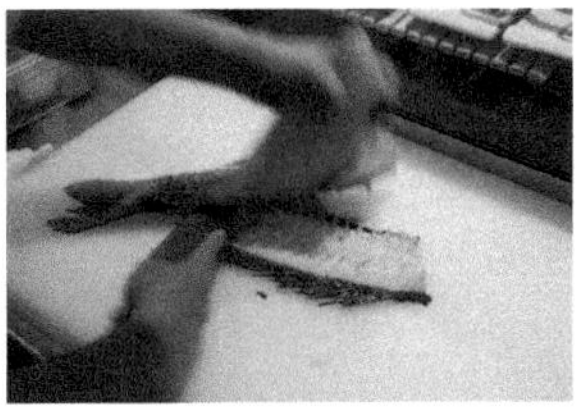

같은 방법으로 반대쪽도 뼈에서 살을 발라낸다.

3장 뜨기 완성

칼날을 오른쪽 방향으로 45°를 향하게 하고, 갈비뼈가 있는 형태대로 칼집을 넣는다.

갈비뼈와 살 사이에 칼을 넣고 갈비뼈만 도려낸다.

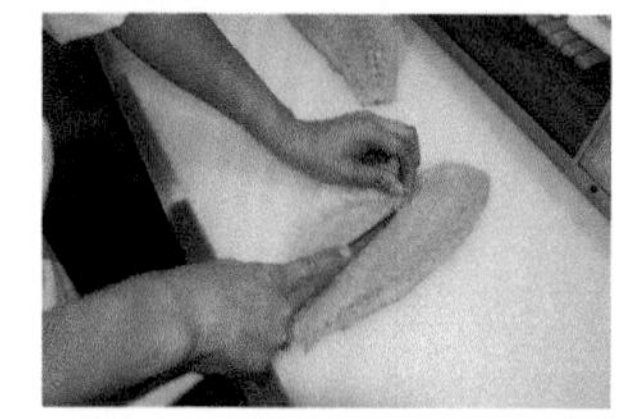

지아이가 한쪽으로 붙어 있게 하여 반으로 잘라준다.

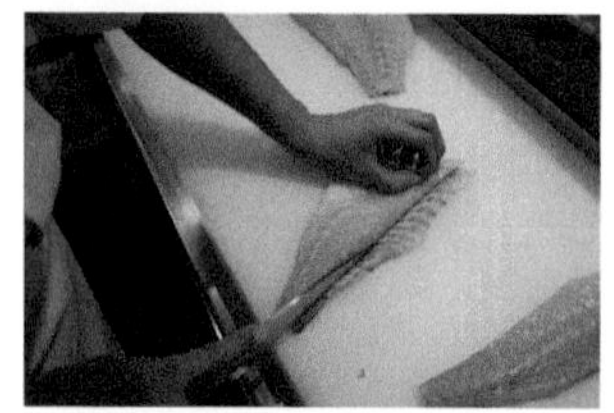

지아이가 붙어 있는 쪽의 살에서 지아이를 제거한다.

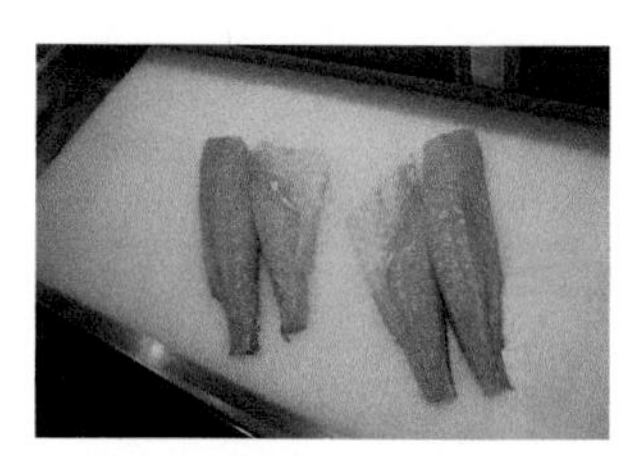

지아이부분을 제거한 도미살

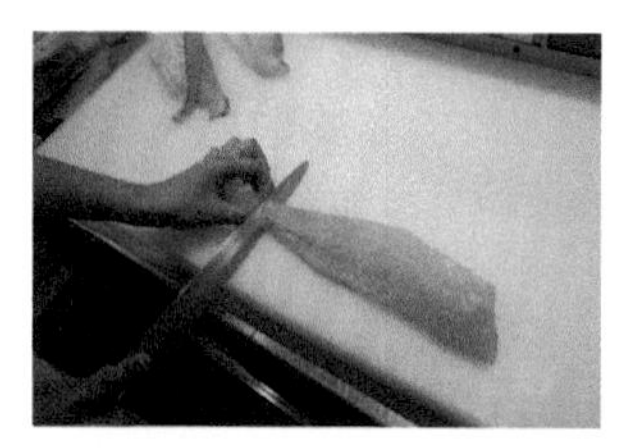

껍질 쪽을 밑에 두고 꼬리를 왼쪽에 놓은 다음 칼을 눕혀 칼날을 오른쪽으로 향하게 하고 도마와 평행하게 밀착시켜 껍질과 살 사이에 칼을 넣는다.

껍질은 왼손으로 잡아당기면서 오른손에 잡은 칼은 오른쪽으로 밀쳐내듯 잡아당기며 껍질을 벗겨낸다.

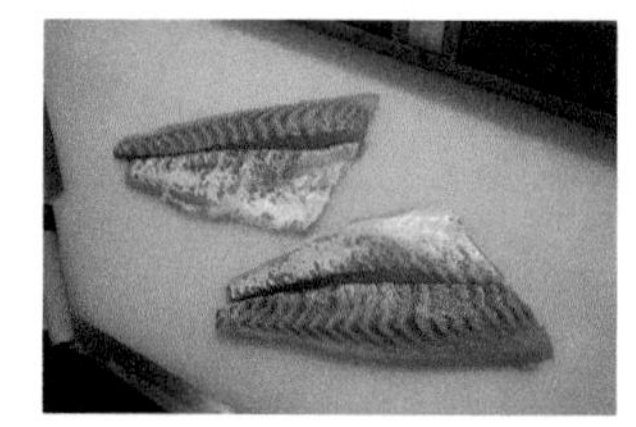

껍질을 벗겨낸 도미살

(2) 도미머리 손질법

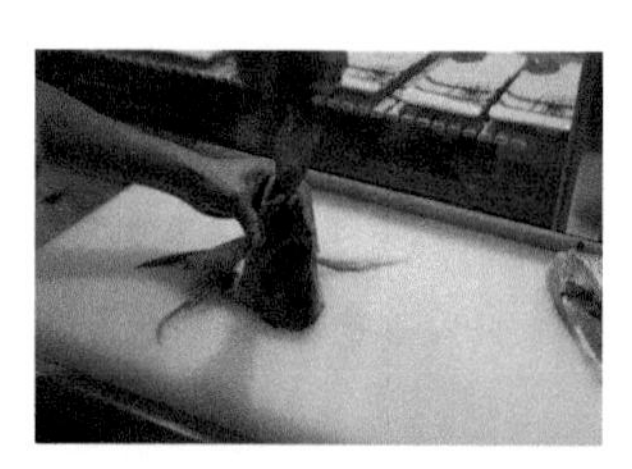

입을 위로 향하게 하고 앞이빨 사이에 칼을 꽂는다.

상수리부분을 반으로 나눈다.

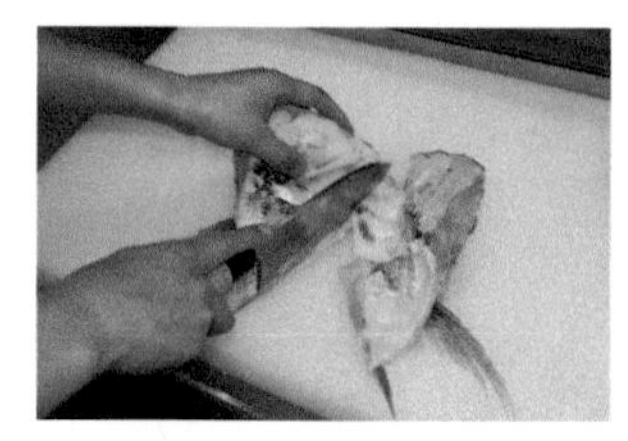

껍질 쪽을 도마 위에 올려놓고 턱부분을 반으로 나눈다.

2) 광어

(1) 광어 손질법(오로시방법)

광어나 가자미 등과 같은 몸이 평평한 생선은 3장 뜨기 또는 5장 뜨기 한다.

척추를 따라 자르기하여 지느러미 쪽으로 오로시하는 방법이 5장 뜨기 방법이고, 주로 조금 큰 생선에 많이 사용하며, 3장 뜨기는 한쪽 지느러미에서 다른 쪽 지느러미가 있는 부분까지 한 번에 오로시하는 방법을 말하며, 보통 작은 생선 등을 손질할 때 많이 사용된다.

(2) 광어 5장 뜨기 방법

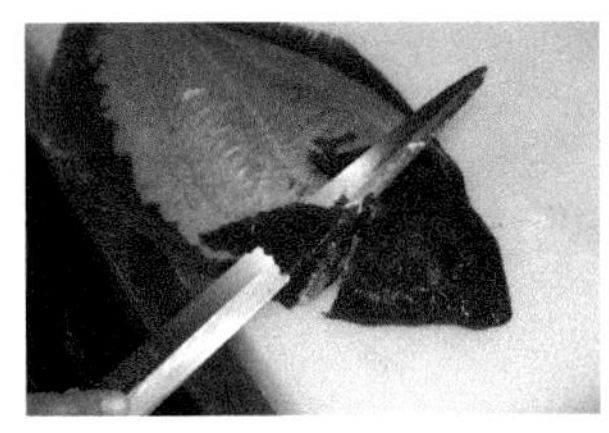

점액질을 깨끗이 씻어낸 후 사시미칼로 비늘을 벗겨낸다.

머리부분을 자르고 내장을 제거한 후 깨끗이 씻어 물기를 닦는다.

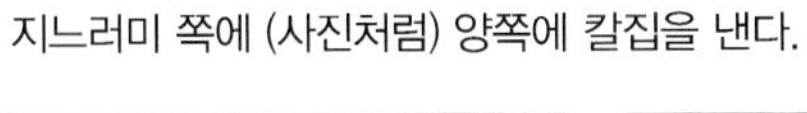

지느러미 쪽에 (사진처럼) 양쪽에 칼집을 낸다.

중심뼈 위에 칼집을 넣는다.

데바 끝을 옆으로 눕혀 중심에서 지느러미 쪽으로 칼날을 뼈에 밀착시켜 뼈에서 살을 발라낸다.

등 쪽도 배 쪽과 동일한 방법으로 오로시한다.

5장 뜨기 완성
(뱃살 2장, 등살 2장, 뼈 1장)

(3) 광어 껍질 벗기는 방법

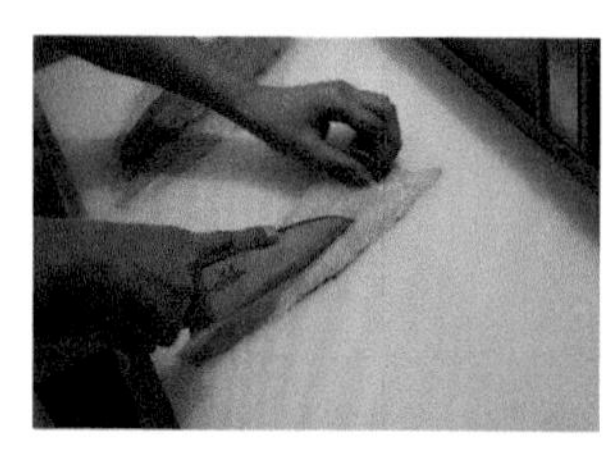

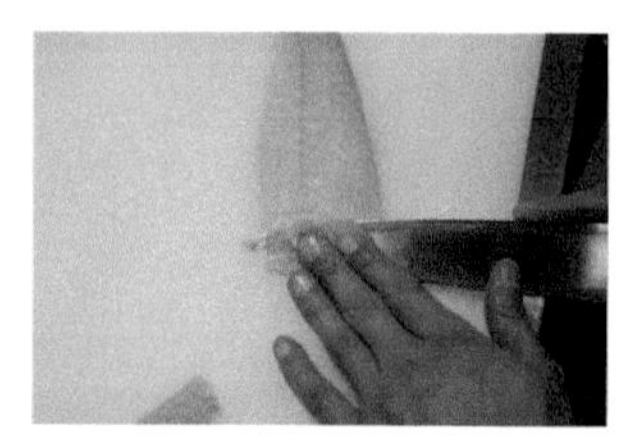

광어 지느러미살, 지아이부분, 갈비뼈를 제거한다.

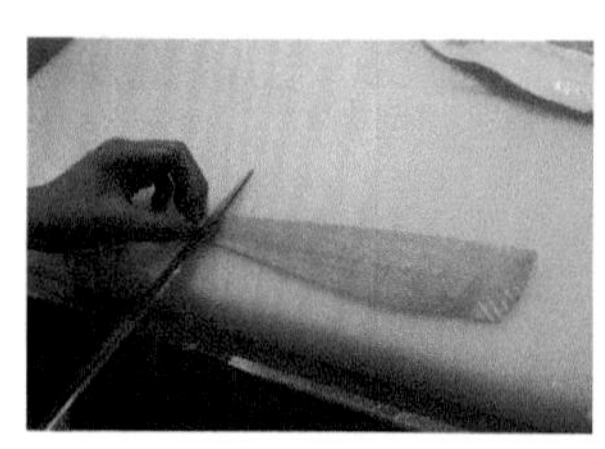
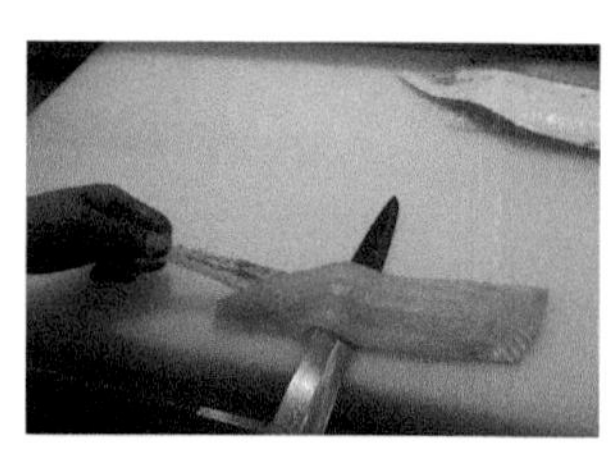
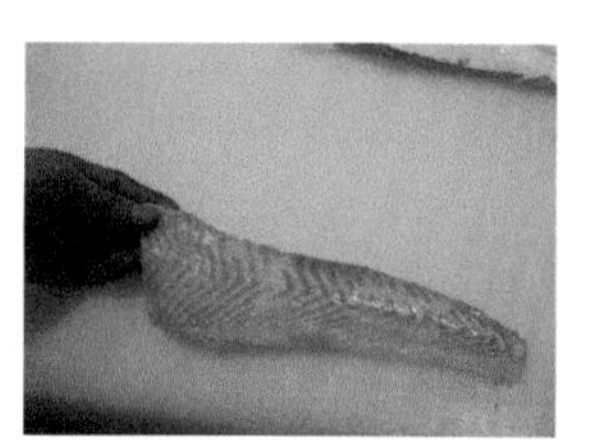

껍질 쪽을 밑에 두고 꼬리를 왼쪽에 놓은 다음 칼을 눕혀 칼날을 오른쪽으로 향하게 하고 도마와 평행하게 밀착시켜 껍질과 살 사이에 칼을 넣는다. 껍질은 왼손으로 잡아당기면서 오른손에 잡은 칼은 오른쪽으로 밀쳐내듯 잡아당기면서 껍질을 벗겨낸다.

3) 어종별 제철시기

어종명	계 절											
	봄			여름			가을			겨울		
	3	4	5	6	7	8	9	10	11	12	1	2
갈치							0	0	0			
넙치										0	0	0
농어			0	0	0							
도다리	0	0	0									
멸치	0								0	0	0	0
방어	0									0	0	0
병어										0	0	0
붕장어				0	0	0						
숭어	0	0	0									
자주복										0	0	0
조피볼락							0	0	0	0	0	0
전어							0	0	0	0		
참다랑어				0	0	0						
참돔	0									0	0	0
학꽁치	0	0	0									
오징어				0	0	0	0	0	0			

6. 육수 만드는 방법

1) 멸치육수

모든 육수의 기본이 될 정도로 각종 밑반찬 및 국물요리 등에 자주 사용하는 멸치는 칼슘과 단백질 등 무기질이 풍부하여 성장기 어린이, 임산부, 노약자에게 특히 좋다.

멸치는 표면에 은빛이 반짝이고 등이 곧은 것이 좋은 멸치로 국물은 구수하고 개운한 맛이 난다. 된장이나 고추장을 풀어서 끓이는 국과 찌개에 특히 잘 어울리며 국수, 칼국수, 수제비 등 면요리에 제격이다. 멸치를 가루 낸 뒤 된장국과 된장찌개, 우거지무침 등에 사용해도 좋다.

- 재료 : 물 800cc, 멸치 10마리
- 만드는 방법 : 국물 낼 때 멸치는 머리와 내장을 제거하고 냄비에 살짝 볶아 맑은 물을 붓고 끓이면 특유의 멸치비린내가 없어지고 구수한 국물이 만들어진다. 이때 멸치는 찬물에서부터 넣고 끓여 국물을 우려낸다. 국물이 끓을 때 생기는 거품은 중간중간 걷어낸다. 끓기 시작해서 10~15분 정도 우려내면 충분하다.

2) 다시마육수

다시마는 양질의 섬유질인 다량의 알긴산과 칼륨, 칼슘, 마그네슘, 미네랄, 요오드, 비타민 A 등이 풍부하여 성장기 어린이 발육에 좋다. 두툼하고 표면에 하얀 가루가 있는 것이 좋은 다시마로 달짝지근하면서도 깔끔한 국물 맛을 내기에 좋다. 다시마로 낸 국물은 은은하면서도 감칠맛이 나는 것이 특징이며 맑은 국물의 찌개나 전골, 샤브샤브할 때 사용하면 제대로 맛을 낼 수 있다.

- 재료 : 물 800cc, 다시마 10×10cm
- 만드는 방법 : 행주로 다시마 표면에 붙은 불순물만 닦아낸 후 냄비에 물과 다시마를 넣고 약불에서 기포가 생기기 시작할 때까지 천천히 가열한다. 끓기 직전에 다시마를 건져내고 한번 끓여준다. 다시마를 오래 끓이면 끈끈한 점액질이 녹아나므로 물이 끓어오르기 전에 건져야 국물이 끈끈해지지 않는다.

3) 가쓰오부시육수

가쓰오부시의 맛성분은 이노신산으로 다시를 낼 때 가능한 단시간에 그 성분이 녹아나듯이 가쓰오부시를 얇게 깎고 물이 끓으면 불을 바로 꺼 불필요한 성분이 추출되지 않도록 해야 한다. 장시간 끓이면 피페리진, 트리메틸아민 등 비린내가 나고 떫은맛과 산미가 추출되어 맛없는 육수가 된다. 또한 가쓰오부시는 맛성분뿐만 아니라 독특한 향을 가지고 있기 때문에 장기간 끓이면 향이 날아가 버린다.

- 재료 : 물 800cc, 다시마 10×10cm, 가쓰오부시 25g
- 만드는 방법 : 행주로 다시마 표면에 붙은 불순물만 닦아낸 후 냄비에 물과 다시마를 넣고 약불에서 기포가 생기기 시작할 때까지 천천히 가열한다. 끓기 직전에 다시마를 건져내고 한번 끓여준다. 끓은 시점에서 물을 조금 부어 온도를 내린 다음 가쓰오부시를 넣고 끓으면 불을 끄고 거품을 제거한다. 5분 정도 경과한 후 면포에 내린다.

4) 조개육수

시원하면서도 담백한 국물 맛이 나는 조개로 낸 육수는 된장국과 된장찌개, 해물탕이나 생선찌개를 끓일 때 사용하면 훨씬 더 깊은 맛을 낼 수 있다. 타우린과 호박산이 풍부하여 약한 간기능을 회복시키는 데 탁월하다.

- 재료 : 물 500cc, 조개 10개
- 만드는 방법 : 맑은 조개국물을 내기 위한 포인트는 밑손질에 있다. 바지락은 맹물, 모시조개는 소금물에 해감을 한다. 물 5컵에 소금 2큰술의 연한 소금물에 담가 어두운 장소에 두면 조개가 이완되어 호흡을 하기 시작하고 속에 있던 흙이나 모래를 토해낸다. 또한 손으로 조개를 박박 문질러 여러 번 씻어야 깔끔한 국물이 우러난다. 냄비에 조개를 넣고 찬물을 붓고 끓인다. 국물이 뽀얘지고 조개가 입을 벌릴 때까지 끓이면 되는데 끓일 때 생기는 거품은 수시로 걷어내고 면 헝겊에 한번 걸러서 사용하는 것이 좋다.

5) 소고기육수

고기 국물을 내는 데는 양지머리나 사태가 가장 좋다. 맛있는 소고기육수를 내기 위해서는 양지머리와 사태를 2 : 1 비율로 준비하여 넣으면 구수하면서도 감칠맛 나는 소고기육수가 된다. 떡국, 된장국, 소고기무국 등을 만들 때 사용하면 담백하면서도 구수한 맛을 낼 수 있다.

- 재료 : 물 1200cc, 소고기 100g
- 만드는 방법 : 소고기 덩어리를 찬물에 담가 핏물을 뺀다. 냄비에 소고기를

넣고 찬물을 부은 뒤 대파, 마늘, 양파, 생강, 통후추 등을 넣고 끓인다. 처음에는 센 불로 팔팔 끓이다 어느 정도 끓으면 중불로 줄여 뭉근하게 2시간 정도 끓인다. 이때 냄새가 날아가도록 뚜껑은 열어두고 도중에 생기는 거품은 수시로 걷어낸다.

6) 닭고기육수

중국요리에서 육수는 주로 닭고기, 소고기, 돼지고기, 생선, 오리고기, 중국 소시지, 해산물, 채소, 버섯 등을 사용하여 만들어지는데 가장 보편적인 육수가 바로 닭육수이다. 소고기에 비해 맛이 담백하고 가장 보편적인 육수이다.

- 재료 : 물 800cc, 닭 100g
- 만드는 방법 : 육수를 낼 때 주로 노계를 많이 사용한다. 대파, 생강, 청주를 넣고 처음에는 센 불에서 팔팔 끓이다가 약불에서 1~2시간 끓인다. 이때 거품은 수시로 걷어낸다. 잘 끓인 닭육수는 녹색을 띤다.

Part 4

조리전문 용어

Part 4

조리전문용어

1. 서양조리용어

1) 건열조리

- baking : oven에서 oven 내 건열의 복사(열이 식품에 직접 전달되는 현상)와 대류(열에 의하여 기체와 액체, 즉 유체가 상하로 뒤바뀌며 움직이는 현상)로 빵, 과자, 감자, 육류 등을 익히는 것으로 습기나 물이 닿지 않고 건열에서 자체 내의 수분으로 익히는 조리법을 말한다. 주로 빵이나 과자를 구울 때 사용하는 조리용어이다.
- broiling : 식재료에 직접 열을 가하지 않고 금속성 조리기구에 열을 가한 후 적정온도가 되었을 때 재료를 넣어 조리하는 over heat방식으로 주로 기름 없는 흰살 생선과 같은 섬세한 재료를 미리 유지를 바르고 예열한 팬에 굽는 형식이다.
- deep fry : 뜨거운 기름에 재료가 잠기게 하여 튀기는 방법을 의미한다. deep fry를 할 때에는 재료 내의 수분이 나오지 않도록 하기 위해(재료의 수분이 유

지를 만나면 기름이 튀어 위험하기 때문에) 주로 밀가루–달걀–빵가루를 묻혀 튀기며, 갓 튀겨내었을 때 crisp한 식감이 특징이다.

- grilling : 열원이 밑에 있어 식재료를 직접 열에 닿게 하여 굽는 under heat 방식으로 음식에서 나오는 육즙이나 지방이 타서 생기는 연기냄새 즉, 훈연의 향기를 지닌다. 대표적인 예로 석쇠 또는 그릴판에 직접 굽는 방법이 있으며 주로 육류나 생선을 구울 때 사용한다. 이때 판을 아주 뜨겁게 달구어야 고기가 그릴판 등에 달라붙지 않는다.
- pan fry : 팬에 deep fry에 비해 적은 양의 유지를 넣고 굽거나 튀기는 방법을 의미한다. 고온의 소량의 기름으로 굽거나 튀기는 방법으로 재료의 수분과 향미를 유지하며 영양소의 파괴가 적은 장점이 있다. pan fry는 broiling과 비슷하지만, broiling은 pan뿐만 아니라 그 이외의 금속성 조리기구에 유지를 넣어 굽는 방법이라면, pan fry는 금속성 조리기구가 pan이고, 굽기보다는 튀기기에 가깝다. pan fry의 대표적인 예로 육류에 밀가루를 묻혀 튀겨 육류의 육즙이 빠져나가는 것을 방지하는 방법이 있다.
- roasting : 다른 열원에서 나오는 복사열을 이용해 조리하는 방법으로 대표적으로 oven을 사용하여 굽는 방법이 있다. oven을 사용하여 roasting을 할 때에는 처음에 oven의 온도를 높게 하고 재료의 겉색이 나면 온도를 낮춰주어 재료가 가지고 있는 수분이나 육즙을 그대로 유지시켜 준다. roasting을 이용하여 조리하면 겉은 crisp한 식감을 살려주며 속에는 재료가 가지고 있는 수분 또는 육즙을 가지고 있어 부드럽고 촉촉한 식감을 살려주는 장점이 있다. roasting의 종류에는 꼬챙이에 꽂아서 가열하는 스핏 로스팅(spit–roasting), 훈제하여 연기향내를 갖게 하는 스모크 로스팅(smoke–roasting) 등이 있다. roasting하는 재료는 주로 육류로 부드럽고 marbling(기름기가 고기에 골고루 분포되어 있는 상태)이 잘 된 big size의 육류가 적당하다.
- saute : pan에 유지를 넣고 예열한 뒤 재료를 넣어 높은 온도에서 짧은 시간 내에 재료를 볶는 방법으로 재료의 수분 손실 및 비타민 파괴가 적은 장점이

있다. 주로 재료를 볶는 방법 자체를 saute라고 한다.

2) 습열조리

- blanching : 짧은 시간에 식재료를 익혀내기 위해 사용되는 조리법으로 많은 양의 물을 사용하며, 데치고자 하는 식재료와 물의 양을 1 : 10 비율로 하여 식재료를 많은 양의 끓는 물(100℃ 이상의)에 넣어 순간적으로 데쳐내는 조리법이다. blanching을 주로 사용하는 재료는 푸른 엽록소를 지닌 vegetable로써, 색소의 손실, 무기질, 비타민 손실을 막을 수 있다. 어육류를 blanching하는 경우 불순물을 제거해 주는 역할을 한다. blanching하는 것은 요리방법 중에서 재료 준비과정으로 사용되는데, 물 같은 수용성 액체뿐만 아니라, 기름도 사용 가능하며, 기름을 사용할 때는 water에서 blanching하는 것과 같이 130℃의 기름에 넣었다가 꺼내면 된다.
- boiling : 우리나라 말로는 끓이기라고 하며, 보통 100℃의 hot water나 stock 같은 액체에 넣어 끓이는 조리방법을 말한다. 이 방법은 식품을 연하게 해주고 소화흡수를 도와준다. hot water에서 boiling하는 방법으로 뚜껑을 덮고 boiling하는 것과 뚜껑을 열고 boiling하는 방법이 있다. 뚜껑을 덮고 boiling하는 것에는 broccoli, cauliflower 등 vegetable을 조리할 때 사용하며 이유는 식재료를 더욱 빠르게 익히고 비타민, 무기질의 손실을 줄이고, 색을 선명하게 유지시키기 위해서이다. 뚜껑을 열고 boiling하는 것에는 대표적으로 pasta가 있는데, 이는 pasta의 껍질에 있는 전분이 젤라틴화되고 끓는 물에서 서로 붙는 것을 막기 위해서이다. boiling하는 방법으로는 위에서 말한 100℃ 이상의 hot water에서 끓이기 시작하는 방법 외에도 cold water에서부터 서서히 끓이는 방법이 있다. cold water에서 boiling할 때에도 위에서 말한 hot water에서와 같이 뚜껑을 덮고 끓이는 것과 뚜껑을 열고 끓이는 것으로 나뉜다. 뚜껑을 덮고 cold water에서 boiling하는 경우에는, 대표적으로 구근류를 삶을 때 조리하는 방법과 뚜껑을 열고 cold water에서 boiling하는

경우에는 대표적으로 stock과 같은 육수를 끓일 때 사용하는 방법이 있다.

- glazing : 익은 음식의 색이나 윤기가 나도록 졸이는 방법을 말한다. 당근, 무, 작은 양파 등에 이용된다. 냄비에 버터를 넣고 설탕이나 시럽을 섞은 다음 채소를 넣고 잘 섞으면 표면에 윤기가 난다. 육류는 육즙을, 흰색 고기는 백포도주와 갈색 소스를 이용하며 채소보다는 약한 불에서 오래 익힌다.
- poaching : 식품을 액체에 잠기게 하여 뚜껑을 덮지 않고 끓는점 이하로 데치거나 삶는 방법으로 어패류, 닭 가슴살, 달걀 등을 요리할 때 사용하는 조리법을 말한다. 이때 액체의 온도는 70~95℃로 하며, poaching에 쓰이는 액체는 풍미를 잘 낸 것이 좋다. poaching을 사용하는 대표적인 방법에는 court bouillon(쿠르부용)에 해산물을 데치는 것이 있다. 또한 달걀요리를 poaching 할 때에는 액체에 소금(소금의 단백질 변성=응고효과)과 식초(식초의 단백질 응고효과)를 넣어 달걀의 단백질이 응고되게 하며 대표적으로 수란이 있다. poaching의 특징은 식품에 있는 섬세한 향미를 살릴 수 있으며, 은근히 요리하는 과정으로 음식 내의 수분이 증발하는 것을 막아주며 높은 온도에서 나타나는 영양소 파괴를 줄일 수 있다. poaching의 종류에는 재료를 액체에 완전히 잠기게 하여 데치는 submerge poaching, steam과 stock의 결합으로 재료의 아래에 stock 또는 액체를 얇게 넣어주고 위에 유산지 또는 뚜껑을 덮어 아래의 액체와 액체의 가열로 생기는 steam으로 익히는 shallow poaching 두 가지가 있다.
- shallow poaching : steam과 stock의 결합을 이용해 음식을 조리한 것으로, 음식에 wine이나 lemon juice 같은 산이나 향신료를 포함하는 액체에 재료의 일부를 잠기게 하여 조리하는 방법이다. 조리용기는 조리하는 중에 액체에서 나오는 steam의 증발을 막기 위해 뚜껑을 덮어주며, 재료 중 액체에 닿지 않는 부분은 조리 중에 나오는 steam에 의해 조리된다. 또한 shallow poaching에 이용된 액체는 sauce로 이용될 수 있는 특징이 있다.
- simmering : 일반적으로 100℃ 이하의 낮은 온도에서 재료를 은근히 끓이는

방법으로 주로 sauce나 stock을 만들 때 사용하는 조리방법이다. simmering에 적합한 온도는 85~96℃로 simmering은 재료를 부드럽게 하거나 국물을 우려내기 위해 사용한다.

- steaming : 100℃ 이상으로 끓는 물의 steam(수증기)을 이용하여 재료를 익히는 방법으로, 찜통과 같은 찜기를 이용해 찌거나, 중탕하여 익히는 방법을 말한다. steaming은 채소, 육류, 가금류, 생선의 조리, 푸딩 등에 이용되며 음식의 신선도를 유지하기 좋으며, boiling에 비해 풍미와 색채를 살릴 수 있고, 영양의 손실이 적은 장점이 있다.

3) 복합조리

- braising : 주로 육류를 fry pan에 소량의 기름을 넣고 앞뒤, 양면을 그을린 후에 냄비에 넣고 stock과 같은 액체를 넣고 고기의 반 정도쯤 잠기게 부어 뚜껑을 덮은 다음 oven에서 simmering하면서 조리하는 방법이다. 고기를 웰던으로 완전히 익히고, 큰 덩어리 고기를 slice하여 제공하며 겉은 약간 바삭거리고 속은 부드럽게 된다. 사태, 어깨부위, 가슴살 같은 결체조직이 많은 질긴 부위를 장시간 simmering해 고기를 연하게 하는 조리법으로 한식의 찜과 비슷하다. 또한 이때 나온 육즙은 체에 걸러 sauce로 사용 가능하며, garnish를 사용할 때에는 따로 조리하여 garnish해 준다.
- poeler : 그릇에 육류, 가금류를 채소와 함께 넣고 뚜껑을 덮은 다음 오븐 안에서 익히는 방법이다. 채소에서 수분이 생겨 육류의 건조를 억제하고 향과 풍미를 더한다. 소스를 계속해서 고기에 뿌려주어 육질을 연하고 담백하게 익힌 다음 고깃덩이만 꺼낸다. 채소와 소스는 백포도주나 갈색 소스를 첨가하여 걸러서 사용한다.
- stewing : braising과 비슷한 조리방법으로 small size의 고기를 짧은 시간에 익히는 방법으로 braising에 비해 재료가 한입 크기로 작고 액체의 양은 재료를 덮을 정도로만 사용한다. oven과 gas stove 둘 다 사용 가능하며, 보통 재

료들을 어느 정도 가열과정을 거쳐 조리 후 갈색 소스와 향신료를 넣고 은근하게 끓이다가 고기가 다 익으면 채소 등을 넣어 익힌다. 이렇게 하여 생긴 육즙을 체에 거르지 않고 sauce로 사용하며, garnish할 때는 주로 같이 넣어 조리한다.

4) 기본재료 준비

- basic mirepoix : stock을 뽑을 때 사용하는 vegetable로 주로 onion, carrot, celery가 들어간다. 이 세 가지 재료의 황금비율은 2 : 1 : 1이다. carrot이 많이 들어가면 stock의 단맛을 높이고, celery가 많이 들어가면 celery의 향이 강해지기 때문이다. 또한 basic mirepoix에 onion을 대신해 leek 또는 shallot을 넣을 수도 있으며, onion과 leek 또는 shallot을 1 : 1 동량으로 넣어 onion : leek & shallot : carrot : celery의 모든 비율을 동일하게 하여 사용하기도 하며, leek과 shallot을 동량으로 넣어 사용하기도 한다.
- bouquet garni : bouquet는 우리가 알고 있는 꽃다발을 이야기하고, garni는 프랑스어로 채소를 곁들이는 것이라는 말에서 나왔다. 향초다발이라는 뜻으로 parsley, bay leaves, clove, thyme, rosemary 등의 향신료와 통후추를 주로 사용하며, 향신vegetable인 celery, leek, onion 등을 실로 묶거나 고정하여 stock이나 sauce 등을 만들 때 향을 내거나, 잡냄새를 제거하기 위해 사용하며 향이 우러나면 꺼낸다.
- mise en place : '미즈 앙 플라스'라고도 하고, '미장 플라스'라고도 읽으며, 프랑스어로 음식을 만들기 전에 재료들을 미리 준비하여 어느 정도 마무리 지어놓는 것, 즉 사전준비를 말한다. restaurant에서 영업 시작 전에 그 날 나갈 음식의 준비작업을 마무리하여 주문을 받으면 바로 만들 수 있게 재료를 준비해 놓은 상태를 이야기하며, 종업원이 고객에게 식사를 제공하기 전에 사전 준비를 완벽하게 해야 함을 뜻한다. mise en place 순서로는 첫 번째로 기초 식재료를 준비한다. 이때는 oil, vinegar, salt, pepper, aromatic, butter,

flour 등 가공하지 않은 식재료를 준비한다. 두 번째로 가공 식재료를 준비한다. 예를 들면 이때에는 onion을 chop해 준다든지, knife를 이용하여 재료를 썰어주거나, butter를 불을 이용하여 정제하거나, egg를 foaming해 주는 등 도구를 사용하여 재료를 손질하는 과정을 말한다. 세 번째로 소도구를 준비한다. 이때는 마지막에 재료들을 조리할 때 필요한 도구들을 준비하는 과정으로 조리할 때 사용할 도구뿐만 아니라 마지막에 음식 담을 dish 등을 준비한다.

- onion bruel : 주로 consomme soup를 만들 때 맛과 향, 색을 내기 위해서 사용하는 것으로 양파를 절반으로 잘라서 자른 면을 그릴에 까맣게 그을려 사용한다.
- onion pique(=onion bruel) : bouquet garni의 일종으로 주로 bechamel sauce 만들 때 향과 맛을 좋게 하기 위해 사용하는 것으로 onion에 whole clove, bay leave를 꽂으면 된다.
- sachet d'epice(=spice bag) : 사용하고자 하는 향신료(방향성 식물의 가지, 열매, 껍질, 뿌리 등에서 얻어지는 것으로 음식의 맛을 내거나 sauce 등에 향미를 첨가하여 부향제로 쓰이는 식물성 또는 이것을 혼합한 조미료를 포함하여 향신료라고 한다.)를 cheese cloth로 싸서 주머니처럼 만들어 주로 stock, sauce, stew 등을 만들 때 향과 맛을 좋게 하고 나쁜 냄새를 제거하기 위해 사용한다.
- white mirepoix : fish stock이나 fumet 같은 clear stock을 뽑을 때 사용하는 mirepoix로 basic mirepoix에서 carrot이 빠진 mirepoix이다. carrot이 빠진 이유는 carrot의 황색성분인 carotine이 stock의 색을 황색빛으로 만들기 때문이다. white mirepoix에는 onion, celery뿐만 아니라 white leek(대파의 흰부분), parsley stalk(파슬리 줄기), treamming button mushroom 등도 포함된다. 이때 leek이 onion family에 속하므로, leek이 없을 경우 onion을 더 첨가해도 되며, onion 대신 leek을 사용할 수도 있다. 또한 위에 basic mirepoix와 마찬가지로 onion 대신 leek뿐만 아니라 shallot 또한 사용

가능하다.

5) 조리전문용어

- a la broche : 꼬챙이에 꿰어 만든 요리를 통틀어서 말한다.
- a la carte : 음식을 주문할 때, course로 주문하는 것이 아니고, 개개의 요리를 선택해 주문할 수 있도록 한 메뉴 차림표를 말하며, entrree뿐만 아니라 appetizer, soup, salad 등의 course를 고객이 원하는 음식을 따로 선택해서 주문하는 것을 말한다. (course 상관없이 개별 음식마다 가격이 책정되어 있다.)
- a la king : 보통 닭이나 칠면조를 주사위모양으로 썰어 버섯, 피망을 넣은 후 cream sauce를 곁들인 요리이다. 들어가는 육류가 a la king 앞에 붙으며 대표적으로 chicken a la king이 있다.
- al dente : vegetable이나 pasta류의 맛을 볼 때, 씹었을 때, 씹는 촉감이 느껴질 정도로 익힌 것을 말한다. 주로 pasta를 삶을 때 많이 사용하는 용어로써 pasta를 삶았을 때 겉은 익고 속은 덜 익어 단면에 하얀 심지가 조금 남아 있는 상태를 뜻한다. 약간 덜 삶은 상태로 겉면은 부드러운 느낌이 나지만 마지막에는 치아로 끊어내는 단단한 두 가지 느낌이 공존한다. al dente는 영어로 to the teeth라는 뜻으로 '이로 씹히는' 이라는 뜻이다.
- antipasto : 문자적인 의미로는 '파스타 전에'라는 것으로 이탈리아 용어로 프랑스 course요리에서 appetizer에 해당한다. 즉 전채요리로써 식사순서 중 제일 먼저 제공되며 식욕을 촉진시켜 주는 소품요리이다. 한입에 먹을 수 있는 적은 분량이어야 하며, 맛과 영양이 풍부하고 main dish와 균형을 이루어야 하며, 타액분비를 촉진시켜 소화를 돕도록 짠맛, 신맛 등이 곁들여져야 하며 계절감과 지방색을 곁들이고 색감이 아름다울수록 좋다.
- aperitif : 식전에 식욕을 증진시켜 주기 위해 마시는 음료(술 포함)로 주로 wine을 마신다.

• aromate : 향신료의 총칭으로, 방향성 채소, 양파, 셀러리, 마늘, 파슬리 등 수프나 소스에 향을 더하는 것 또는 생선 따위의 비린내를 없애는 데 쓰는 채소류를 말하기도 한다.

• aromatic : 향이 나는 것을 이야기하기도 하고, 향기 내는 물질을 이야기하기도 한다. 향기를 내는, 식품에 사용하는 aromatic은 flavor, spice라고 한다.

• arroser : 프랑스어로 '물을 주다, 적시다'라는 뜻으로 roaster와 sauter할 때, 굽고 있는 재료의 표면에서 흘러나오는 기름과 육수를 재료의 표면에 끼얹는 것을 말한다.

• aspic : 그리스어 'aspic(방패)'에서 온 말로 서양요리의 일종. 육류, 생선, 가금류 등의 육즙을 넣어 만든 젤리처럼 만든 육수를 뜻하며, 주로 투명한 풍미를 지닌 stock, fish stock, vegetable stock, gelatin을 이용하여 만든 stock을 말한다. aspic은 형태를 형성하는 요리나 생선, 가금류, 고기 또는 달걀요리의 글레이즈로 이용한다.

• bain marie : 중탕기, 중탕하는 것을 통틀어 말하는 프랑스어로써 음식을 태우지 않고 따뜻하게 데우거나 온도를 유지시킬 때, 또는 butter, chocolate 등을 녹이기 위하여 사용하는 중탕법을 말한다.

• barde : 얇게 저민 돼지비계를 뜻하며, 베이컨이라 맛이 짠 돼지고기를 썰어 가금류나 생선 위에 얹어 roast하는 방법을 말한다.

• baste : 음식이 건조되는 것을 방지하거나 맛을 더하기 위해 녹인 버터나 다른 종류의 유지 또는 국물 등을 숟가락으로 떠서 음식 위에 끼얹거나 솔로 발라주는 것을 말하며 음식의 색과 향미를 더해준다. pan dripping이라고도 하며, 주로 고기를 구울 때 고기가 타거나 마르지 않도록 butter 등의 기름, water, sauce 등을 끼얹어 바르는 것을 말한다.

• batter : flour에 water나 milk, egg, sugar, 샐러드유 등을 섞은 걸쭉하지만 흐르는 정도의 반죽을 말하는 것으로 요리되지 않은 상태의 혼합물이다. cake, pan cake, quick bread, crepe, 튀김옷의 반죽으로 이용된다. batter

반죽은 다양한 농도의 반죽이 가능하지만 보통은 반액체형태로 주로 가루의 양보다 액체의 양이 많고 dough보다 묽은 편이다.

- bavarois : bavarois는 mousse, pudding과 함께 cold dessert에 속한다. mousse보다 부드러움이 덜하지만 부드럽고 순한 풍미가 특징이며 종류에는 달걀과 우유, 설탕으로 만드는 커스터드크림을 굳힌 것, 생크림과 과일 퓌레를 굳힌 것 등 재료 사용에 따라 다양한 개발이 가능하다. 만드는 방법은 fruit puree에 cream gelatin을 넣어서 만드는 cream 앙글레즈(영어로 custard)에 gelatin을 섞어 굳혀주면 되며 여러 가지 fruit, chocolate, coffee 등 많은 재료가 사용 가능하다.
- bisque : 프랑스에서 biscuit이라는 마른 빵을 사용하는 데에서 유래된 soup의 한 종류이다. 주로 갑각류를 주재료로 하여, vegetable과 함께 stock이나 fish fumet에 끓인 thick soup의 한 종류이다. 정통적으로 농도를 주기 위해 쌀을 사용하며, 현대에 와서는 쌀 대신 roux를 주로 사용한다. 갑각류의 붉은 색을 띠며 주로 tomato paste가 들어가기도 한다. cream soup와 비슷한 농도를 지니며, 갑각류나 채소의 작은 조각으로 장식된다. 갑각류뿐만 아니라 chicken, pumpkin, tomato 등을 이용해서도 만들 수 있다. bisque 자체의 뜻이 갑각류이지만, vegetable만을 이용해서 만들기도 하며 그때에는 puree soup에 속하기도 한다. 주재료를 saute하여 cold water mirepoix를 함께 넣어 boiling한다. spice bag을 넣어 simmering할 수도 있고, saute하지 않고, cold water에서 boiling하다 spice bag을 넣어 simmering하여 만들 수도 있다.
- blanc : 흰색을 뜻한다. blanc이라는 이름이 들어가는 요리에는 white sauce 중 하나인 beurre blanc(white wine cream sauce) 등이 있다.
- blanch : blanching과 같은 것으로 데치는 것을 말한다.
- blanchir : 원래 blachir의 뜻은 프랑스어로 하얗게 하다, 표백하다를 뜻하지만, 조리용어로 사용될 때에는 보통의 다음 작업을 하는 것을 말한다. 여기서

말하는 다음 작업은 blanching하는 것을 말한다. [blanching = 짧은 시간에 식재료를 익혀내기 위해 사용되는 조리법으로 많은 양의 물을 사용하며, 데치고자 하는 식재료와 물의 양을 1 : 10 비율로 하여 식재료를 많은 양의 끓는 물(100℃ 이상의)에 넣어 순간적으로 데쳐내는 조리법이다.]

- blend : '섞다, 혼합하다'라는 뜻으로, 거품을 내야 하거나 재료들이 잘 섞이지 않은 경우 mixer를 이용하여 재료들을 섞는 기법이다. mixer에 얼음과 재료들을 넣고 간 다음 글라스에 따르는 기법이다. 와인에서는 서로 다른 포도 품종, 포도원, 빈티지 등을 더 좋은 와인을 만들기 위해 혼합하는 것을 말한다.
- blini : 러시아에서 유래된 메밀가루로 만든 얇은 팬케이크를 말하며 주로 caviar를 곁들여 먹기도 하고, 다른 재료들을 넣어 rolling해 먹기도 하며, 연유, jam 등을 넣어 먹기도 한다.
- bouillabaisse : 프랑스 Provence 지역의 전통음식이며 해산물 soup로 stew의 일종이다. fish and shellfish 요리 중에서 보편적으로 알려진 것으로, 난류의 작은 생선과 조개류 등을 사용하는 것이 원칙이나, 비린내가 적게 나는 white skin fish도 사용된다. 깨끗하게 손질한 fish를 한입에 먹기 좋은 크기로 썰고 껍데기를 벗겨 2등분한 큰 shrimp, shellfish류, tomato, asparagus, white wine, olive oil 등을 한데 넣고 끓이면서 salt, pepper로 조미한다. 따로 shellfish류, garlic powder, thyme 등을 넣어 국물을 만들어 큰 soup 볼에 담아 함께 내고, 건더기는 따로 먹을 수 있도록 빵을 곁들인다. aromatic을 많이 사용하여 해산물의 비린내를 잡으며, saffron, tomato paste를 사용하기도 한다.
- bouillon : 프랑스어로 stock을 의미한다.
- brochette : 본래는 요리할 때 음식 꿰는 꼬챙이를 일컫는 말이다. 재료로는 chicken, beef, pork, shellfish, liver, piment, onion, mushroom류 등 넓게 쓰이며, 얇게 저민 bacon을 말아서 쓰기도 한다. 조리법은 불에 직접 굽

기도 하고, flour를 묻혀서 fry pan에 지지는 경우도 있다. mashed potato, deep fry potato, 생채소, lemon 등을 곁들이고, brown sauce나 lemon juice, chop parsley, salt, pepper로 seasoning한 butter 등을 묻혀서 먹는다.

- broil : broiling과 같은 뜻으로, 굽는 것을 말한다.
- broth : 진한 육수를 뜻하는 말로 stock과 비슷하다. 하지만 broth는 그 자체를 clear soup로 serve하여 그 자체를 먹을 수 있지만, stock은 주로 bone(뼈)을 이용하여 다른 음식을 만들 때 사용한다. 또한 broth는 bone보다는 beef(고기)를 사용하여 만들기 때문에 맛과 풍미가 더 진하다.
- brunoise : 0.3cm×0.3cm×0.3cm 크기의 주사위형으로 작은 형태의 네모썰기로 정육면체 형태이다.
- canape : 작은 빵조각이란 의미이지만, 현재 뜻하는 것은 한입에 먹기 좋은 slice toast bread, rye bread(호밀빵) or cracker 위에 cheese, anchovy, smoked fish, pickled fish, caviar, sausage, meat 등 적합한 재료를 곁들여 하나의 appetizer 또는 cocktail party에서 간단히 즐길 수 있는 음식을 말한다. cocktail party는 10~12종의 여러 가지 식재료를 사용하고, 모양과 색이 잘 조화되도록 하여 제공한다. 일반적으로 appetizer로 제공될 때에는 단일 식재료 또는 2~3가지를 혼합하여 제공한다.
- cannelloni : cannelloni는 건면 pasta의 한 종류로 짧은 관모양의 pasta이다. 맛이 강하고 무거운 sauce에 잘 어울리는 pasta이다.
- caviar : 철갑상어 알을 말한다.
- chateau briand : 프랑스 귀족명으로, 대략 1파운드(약 453g)의 무게를 가진 두꺼운 쇠고기의 안심스테이크를 말한다.
- chiffonade : soup나 salad dressing으로 사용하기 위하여 잘게 쪼갠 vegetable들을 뜻한다.
- chutney : 과일과 양념의 렐리시(relish : 달고 시게 초절이한 열매.

vegetable을 다져서 만든 양념류)이다. 익히거나 절인 vegetable과 mango, pineapple, other fruit, onion, mushroom, 건포도, sugar, aromatic을 끓여서 jam처럼 만든다. 퍽퍽한 steak를 먹을 때 침샘을 자극해 고기가 잘 넘어가도록 하는 역할을 하므로 steak에는 필수이다. 인도의 커리요리는 1가지 이상의 chutney를 넣어 만들며, 서양의 chutney는 차가운 육류와 함께 먹기도 한다.

- ciseler : fish나 beef or pork 따위에 간이 골고루 배고 열이 고루 전달되어 골고루 익혀지도록 칼집내는 것을 말한다.
- clarifier : 불어로 맑게 하는 것을 이야기하며 주로, consomme, jelly 등을 만들 때 기름기 없는 육류와 vegetable에 white egg를 사용하여 투명하게 한 것을 말하며, butter를 약한 불에 끓여 녹인 후 foam과 찌꺼기를 걷어내 맑게 한 것, white egg와 yolk egg를 분리한 것 등을 통틀어 말하기도 한다.
- condiment : 요리에 사용되는 여러 가지 양념을 섞은 것으로 음식의 맛을 내는 데 쓰는 재료를 일컫는다. condiment는 단맛, 짠맛, 신맛, 쓴맛, 매운맛, 떫은맛, 감칠맛 등으로 독특한 맛이 나도록 음식 전체의 맛을 조절하는 작용을 한다. condiment에는 우리가 흔히 사용하는 salt, sugar, vinegar, soy sauce, garlic, hot pepper, leek 등을 비롯하여 넓게는 tomato ketchup, mustard 등의 sauce, edible oil, 술의 일부까지 포함된다.
- confit : 프랑스 gascony의 특별 요리로 육류인 거위, 오리나 돼지 등에 소금을 뿌리거나 은근한 불로 계속 가열해 그 자체의 지방으로 천천히 조리하는 옛 방법에서 나온 것이다. 조리된 고기를 항아리나 냄비 안에 싸 넣고 위에서 가열하면서 나온 기름으로 덮음으로써 봉인제 또는 저장제로써 작용하게 하는 것이다. 이것 이외에도 프랑스어로 '담그다, 절이다'는 뜻이 있다.
- consomme : consomme는 은근한 불로 오랫동안 조리하는 것을 뜻하며, 기름기를 뺀 고기에 white of egg(달걀 흰자), mirepoix, herb, spice, tomato 등을 넣고 서서히 끓여 풍부한 맛을 낸 soup를 말한다. 여기에 white of egg

가 들어가는 이유는 불순물을 흡수하여 정화시키기 위함이다.

- corser : '농도를 높이다, 양념을 첨가하다'라는 뜻이 있다.
- cotelette : 양이나 돼지 따위의 갈비를 뜻하는 말로, 주로 뼈에 붙은 갈비살을 말한다. 조리에서는 보통 cotelette가 얇게 저민 고기를 뜻하기도 하며 얇게 저민 고기에 flour-egg-bread crum을 묻혀 pan fry한 cutlet을 가리키기도 한다.
- coulis : 농도가 진한 puree나 sauce를 나타내는 일반적인 용어로써, coulis는 원래 jus를 뜻한다.
- court bouillon : stock의 한 종류로, white mirepoix를 cold water에 boiling하다 simmering단계에서 white wine과 산성의 vinegar 또는 lemon 등을 넣어 끓인 것으로 주로 해산물을 데칠 때 사용한다.
- crepe : thin pan cake를 의미한다.
- croissant : 주로 아침에 많이 먹는 빵의 한 종류로 초승달 모양의 서양 빵이다. 프랑스 빵으로 알려져 있지만 역사 깊은 헝가리의 빵이다. 크루아상은 프랑스어로 초승달을 의미한다.
- croutons : 주로 식빵을 작은 정사각형으로 dice(보통 7mm)해서 버터를 넣고 굽거나 튀긴 것으로, 주로 cream soup나 puree soup 같은 thick soup나 salad에 고명처럼 띄운다. 이뿐만 아니라 바게트를 링모양으로 썰어 치즈를 올려 oven에서 cheese가 녹도록 구운 cheese crouton도 있다.
- deep fat frying : 많은 양의 기름에서 재료가 잠기게 하여 튀기는 방법을 말한다.
- deglacer : 불어로 vegetable, game 등을 볶거나 구운 후에 바닥에 눌어붙어 있는 것은 wine이나 코냑, 마데이라주, stock 등을 넣고 끓여 녹이는 것으로 주로 wine 등의 술을 사용한다.
- deglaze : 고기를 굽거나 튀긴 후 팬에 묻은 육즙을 stock 또는 wine을 이용하여 clean up시켜 주고 그 맛을 살려주는 것을 말한다.

- degraisser : 스톡이나 소스 같은 액체의 표면에서 기름기를 걷어내는 것을 뜻한다.
- demi : 불어로 이등분을 뜻한다.
- demi glace : demi glace는 동량의 espagnole과 brown stock을 섞어서 반으로 졸여 만든 걸쭉한 sauce이다.
- dice : 정사각형으로 cut하는 것을 말한다. 크기에 따라 small dice(6×6×6), medium dice(12×12×12), large dice(20×20×20) 등으로 나뉜다.
- dredge : 재료에 flour나 sugar 같은 가루를 묻히거나 뿌리는 것을 뜻한다.
- duchess : 재료를 mash하여 짤주머니로 짜서 oven에 구워주는 방법을 말한다. 예를 들어 Duchess potato는 potato를 삶아 으깬 다음 여기에 소금, 후추, 달걀 노른자, 넛메그 등을 넣어 간을 한 후 짤주머니에 넣어 모양 있게 짠 다음 달걀 노른자를 바르고 오븐에서 색을 내서 완성한다. 육류요리나 가금요리에 가니쉬로 주로 이용한다.
- dumpling : fish, chicken 등을 곱게 갈아서 white of egg를 첨가하여 끓는 육수에 숟가락 모양을 내어 떠넣고 익혀서 consomme soup의 곁들임으로 사용한다. quennel이라고도 한다.
- duxelles : 잘게 썰어(chop) saute한 button mushroom, leek, white wine의 혼합물로 양송이를 다져 졸인 일종의 stuffing(속을 채우는 것)이다. 맛을 더하거나 속을 넣는 데, 코팅하는 데 사용될 수 있으며 서로 부을 정도로 물기가 있어야 하지만 흐를 정도여서는 안 된다. 일반적으로 duxelles의 basic에 tomato나 brown sauce의 형태로 수분을 첨가한 다음 mushroom이나 tomato 등을 채우는 데 사용한다.
- ecumer : 불어로 거품과 찌꺼기를 걷어내는 것을 말한다.
- emincer : 얇게 썬, 얇게 저민 고기를 뜻한다.
- entree : 접시를 낸다는 뜻으로 fish, beef 등의 육류를 내는 주요리를 통틀어 entree라고 한다.

- escalope : 얇게 저민 고기를 뜻한다.
- escargots : 불어로 달팽이를 뜻한다.
- espagnole : five mother sauce(=five grand sauce) 중 하나. five mother sauce 중에서 brown color를 대표하는 sauce 중 하나로, brown stock에 brown roux를 첨가하며 걸쭉하게 만든 sauce로 풍부한 풍미를 가진 sauce이다. brown stock을 갈색이 나도록 볶은 채소, tomato, herb 등을 함께 넣어 은근히 끓여 체에 거르는 과정을 반복하여 만든 sauce로 꼭 brown roux를 첨가하는 것은 아니며, 전분으로 농도를 조절하거나 sauce를 반으로 졸여 육류요리에 제공하기도 한다. espagnole sauce는 농축했다는 이유로 입이 끈적이거나 지나치게 들러붙지 말아야 하지만 뚜렷한 느낌의 농도를 가져야 한다. 스푼의 뒤에 골고루 묻을 때 이것이 올바른 농도이다. 이 소스는 가열될 때 쉽게 맡을 수 있을 정도로 좋은 roast한 향을 가진다. espagnole의 파생 sauce에는 제일 먼저 demi glace sauce(데미글라스 소스 : 동량의 espagnole과 brown stock을 섞어서 반으로 졸여서 만들어진다), bordelaise sauce(보르드레즈 소스 : demi glace에 butter, chop onion, pepper, thyme, bay leaf, lemon juice, red wine을 넣은 sauce로 blanching한 bone marrow(골수)를 넣기도 한다.), brown chaud-froid sauce(브라운 쇼 프로와 소스 : demi glace에 gelatin, truffle essence, madeira wine을 넣어 졸인 sauce) 등이 있다.
- essence : 어떤 재료의 고유의 맛을 추출해 낸 것을 말한다.
- farce : forcemeats를 말하며, 매우 잘게 갈아 stuffing에 사용하는 고기 속을 뜻한다.
- filet mignon : fillet 고기의 아주 예쁜 소형의 steak(두터운 살코기로 구웠다는 의미)라는 뜻으로, fillet 꼬리 쪽에 해당하는 세모진 부분에 베이컨을 감아서 구워내는 요리이다.
- fillet : 보통 beef(소고기)의 순수한 살코기를 말하며, 안심(tenderloin)을 뜻

하기도 한다. 안심은 갈비의 아래쪽에 기름에 싸여 있는 부위로서, 조리에 이용 할 때에는 tenderloin 주위를 감싸고 있는 기름과 힘줄을 완전히 제거하여 사용하기 때문에 beef fillet라고 한다.

- filling : pie 등 stuff하는 소를 통틀어 일컫는 말이다.
- flambee : 불에 구운 cake라는 의미로 과일을 설탕, 버터, 과일주스, 리큐르 등으로 조리하는 프랑스 요리로, 식후 과일을 먹기 직전에 내놓는 달콤한 음식이다.
- flavour : 최상의 향미.
- florentine : 버터, 설탕, 크림, 꿀, 절인 과일, 견과류 등을 팬에 넣고 가열해 쿠키 반죽의 중앙에 채워 넣고 굽는 요리로 씹히는 맛이 있는 이 쿠키는 때로 초콜릿코팅을 하기도 한다. 시금치가 들어간 요리를 이렇게 부르기도 한다.
- foam : 거품을 의미하며, 대표적으로 foam을 생성시켜 만드는 음식에는 달걀흰자를 이용한 meringues(머랭), ice cream, beer, jelly 등이 있다. 이 foam은 음식을 먹을 때의 촉감과 큰 관계가 있으며, 액체의 표면장력과도 관계가 있다. 표면장력이 큰 것은 거품이 생기기 어려우나 한 번 생긴 거품은 없어지기 어렵다. 그러나 표면장력이 작은 것은 그와 반대이다. 거품의 표면에는 여러 가지 물질이 농축 · 흡착된다. 거품은 온도와 관계가 있어 차갑게 한 맥주의 거품은 오래 지속되나 더운 맥주는 거품이 생겨도 금방 없어진다.
- foie : 사람 · 동물의 간을 뜻하는 말로 대표적으로 foie gras(거위 간)를 사용한다.
- fond : 프랑스어로 '깊은, 기초' 등을 뜻하며 조리용어에서는 stock에 해당한다.
- fond blanc : 프랑스어로 white stock을 뜻한다.
- fond brun : 프랑스어로 brown stock을 뜻한다.
- fricasse : 프랑스 조리용어로 닭고기, 송아지, 양고기 등을 잘게 썰어 버터에 살짝 구운 다음, 채소와 같이 끓이고 white sauce와 함께 먹는 요리를 말한

다. 종종 포도주로 맛을 내는 걸쭉하고 덩어리가 있는 stew이다.

- fried : '기름에 튀긴, 기름에 튀겨진'이라는 뜻이 있다.
- frire : 튀김옷을 입혀 튀긴 요리, 또는 기름에 굽거나 튀기는 것을 말한다.
- fritto misto : 'mixed fried' 또는 'mixed fry'라는 뜻의 이탈리아 조리용어로 반죽을 입혀서 deep pan fat fry한 작은 한입 크기의 육류, 가금류, 생선 또는 채소를 말한다.
- fromage : 치즈를 의미하기도 하며, 이태리식 정찬에서 contorno 다음에 나가는 다양한 cheese를 말한다.
- fumet : fish stock과 비슷한 stock 종류 중 하나로 fish stock과 만드는 재료 및 과정이 비슷하나, fish stock보다 가열시간이 길고 fish의 맛과 향이 진한 것이 특징이다.
- fumet blanc de poisson : 퓌메 블랑 드 프와쏭(fumet blanc de poisson)은 프랑스 조리용어로 생선이나 버섯으로 만드는 농축된 stock이다. 맛이 진하지 않으나 sauce에 맛을 더하기 위해 사용하는 stock이다.
- galantin : 전통 프랑스 요리로 랩이나 면보에 가금류와 육류, 생선의 뼈를 제거한 다음 넓게 펴서 같은 pork, vegetable, whipping cream, olive, truffle 등을 넣고 cheese cloth로 rolling해 stock에서 부드럽게 익혀서 식힌 다음 썰어 차갑게 먹는 appetizer를 말한다. galantin 속에 beef나 pork를 조금 섞으면 맛이 부드러워지는데, beef 대신 boiling egg를 넣기도 한다. 주재료나 향신료에 따라 galantin의 이름은 바뀐다.
- game : 엽조류. 날 수 있는 야생 새 종류를 말하며 대표적으로 꿩이 있다.
- garnish : 장식을 뜻하는 말로, 외형을 돋보이게 하는 품목으로 요리를 장식하는 것을 말한다.
- ghee : 인도 요리에 사용되는 정제버터. 기(ghee)는 인도 요리에 사용되는 정제버터의 일종으로 우유에서 캐러멜 맛과 향이 날 때까지 약한 불에서 천천히 끓여서 만든다. 발연점이 매우 높아 높은 열로 요리하는 경우에 유용하다. 원

시적인 방법으로 만든 인도산 버터로, 일반적으로 물소의 젖으로 만드는데 근래에는 산양과 소의 젖으로도 만든다. 원료인 젖을 끓인 후에 방치하여 산을 발효시킨 다음, 직접 처닝(churning : 교반)하여 버터를 모은다. 이것을 가온 융해(融解)한 후 냉각 고화(固化)시켜 밑에 가라앉은 버터 밀크층을 가려내면 투명한 버터지방이 된다. 이것을 기라 하며, 인도와 같이 기온이 높은 곳에서도 보존이 가능하므로 중요한 식용유로서 조리용 및 제과용으로 쓰인다.

- glace de viande : stock을 계속 simmering하여 reduction시켜 걸쭉하게 농축시킨 것.
- glazing : 한식에는 거의 없고 서양요리 조리법 중에만 있는 특이한 것으로 salamander나 oven에 넣어 색을 내게 한다든지 윤기가 나게 하는 조리법으로 육류의 경우 braising과 조리법이 비슷하나 좀 더 약한 불에 조리하는 차이가 있고, white color의 육류일 경우 white wine과 brown sauce를 넣어 약한 불로 졸인 후 나온 육즙을 걸러 butter와 salt, pepper를 넣어 sauce로 사용한다. vegetable일 경우에는 사용하는 재료를 sugar water 또는 sugar and butter water에 blanching하여 sugar와 butter 등을 넣고 살짝 졸여 윤기가 나게 한다.
- gnocchi : 생면 pasta의 일종으로, 우리나라의 수제비와 비슷하다. potato, pumpkin 등 여러 재료를 혼합하여 둥글게 빚은 반죽이다. 기본적으로 밀가루에 달걀, 파마산 치즈가루가 들어가며, potato, pumpkin 같은 재료를 추가할 경우에는 그 재료의 맛을 살리기 위해 밀가루와 달걀의 양을 줄인다. 달걀의 양을 줄이는 이유는 potato, pumpkin과 같은 vegetable 재료에 수분이 함유되어 있어 반죽이 질어질 수 있기 때문이다. 보통 반죽을 길고 둥글게 밀어 조금씩 뜯어 포크 등으로 홈을 내어 간이 잘 배게 만들기도 하고, gnocchi 반죽에 milk, cheese 등을 넣어 걸쭉하게 만들어 짤주머니에 넣고 짜서 사용하기도 한다. 또한 지역에 따라 gnocchi 반죽의 질기, 사용하는 재료, 맛 등이 확연하게 차이가 난다.

- goulash : 헝가리식 beef조림으로 걸쭉한 brown stew의 한 종류이다. 주요한 양념은 파프리카이다.
- gratin : 그라탱. 그라탱 용기에 만든 음식을 넣고, cheese 등을 덮어 salamander 등에 윗면을 노르스름하게 익혀주는 조리법을 말한다.
- griddle : 두꺼운 철판으로 되어 있으며, 철판을 가열시켜 pan cake, egg food, 스테이크요리, 볶음, 전 등에 사용되는 만능 철판으로, 최소한의 지방으로 요리할 수 있도록 설계되어 있는 가열기구이다.
- julienne : 채써는 것을 말하며, 가늘게 채썬 fine julienne(size : 2×2×25~50mm)와 julienne=allumette(size : 4×4×25~50mm)로 나뉜다.
- jus : 보통 육즙을 의미하며, 보통 재료들을 가열했을 때 나오는 수분들을 jus라고 한다.
- larding : 여기서 lard는 돼지비계로써, larding은 돼지비계를 가늘고 길게 썰어서 고깃덩어리 표면에 꿰매어 붙여놓은 것을 말한다. larding은 지방이 부족한 육류 내부에 지방을 공급해 주는 방법으로 오랜 시간 조리하는 braising과 같은 조리법에 사용되는데 조리하는 동안 육질 속에 수분의 증발을 막고 맛과 향을 증가시켜 품질을 향상시킨다.
- liaison : 농후제를 뜻하는 말이기도 한 liaison은 소스나 수프를 걸쭉하게 하여 농도를 내며 풍미를 더해주는 것으로 여러 종류가 있으며 우리가 흔히 말하는 liaison은 달걀 노른자와 크림의 혼합물인 egg liaison을 말한다. egg liaison은 heavy cream에 yolk egg를 혼합하여 만든 liaison을 말하며, 이 liaison을 사용할 때에는 뜨거운 액체에 직접 부으면 열이 달걀노른자를 익혀 덩어리지게 하기 때문에 egg liaison에 뜨거운 액체를 조금씩 넣어 egg liaison의 온도를 서서히 올린 뒤 어느 정도 온도가 높여진 egg liaison을 미리 서브해 둔 뜨거운 액체에 더해 egg liaison을 섞은 혼합물을 서서히 끓여준다. liaison에는 egg liaison 외에도 butter liaison, butter and flour liaison, blood liaison and roux liaison이 있다. butter liaison에는 대표적으로 버

터 몬테(butter monte)가 있는데 butter monte는 차가운 butter를 sauce 등에 넣고 저으면서 맛과 농도를 조절하는 방법으로 sauce를 cuisine에 붓기 바로 직전에 butter를 넣어야 한다. butter and flour liaison에는 대표적으로 위에 나온 beurre manie와 roux가 속한다. roux liaison과 butter and flour liaison은 사용하는 재료는 같으나 유지의 사용과 조리법의 차이로 구분된다. 뵈르마니에(beurre manie)는 프랑스어로 이긴 버터라는 뜻으로 부드럽게 한 버터와 밀가루의 혼합물로 반죽형태이다. roux를 만들 때 사용하는 재료와 같아 가열하지 않은 roux라고도 하는 beurre manie는 액체에 첨가했을 때 중간농도로 묽게 해주며 광택을 더해주어 손쉽게 sauce나 stew 등을 걸쭉하게 하는 데 쓰이며, 대표적으로 채소요리나 fish stew(matelotes)에 많이 사용한다. beurre manie를 만드는 방법은 beurre manie butter와 flour를 5 : 4 비율로 섞는데 butter를 녹이지 않고 차가우면서도 부드럽고 원래의 형태를 유지하게 한 뒤 flour를 넣어 부드러운 반죽으로 만들어준다. beurre manie는 장기 보관하기에 좋은 농후제로써, 바로 사용하지 않을 경우 잘 싸서 냉장고에 보관해야 한다. roux는 지방과 flour를 섞어 조리한 것으로 일반적으로 사용하는 지방은 butter이지만, 다른 유지로 대처 가능하다. roux는 넣을 음식의 색에 따라 종류가 나뉘며 흰색의 white roux와, 갈색의 brown roux, 황금빛의 blond roux, compose roux 등이 있다. 지방과 밀가루의 양을 동량으로 하여 만드는데, 예를 들어 버터를 사용하며 roux를 만들 때에는 버터를 낮은 온도에서 녹인 후 버터와 동량의 밀가루를 넣고 부드럽게 덩어리 없이 섞어주면서 낮은 온도로 계속 저으면서 서서히 가열하면서 자신이 원하는 색의 roux를 만들면 된다. 이때 밀가루는 잘 볶아야 roux 자체의 독특한 향미가 나며 약한 불에서 천천히 볶아야 생밀가루 냄새가 안 난다. blood liaison은 근래에 와서는 사용하지 않는 liaison으로 산토끼나 다른 들짐승요리의 sauce 농도를 내는 데 이용하며, blood를 졸여서 사용하기도 하고, blood가 없을 때에는 간(liver)을 다져서 사용하기도 한다. blood liaison은 고운체로 걸러서

cuisine을 내기 직전에 sauce에 섞어 사용한다.

- lier : '농도를 걸쭉하게 하다'라는 뜻으로 liaison을 사용하는 것을 말한다.
- lyonnaise : 리오네즈(lyonnaise)는 프랑스어로 '리옹풍'이라는 뜻으로 요리에 양파의 맛이 강하게 나도록 하는 것. 또는 양파와 함께 튀긴 얇게 썬 감자인 폼므 리오네즈(pommes lyonnaise)처럼 양파를 사용하여 준비하거나 양파로 장식하는 음식들을 가리킨다. 프랑스에 있는 리옹(Lyon)은 식도락의 천국이라 불리는 도시로서 양파가 많이 재배되어 소스에 양파가 많이 들어간다. 리오네즈 소스(lyonnaise sauce)는 식초, 파슬리, 양파 등이 들어간 소스로서 만드는 방법은 다음과 같다. 마늘을 다지고, 양파는 얇게 썬 다음 연한 황금색이 날 때까지 볶는다. 여기에 백포도주를 넣고 1/2 정도로 졸인 다음 브라운소스와 향신료를 넣어서 30분간 약한 불에서 끓여서 사용한다. 리오네즈 소스는 육류나 소시지 등에 많이 사용한다.
- marinade : 고기나 생선, 채소 등을 재워두는 양념으로 육류의 경우 육질을 부드럽게 하거나 맛이 배게 하기 위해 쓰이고 보통 lemon juice나 vinegar, wine 같은 산과 olive oil, aromatic을 더해 만든다. 재료들을 marinade 하면 향미와 수분을 주어 품질이 좋아진다. marinade는 산성 액체나 olive oil뿐만 아니라, herb 등의 마른 재료를 사용할 수 있는데 이 경우 salt를 사용해야 한다.
- marinate : 고기 · 생선 등을 marinade에 재워두는 것을 말한다.
- medallions : 육류를 메달 모양의 둥근 형태로 자른 것을 말한다.
- melange : 조리용어로는 '버무리다, 혼합하다'를 뜻한다. 음료에서는 Vienna breakfast는 coffee로 coffee ½과 milk ½을 섞은 음료를 말한다.
- melba toast : 매우 얇게 구운 흰색 빵이나 롤의 조각을 말한다.
- meringue : 설탕을 넣고 휘저어서 거품을 낸 white of egg이다. 설탕을 완전히 녹게 하고 부드러운 질감을 얻기 위해 설탕은 한 번에 한 테이블스푼씩 넣고 휘젓는다. meringue은 baked alaska(파운드 케이크에 아이스크림을 얹

은 디저트의 일종), 파이, 푸딩 등 각종 디저트 위에 얹어 먹는 데 사용한다. 파이 등에 얹어 구울 때는 황금색이 되게 굽는다.

- mirepoix : 전통적으로 향기로운 vegetable과 onion, carrot and celery의 배합물인 mirepoix는 stock, soup, braise and stew에 향을 더하는 데 사용한다. 기본적인 재료 배합비는 무게로 onion 2, carrot and celery 1이고, mirepoix는 보통 먹지 않기 때문에 onion을 제외한 vegetable의 껍질을 벗길 필요가 없다. mirepoix cut의 크기는 mirepoix가 들어가는 요리의 조리시간에 따라 달라진다. 조리시간이 짧게 걸리는 요리에 들어가는 mirepoix는 slice하거나 julienne하고, brown stock과 같이 한 시간 이상 조리해야 하는 요리에는 large dice하거나 통째로 넣기도 한다. onion, carrot, celery 이외에 vegetable이 들어가기도 한다. onion 전체를 대신해서 leek이 들어갈 수도 있고, 기본적인 mirepoix에 leek를 첨가할 수도 있고, other vegetable을 첨가하거나 onion 대신 다른 vegetable을 넣을 수도 있다. basic mirepoix의 변형에는 white mirepoix와 마티그논(matignon = '마티뇽'이라고도 함)이 있다. matignon은 완성된 cuisine의 한 부분으로 serve되는 mirepoix로써 채소는 껍질을 벗겨 일정한 모양의 dice로 썰어야 하며 가끔 dice한 ham이나 bacon을 넣기도 한다. matinon의 재료비율은 carrot 2, celery 1, leek 1, onion 1, button mushroom 1과 돼지고기 가공품 1이며, 원하는 여러 가지 herb와 spice를 첨가할 수 있다.
- mousse : 이끼, 거품을 뜻하는 말로, 주로 whipping한 cream, 감미료와 첨가물로 만든 냉동 디저트 또는 간 닭고기 혹은 생선의 젤라틴 앙트레에 whipping cream을 첨가하여 가볍게 할 수 있다. dessert mousse는 부드러운 식감이 특징으로 cold dessert에 속한다.
- noisette : noisette는 갈색빛이 돌도록, 약간 탄 느낌으로 조리하는 방법을 뜻하는데 noisette butter는 brown color가 될 때까지 태운 butter를 말하는 것으로 noisette butter만의 고소한 풍미와 맛이 특징이다.

- parfait : 다양한 color의 ice cream을 long parfait glace에 채우고 시럽이나 fruit를 첨가한 다음 whipping cream, cutting 견과류 등을 곁들인 dessert의 한 종류이다.
- pasta : 이태리어로 마카로니나 스파게티 등 면류를 총칭하여 파스타(pasta)라고 한다. 파스타는 이태리에서 구미로 전파되어 각국에서 사용하고 있다. 파스타 제조에 사용하는 밀가루는 원래 듀럼(durum)밀의 세몰리나(조립)이다. 듀럼밀은 배유부가 투명한 유리질로 대단히 딱딱하고, 카로티노이드계의 색소가 보통 밀의 2배 이상 함유되었으며 황색미가 강하다. 마카로니, 스파게티 등을 만들기 위한 밀가루 반죽 또는 그 요리로, 파스타는 가루를 반죽할 때 달걀을 섞어서 만든 이탈리아 국수요리를 말한다. 스파게티는 마카로니처럼 구멍이 뚫려 있지 않으며 이탈리아가 원산지이다. 특수 강력분으로 만든 스파게티를 이탈리아에서는 식사 첫 코스에 먹는 데 비해 다른 나라에서는 일품요리로서 주식으로 이용한다.
- pesto : 부드럽고 걸쭉한 paste처럼 puree한 혼합물이다. 이탈리아, 특히 제노바는 이 sauce를 처음 발달시킨 곳으로 알려졌다. pesto는 전통적으로 basil과 기름을 포함하며 또한 각각의 조리법에 따라 간 치즈, 견과나 씨들을 포함하기도 한다. 최근의 변형은 basil의 일부나 전부 대신에 실란트로, oregano(오레가노), 기타 허브 등을 사용한다. pesto는 pasta나 기타 음식들의 sauce로써 soup 장식물 또는 드레싱이나 sauce 재료로 사용될 수 있으며, bail 또는 other herb를 견과류와 함께 기름에 blend해 puree로 만들어 사용한다.
- piccata : 이탈리아 음식으로 veal escalope(escalope : 기름으로 튀긴 얇게 썬 돼지고기 또는 쇠고기 요리)를 가루로 만들어 양념한 것을 소량의 기름에 얹은 다음 팬에 남은 oil과 parsley chop으로 만든 sauce와 함께 낸다.
- prosciutto : 프로슈토. 향신료가 많이 든 돼지의 넓적다리를 염장, 훈제 처리한 이탈리아식 햄으로 주로 멜론이나 무화과와 같이 먹으며 parmesan

cheese로 유명한 Parma에서 유명하다.

- quenelle : dumpling과 같은 것으로 우리나라의 끓는 물에 익힌 고기완자라고 생각하면 된다.
- ragout : 찜, stew요리로 brown stew를 말한다.
- ratatouille : vegetable stew인 라타투이(ratatouille)는 프랑스의 프로방스 지방에서 즐겨먹는 전통적인 vegetable stew로서 니스(Nice)에서 유래한 음식이다. 라타투이는 가지, 토마토, 피망, 양파, 호박, 마늘 등의 여러 가지 채소와 허브를 넣어 만드는데, 모든 재료를 올리브유에 볶아서 만든다. 이들 채소는 요리하는 사람에 따라 다 같이 넣어 볶을 수도 있고, 따로따로 조리한 후에 함께 섞어서 가볍게 익힐 수도 있다. 음식을 서브할 때에는 뜨겁거나 차거나 상온으로 내놓을 수 있으며, 사이드 디시(side dish)로 먹거나 빵 또는 크래커를 곁들여 애피타이저(appetizer)로 먹기도 한다.
- reduction : 졸이는 조리방법을 말한다.
- risotto : 서양식 쌀요리로써, 북부 이탈리아에서 유래되었다고 전해진다. 유지에 riso(쌀)을 넣고 살짝 볶은 뒤 hot stock을 부어 만드는 요리로써 al dente로 익혀주어 씹는 맛이 있어야 한다. 여기서 al dente는 우리가 즐겨먹는 흑미로 밥을 했을 때, 흑미를 씹는 듯한 느낌으로 risotto의 되기에 따라 맛의 차이가 나며, 사용하는 주재료에 따라서도 맛에 확연한 차이가 난다. 또한 실제로 이탈리아에서는 해산물이 들어간 risotto에 parmesan cheese를 첨가하지 않으나 전문 요리사들이 맛과 향미를 증진시키기 위하여 적은 양의 치즈를 넣기도 한다.
- roasting : oven을 이용하여 건열로 굽는 방법을 말하며, 겉은 crisp하고 속은 moist한 특징이 있다.
- roux : 농후제의 일종으로, flour에 butter를 혼합하여 만든 butter & flour liaison이다. roux는 사용할 음식의 색에 따라 white roux, blond roux, brown roux 등으로 나뉜다. flour와 butter를 동량으로 넣어 만드는 roux는

butter를 낮은 온도에서 녹인 후 butter와 동량의 flour를 넣고 부드럽게 덩어리 없이 섞어주면서 낮은 온도로 계속 저으면서 서서히 가열하면서 자신이 원하는 색의 roux를 만들면 된다. 이때 flour는 잘 볶아야 roux 자체의 독특한 향미(flavour)가 나며 약한 불에서 천천히 볶아야 생밀가루 냄새가 안 난다.

- royale : 작게 잘라 수프에 띄우는 일종의 달걀두부. egg와 milk를 foam이 생기지 않게 mix하여 salt로 간하고 poaching하여 수분을 제거하고 잘라 주로 soup에 띄워 먹는다.
- sabayon : yolk egg, sugar, white wine, flavoring(향을 내는 것 = 향료) 등을 섞어 만든 sauce이다. sabayon sauce는 후식의 색을 내는 데 자주 이용된다. 주재료가 yolk egg와 sugar이므로 fruit dessert에 주로 많이 사용되고 hot butter sauce를 만들 때도 거품기로 젓는 것을 sabayon처럼 만든다고 표현한다. 주의할 점은 중탕하면서 yolk egg를 약하게 익히는 것이다.
- saisir : 프랑스어로 여러 뜻이 있으나, 조리에서는 주로 육류를 센 불에 살짝 익히는 것을 말하며 조리 중 국물이 빠져 나오지 않도록 고기 등의 재료 표면을 센 불에 구워 재료의 표면을 단단하게 구워 색을 내는 것을 말한다.
- salamander : 위에서부터 열이 공급되는 작은 브로일러 모양의 가열기구로 1인분씩 차려낸 요리들을 굽는 데 사용하며 주로 pizza, 그라탱, dessert의 윗색을 내는 데 사용된다. 음식을 굽거나 마무리 조리에 사용된다.
- sauteing : 볶는 것을 말한다. 보통 그냥 볶기보다는 갈색빛이 나도록 볶는 것을 말한다.
- sear : 조리하기 전에, 초반에 살짝 굽거나 익혀주는 것, 보통 살짝 굽는 것을 말한다.
- semolina : flour의 한 종류로 durum wheat에서 가공된 입도가 거친 가루이며 주로 macaroni, spaghetti의 원료로 사용되고 있다. 단백질과 회분 함량이 높은 것이 특징이며 carotenoid계 색소를 함유하고 있어 색을 띠고 있다.

많은 단백질 함량으로 인해 글루텐 함량이 매우 높으므로 다른 밀가루와 섞어서 빵을 만들어도 무관하다.

- shallot : onion family의 한 종류로 onion과 비슷하나 주로 자주색을 띠며 onion보다 작고 단맛과 향이 강하며 좋다.
- simmering : 100℃ 이하의 낮은 온도에서 재료를 은근히 끓이는 방법을 말한다.
- skewer : 조리용 꽂이를 말하며 금속으로 된 것도 있고 나무로 된 것도 있다.
- souffle : '부풀어오른'이라는 뜻으로 white egg에 milk를 섞어 foam을 일게 하여 구워 만든 음식으로 사용하는 재료에 따라 main dish가 될 수도 있고, dessert가 될 수도 있지만, 주로 dessert로 만들 때 많이 사용한다. 일반적으로 yolk egg를 기본으로 만든 소스나 거품을 낸 white egg를 넣은 puree로 만들어진다. souffle는 달콤할 수도 있고 짤 수도 있으며, 차가운 것일 수도 있고 뜨겁게 해서 먹을 수도 있다. 육류, 생선 등의 재료로 만들면 주요리로도 제공되고 과일, cheese 등을 사용하면 dessert가 된다. dessert souffle는 굽거나 냉장 또는 냉동되는데 대부분 fruit puree, coconut, liqueur(달콤한 알코올 음료수로 과일, 향신료, 씨앗, 꽃, 양념 등을 위스키, 브랜디, 럼에 섞어서 만든 술) 등으로 맛을 낸다.
- steaming : steam(수증기)을 이용해 가열하는 것을 말한다.
- stock : 우리나라의 육수와 비슷하다. 재료에 따라 vegetable(채소) stock, fish(생선) stock, chicken(닭) stock, court bouillon(주로 해산물을 blench 할 때 사용하는 stock으로, vegetable stock과 들어가는 재료 및 조리법은 비슷하나, vegetable을 넣고 끓이다 simmering단계에서 lemon 또는 lemon juice와 white wine을 넣고 simmering을 계속하여, alcohol이 증발되고 어느 정도 맛이 나면 사용한다), brown stock(소뼈를 이용하여 갈색빛이 나도록 simmering하여 졸여 만든 stock), fumet(fish stock과 들어가는 재료, 만드는 방법은 비슷하나, fish stock에 비해 조리시간이 길고, fish 맛과 향이

강하다) 등이 있다.

- strain : 체를 말하며, 재료를 거를 때 주로 사용한다.
- tagliatelle : pasta의 한 종류로 spaghetti에 비해 면이 두껍고 우리나라의 칼국수 면과 비슷하다.
- terrine : 단지, 항아리, 뚜껑이 있는 도기용기를 뜻하는 프랑스어로, 잘게 썬 고기 · 생선 등을 그릇에 담아 단단히 다져지게 한 뒤 차게 식힌 다음 얇게 썰어먹는 음식을 말하기도 한다.
- timbale : 프랑스어로 금속 잔 또는 틀과 고기, 가재류를 소스에 찐 파이를 뜻하는 말로, 주로 육류 또는 생선 등을 다져 틀에 넣어 구운 음식을 말하기도 한다.
- truffle : '트러플'이라고 읽으며 송로버섯을 뜻한다. 우리나라에서는 생산되지 않는 mushroom으로 인공재배 또한 불가능해 그 가격이 상당하다. foie gras, caviar와 함께 세계 3대 진미 식재료로 꼽히는 truffle은 땅속에서 자라는 희귀한 organic(유기농) 식품으로, 씹을수록 오독오독한 식감, 숲의 산뜻한 흙내와 버섯 특유의 향이 입안 가득 퍼진다.
- vermicelli : '버미첼리'라고 읽으며, Italia pasta의 하나로 spaghetti보다 작고 얇지만 spaghetti보다 단단하며 주로 soup에 3~4cm로 잘라 넣어 먹는다.

6) 조리에 필요한 도구

- 쇠칼갈이 봉 : Sharpening steel
- 계량컵 : Measuring cup
- 가위 : Scissors
- 집게 : Tongs
- 국자 : Ladle
- 거품기 : Whipper
- 체 : Sieve

• 섞어주는 것 : Mixer(간다는 뜻으로 사용하는 믹서는 잘못된 표현. 원래 mixer는 '섞다'라는 뜻의 mix에서 나온 말로 섞어주는 것을 말한다.)
• 갈아주는 것 : Blender
• 껍질 벗기는 것 : Peeler
• 음식을 꺼내거나 찌꺼기를 제거할 때 사용하는 것 : Skimmer(스키머)

2. 일본조리용어

1) 식재료의 명칭

(1) 어패류

품명	한자	일어	영어
참다랑어	黑鮪	くろまくろ	Blue fin tuna
황다랑어	黃肌	きはだ	Yellow fin tuna
눈다랑어	眼撥	めばち	Bigeye tuna
오도로	–	大トロ	The fattiest tuna
주도로	–	中トロ	Fatty tuna
아카미	赤身	あかみ	Red tuna
참돔	眞鯛	まだい	Red sea bream
감성돔	黑鯛	くろだい	Black sea bream
돌돔	石鯛	いしだい=しまだい	Striped sea bream
황돔	黃鯛	きだい	Yellowback sea bream
옥돔	甘鯛	あまだい	Blanquillo, Tile fish
광어	鮃	ひらめ	Halibut
방어	鰤	ぶり= はまち, いなだ	Yellow tail
잿방어	間入	かんぱち	Greater amberjack
부시리	平鰤, 平政	ひらまさ = ヒラス, ヒラサ	Yellow tail amberjack
농어	鱸	すずき	Sea bass
연어	鮭	さけ	Salmon
대구	鱈	たら	Cod fish

품명	한자	일어	영어
명태	介党鱈	すけとうだら	Pollack
고등어	鯖	さば	Pike mackerel
삼치	鰆	さわら	Spanish mackerel
전어	鰶, 小鰭	9㎝ 미만 : しんこ 9~12㎝ : こはだ 12㎝ 이상 : このしろ	Spotted sardine
꽁치	秋刀魚	さんま	Pacific saury
정어리	鰮	いわし	sardine
청어	鰊	にしん	Herring
전갱이	鯵	あじ	Jack
갈치	太刀魚	たちうお	Largehead hairtail
민어	鮸	にべ	Croakers
벤자리	伊佐木	いさき	Threeline grunt
벵에돔	眼仁奈	めじな	Largescale blackfish
병어	眞魚鰹	まながつお	Pomfret
보리멸	鱚	きす	Sand borer
멸치	片口鰯	かだくちいわし	Anchovy
볼락	眼張	めばる	Darkbanded rockfish
자주복(범복)	虎河豚	とらふぐ	Tiger puffer
까치복	島河豚	しまふぐ	Striped puffer
밀복	–	どくさばふぐ	Green rough-backed puffer
황복	–	めふぐ	Oweston stingfish
고래	鯨	くじら	Whale
상어	鮫	さめ	Shark
청새치	眞梶木	まかじき	Striped marlin
황새치	眼梶木	めかじき	Swordfish
숭어	鯔	ぼら	Mullet
송어	鱒	ます	Trout
은대구	銀鱈	ぎんだら	Black cod
임연수어	𩸽	ほっけ	Acka-fish
쥐치	皮剝	かわはぎ	Filefish

품명	한자	일어	영어
조기	石持	いしもち	Silver croaker
학꽁치	針魚	さより	Snipe fish
노래미	鮎並	あいなめ	Fat greenling
자리돔	雀鯛	すずめだい	Damselfish
쑤기미	虎魚	おこぜ	Stonefish
아귀	鮟鱇	あんこう	Angler fish
가다랑어	鰹	かつお	Skipjack tuna
가오리	鱝	えい	Skates
날치	飛魚	とびうお	Flying fish
갯장어	鱧	はも	Pike conger
붕장어	穴子	あなご	Conger eel
민물장어	鰻	うなぎ	Eel
우럭	黑曹以	くろそい	Black rockfish
가물치	雷魚	らいぎょ	Snake fish
메기	鯰	なまず	Catfish
미꾸라지	泥鰍	どじょう	Loach
빙어	公魚	わかさぎ	Smelt
가리비	帆立貝	ほたてがい	Scallop
오분재기	常節	とこぶし	White ear-shell
전복	鮑	あわび	Abalone
대합	蛤	はまぐり	Clam
재치조개	蜆	しじみ	Cord shell
새조개	鳥貝	とりがい	Cockle
비단조개	青柳	あおやぎ	Trough shell
피조개	赤貝	あかがい	Ark shell
떡조개	海松貝	みるがい	Horse clam
소라	榮螺	さざえ	Top shell
홍합	胎貝	いがい	Mussel
가재	–	ロブスター, オマール	Lobster
갯가재	蝦蛄	しゃこ	Squilla
새우	海老	えび	Shrimp

품명	한자	일어	영어
차새우	車海老	ぐるまえび	Oppossum shrimp
단새우	甘海老	あまえび	Northern shrimp
중하	芝海老	しばえび	Shiba shrimp
대하	大正海老	たいしょうえび	Fleshy prawn
닭새우	伊勢海老	いせえび	Spiny–lobster
부채새우	団扇海老	うちわえび	Thenus orientalis
토하	川海老	かわえび	Fresh water shrimp
게	蟹	かに	Crab
꽃게	渡蟹	わたりかに	Red crab
왕게	鱈場蟹	たらばかに	Alaskan king crab
털게	毛蟹	けかに	Horsehail crab
대게	楚蟹	づわいかに	Snow crab
오징어	烏賊	いか	Cuttlefish
갑오징어	甲烏賊	こういか	Edible cuttlefish
흰오징어	障泥烏賊	あおりいか	Bigfin squid
한치오징어	槍烏賊	やりいか	Spear squid
문어	眞蛸	またこ	Common octopus
주꾸미	飯蛸	いいたこ	Ocellated octopus
낙지	手長蛸	てながだこ	Minor octopus
해파리	水母	くらげ	Jilly fish
해삼	海鼠	なまこ	Sea cucumber
우렁쉥이(멍게)	海鞘	ほや	Sea–squirt
개불	–	ゆむし	Echiurans
군소	雨虎	あめふらし	Kuroda's sea hare
보라성게	紫海胆	むらさきうに	Hard–spined sea urchin
말똥성게	馬糞海胆	ばふんうに	Elegant sea urchin
용치놀래기	求仙	きゅうせん, べら	Multicolorfin rainbowfish
뱅어	白魚	しらうお	Glassfish
해삼창자젓	海鼠腸	このわた	Salt entrails trepang
청어알	數の子	かずのこ	Herring roe
연어알	–	いくら	Salmon

품명	한자	일어	영어
성게알	海胆	うに	Sea urchin
날치알	飛魚子	とびこ	Flying fish

(2) 해조류

품명	한자	일어	영어
도사카노리	鷄冠海苔	とさかのり	Tosakanori
미역	苔布	わかめ	Seaweed
전각	布海苔	ふのり	Gumweed
모즈쿠	水雲	もずく	Mozucu
톳	洋栖菜	ひじき	Hizikia
다시마	昆布	こんぶ	Kelp

(3) 채소류

품명	한자	일어	영어
죽순	竹の子, 筍	たけのこ	Bamboo shoots
콩나물	–	もやし	Bean sprouts
우엉	牛蒡	ごぼう	Burdock
배추	白菜	はくさい	Cabbage Chinese
양배추	–	キャブツ, きゃべつ	Cabbage white
당근	人参	にんじん	Carrot
가지	茄子	なす	Eggplant
생강	生姜	しょうが	Ginger
쑥갓	春菊	しゅんぎく	Crown daisy
미나리	芹	せり	Korean parsley
양상추	–	レタス, れたす	Lettuce
느타리버섯	平茸	ひらたけ	Mushroom oyster
팽이버섯	榎茸	えのきたけ	Mushroom winter
송이버섯	松茸	まつたけ	Mushroom pine natural
오이	胡瓜	きゅうり	Cucumber

품명	한자	일어	영어
표고버섯	椎茸	しいたけ	Mushroom wild
목이버섯	生水母	そくらげ	Mushroom jew's ear
고추	唐辛子	とうからし	Pepper
호박	南瓜	かぼちゃ	Pumpkin
차조기	紫蘇	しそ	Sesame leaves siso
시금치	法蓮草	ほうれんそう	Spinach
무	大根	だいこん	Turnips
산마	山芋	やまいも	Yam
인삼	朝鮮人参	にんじん	Ginseng

2) 조리전문용어

(1) あ단

- 아가리(上：あがり)：하나의 요리를 완성하여 낸 것. 또는 스시 집에서 내주는 차
- 아게다시도후(揚出豆腐：あげだしどうふ)：두부튀김요리
- 아게모노(揚物：あげもの)：튀김요리의 총칭
- 아라(粗：あら)：생선을 손질한 뒤 남은 머리, 뼈, 내장 등. 이것을 토막내어 간장, 설탕, 미림, 청주 등을 넣고 진하게 조리하는 것을 아라니 또는 아라다키라고 함
- 아라이(洗：あらい)：세척
- 아마스(甘酢：あます)：단식초, 식초와 설탕, 술, 미림 등을 섞어 만든 혼합초의 일종으로 단맛이 강함
- 아마이모노(甘物：あまいもの)：단맛이 나는 음식, 팥앙금과 한천을 이용하여 만든 양갱
- 아부라누키(油抜：あぶちぬき)：탈지, 유부 등의 재료를 뜨거운 물에 데쳐 기름기를 제거하는 것

- 아부라아게(油揚：あぶちあげ)：유부를 얇게 저며서 기름에 튀긴 두부. 약어로 아부라게라고도 함
- 아시라이(あしらい)：곁들이고 배합하여 모양을 내는 것으로 비린내가 있는 생선 등을 먹고 난 후 다른 요리에 영향을 주지 않도록 배려하는 음식
- 아에모노(和物：あえもの)：무침요리
- 아오미(青味：あおみ)：요리를 그릇에 담을 때 완성된 요리를 돋보이게 하기 위해 음식 위에 곁들이는 녹색의 채소
- 아와다테키(泡立器：あわだてき)：거품기
- 아지(味：あじ)：맛
- 아지쓰케(味付：あじつけ)：조미
- 아차라(あちゃら)：여러 가지 재료를 합한다는 의미의 페르시아어로 절임요리이며 무, 당근을 아마스(甘酢)에 절인 요리
- 아카오로시(あかおろし)：빨간 무즙 = 모미지오로시
- 아쿠(灰汁：あく)：재, 또는 잿물. 식품을 삶을 때 나는 아린 맛이나 거품 등 불쾌취(不快取)를 내는 모든 것
- 아쿠누키(灰汁拔：あくぬき)：조리 시 식품의 좋지 않은 맛이나 아쿠 또는 거품을 없애는 방법
- 아타리고마(當り胡麻：あたりごま)：참깨를 기계로 곱게 갈아서 만든 반가공식품으로, 깨를 사용한 소스나 요리에 첨가
- 앙(餡：あん)：물에 푼 녹말 또는 이것을 사용한 요리
- 앙카케(餡掛：あんかけ)：물에 푼 전분가루를 넣어, 국물에 점성이 있도록 한 다음, 요리 위에서부터 끼얹는 것
- 오니기리(御握り：おにぎり)：주먹밥
- 오로시(御し, 降し, 下し：おろし)：무즙, 다이콩오로시의 준말
- 오보로(朧：おぼろ)：어슴푸레하게 보이는 것 같은 요리를 말한다. あん(갈분이나 녹말을 푼 물)을 사용하여 어렴풋하게 내용물이 보이는 것에서 이 이

름이 나왔다. 현재는 김초밥에 쓰이는 생선가루로 흰살 생선을 삶아 육즙을 짜고, 살결을 풀어, 중탕으로 건조시켜, 색을 내서 간한 것. 다른 여러 가지 요리에 응용

- 오시즈시(押し指 : おしずし) : 틀에 놓고 눌러 썬 초밥 = 하코스시, 기리스시
- 오히다시(御浸し : おひだし) : 데친 채소를 간장으로 간을 한 국물에 넣어 간이 배게 한 요리 = 히타시모노
- 온도타마고(溫度卵 : おんどたまご) : 온천물의 온도인 70℃에서 30분 정도 익히는 반숙 달걀요리 = 온센타마고
- 우라고시(裏鹿 : うらごし) : 체 또는 식품을 체에 걸러 내리는 작업
- 우마니(旨煮 : うまに) : 재료를 진한 맛과 윤이 나도록 간장과 설탕, 미림 등을 넣어 달게 조린 것
- 우메보시(梅干 : うめぼし) : 매실지
- 우스쓰쿠리(薄作, 薄造 : うすつくり) : 흰살 생선회. 도미, 광어, 복어 등의 흰살 생선을 얇게 저며 썰어 만든 생선회
- 우스이타(薄板 : うすいた) : 종이처럼 얇게 가공한 나무판자. 손질한 어패류를 보관하는 데 사용
- 이나리즈시(稻河鮨 : いなりずし) : 유부초밥
- 이다마에(板前 : いだまえ) : 조리사, 조리장. 관동지방에서는 '히나이다'(가장 훌륭한 조리장을 뜻함), 관서지방에서는 '마'라고 함. 메뉴를 짜기도 하고 요리에 전반적으로 책임을 지는 중요한 입장에 있는 조리사를 말함
- 이다메루(炒める) : 냄비나 팬에 기름을 두르고 뜨거워지면 재료를 넣고 고온으로 단시간에 익히는 조리법
- 이도카키(絲掛 : いとかけ) : 가다랑어를 아주 가늘게 실같이 자른 것으로 요리 위에 뿌려 사용함
- 이소베(磯辺 : いそべ) : 김을 사용한 요리에 붙이는 이름. 이소베야키, 이소베아게, 이소베니 등이 있음

- 이치반다시(一番出汁：いちばんだし)：일번다시

(2) か단

- 가라스미(からすみ)：숭어알을 염장한 후 물로 여분의 소금을 빼고 건조시킨 것. 나가사키산이 유명하다.
- 가라아게(空揚げ, 唐揚げ：からあげ)：재료에 간장, 술, 미림, 생강 등으로 맛을 들이고 전분이나 밀가루를 묻혀 튀기는 것으로 튀김요리 방법 중 하나. 중국식으로 튀기기 때문에 唐揚げ(からあげ)라고 했다.
- 가리(がり)：생강을 얇게 썰어 살짝 데친 후 삼배초에 절인 것. 즉 초생강
- 가마보코(蒲鉾：かまぼこ)：생선살을 갈아 간하여 굽거나 찐 것. 구운 것으로 판이 붙은 것은 모모야마시대에 만들어지고, 찐 것은 에도시대 때부터 생겨남
- 가바야키(蒲焼：かばやき)：옛날은 뱀장어를 가르지 않고 뭉텅뭉텅 썰어 그대로 구웠기 때문에 가바야키라 했다. 즉 장어를 10cm 정도 길이로 잘라 세로로 꼬챙이에 꽂아 둥글게 구우면, 꼭 그 모습이 물가에 자라는 蒲(창포)의 이삭과 닮았다고 해서 나온 이름이다.
- 가쓰라무키(桂剝：かつらむき)：돌려깎기
- 가쓰오부시(鰹節：かつおぶし)：가다랑어포
- 가이소(海草：かいそう)：해초, 해조
- 가키아게(掻揚げ：かきあげ)：혼합튀김. 잘게 썬 여러 가지 재료들을 섞어, 튀김옷을 입혀 모양을 잡아 튀겨낸 요리
- 가타쿠리코(片栗粉：かたくりこ)：갈분, 전분
- 게소(下足：げそ)：초밥집 용어로 삶은 오징어 다리
- 게쇼지오(化粧塩：けしょうじお)：화장염. 생선의 소금구이를 할 때, 타지 않도록 지느러미에 소금을 묻혀주는 것
- 겐칭(巻繊：けんちん)：중국에서 전해진 두부요리를 일본화한 요리로 두부를 주로 하고 당근, 우엉, 표고, 죽순 등을 볶아 간장, 술 등으로 조미한 것을

말한다. 이 겐칭을 기본으로 국, 찜, 튀김 등 여러 가지요리에 사용된다.

- 겡(けん) : 무, 당근, 오이 등을 가쓰라무키하여 가늘게 채썬 것으로 생선회 담을 때 사용
- 고노와타(海鼠腸 : このわた) : 해삼창자젓. 해삼의 창자를 모아 소금에 절여서 숙성시켜 만든 젓갈
- 고마도후(胡麻豆腐 : ごまどふ) : 참깨두부
- 고모치(子持 : こもち) : 산란기에 알을 뱃속에 가지고 있는 생선 또는 생선이 알을 낳아 놓은 미역이나 다시마. 알을 가진 생선의 모양을 세공하여 조리한 것
- 고바치(小鉢 : こばち) : 무침요리 등을 담는 작은 그릇
- 고부지메(昆布締 : こぶじぬ) : 다시마 절임 생선회. 오로시한 생선에 소금을 뿌려 다시마로 말았다가 사용하는 생선회요리
- 고야도후(高野豆腐 : こうやどうふ) : 냉동두부. 두부를 얼려 말린 것으로 물에 불려서 사용 = 고리도후
- 곤부다시(昆布出汁 : こんぶだし) : 다시마 국물. 다시마를 물에 담가 다시마의 맛성분을 추출하여 얻어낸 국물
- 교쿠(玉 : ぎょく) : 달걀의 초밥집 은어
- 구즈(葛 : くず) : 칡
- 구치가와리(口代わり : くちがわり) : 구치도리 대신 내기 때문에 이 이름이 붙여짐. 구치도리를 간단하게 하여 식사 전에 술안주로 제공되는 요리
- 구치도리(口取 : くちとり) : 축하요리에 연개(硯蓋 : すずりぶた-벼루덮개)라고 하는 큰 쟁반과 같은 그릇에 5~9가지 종류를 맛, 색을 조화롭게 만들어 보기 좋게 담고, 이것을 손님 앞에 내놓은 후 각자에게 나누어 드렸던 것이 변하여, 비교적 큰 접시에 처음부터 나눠 담아 올렸으며, 남은 것은 나무상자에 채워서 선물로 갖고 돌아갔다. 따라서 재료도 생선묵, 긴똥, 구운 요리, 새우, 초무침 등을 사용하여 선물용으로 만들어졌다. 현재는 남기는 것 없이 그 장

소에서 먹고 끝낼 수 있도록 작게 만든다.

- 규돈(牛丼：ぎゅうどん)：쇠고기 덮밥 = 니쿠돈, 규메시
- 기노메(木の芽：きのめ)：산초의 어린 잎
- 기아게(生上げ：きあげ)：데친 재료를 물에 담지 않고 그대로 소쿠리에 담아서 식히는 것. 오카아게(おかあげ)라고도 한다.
- 긴시다마고(金絲卵：きんしたまご)：달걀지단을 붙여 가늘게 썬 것

(3) さ단

- 사라시내기(晒葱：さらしねぎ)：파를 채쳐 행주에 싸서 물에 충분히 비벼, 꼭 짜서 끈기나 냄새를 뺀 것
- 사사가키(笹決, 笹掻：ささがき)：우엉 등의 채소를 대나무잎 모양으로 깎는 것으로, 사사가키기리의 준말
- 사사라(ささら)：대나무솔
- 사사미(笹身：ささみ)：닭고기의 안심
- 사이쿄미소(西京味噌：さいきょうみそ)：교토(きょうとう)지방에서 나는 시로미소로 달다. 쌀을 원료로 하여 만듦
- 사이쿄야키(西京燒：さいきょうやき)：된장구이. 생선을 양념한 된장에 절였다가 굽는 생선구이요리
- 사케차즈케(鮭茶漬：さけちゃづけ)：연어차밥
- 사쿠라니(櫻煮：さくらに)：문어나 낙지를 벚꽃색이 나도록 졸인 음식
- 샤리(舍利：しゃり)：초밥집의 은어로서 초밥요리에 들어가는 배합된 밥
- 세비라키(背開：せびらき)：생선처리 방법의 하나로 등 쪽부터 칼질을 해서 여는 방법으로 가운데 뼈를 제거하지 않을 경우도 있다.
- 세코시(せごし)：회를 만드는 방법 중 하나로 은어, 붕어 등 작은 어종에 잘 이용된다.
- 센베이(煎餅：せんべい)：쌀이나 밀가루를 반죽하여 금형을 이용하여 구운 과자

• 소기기리(削切 : そぎぎり) : 칼의 우측 면을 이용하여 재료를 비스듬히 각도를 주어 자르는 것

• 소메오로시(染卸 : そめおろし) : 무즙에 간장과 김 등으로 물들인 것에서 붙여진 이름으로 생선구이에 곁들임으로 사용

• 스노모노(酢物 : すのもの) : 재료에 식초로 조미한 것으로 어패류를 시작으로 채소, 해초, 고기 등 여러 가지 재료가 이용된다.

• 스리미(擂り身 : すりみ) : 으깬 어육으로 흰살 생선을 잘 으깨고, 전분과 섞어 체에 거른 것으로 요리에 사용할 때는 달걀 흰자나 산마 등 여러 재료를 첨가해 사용하는 기본 재료

• 스아게(素揚 : すあげ) : 재료에 튀김옷을 묻히거나 입히지 않고, 그대로 튀겨낸 튀김요리

• 스에히로기리(末廣切り : すえひろぎり) : 채소를 부채처럼 점차로 끝이 퍼져 가도록 자른 것

• 스이구치(吸口 : すいくち) : 국에 곁들이는 향나는 재료로 그 특유의 향으로 식욕을 돋우며, 계절을 표현한다.

• 스이지(吸い地 : すいじ) : 스이모노에 사용하는 조미된 국물

• 시구레니(時雨煮 : しぐれに) : 조갯살에 생강 따위를 넣어 조린 식품

• 시라아에(白和 : しらあえ) : 두부를 우라고시한 것을 이용하여 만든 채소무침요리

• 시라코(白子 : しらこ) : 생선의 정소

• 시로미(白身 : しろみ) : 흰살 생선

• 시루(汁 : しる) : 국 또는 국물이 있는 음식물

• 시메사바(締鯖 : しめさば) : 오로시한 고등어를 소금에 절였다가 식초물에 담가 절여놓은 것

• 시모후리(霜降 : しもふり) : 재료를 뜨거운 물에 재빨리 데쳐 냉수에 담가 씻는 것

- 시오야키(塩燒：しおやき)：소금구이. 생선 등의 재료에 소금을 뿌리거나 절여 굽는 것
- 시오즈케(塩漬：しおづけ)：소금절임, 염지. 채소를 소금에 절인 것으로 채소절임을 만들기 위한 것과 저장용으로 구분
- 신조(惨薯：しんじょ)：흰살 생선을 곱게 다지고, 마, 달걀 흰자, 미림, 소금 등으로 간을 하여, 찌거나 삶거나 튀긴 것으로 새우, 조개 등을 섞어 여러 가지 맛과 향을 즐길 수 있다.
- 자바라(蛇服：じゃばら)：양면이 어슷하게 칼집을 잘고 깊게 넣고, 소금물에 절여 자바라처럼 늘어나도록 하는 것
- 자쿠로(石榴：ざくろ)：석류나무
- 젠사이(前菜：ぜんさい)：외국요리의 영향을 받아서 생긴 식전요리. 식욕을 돋우어주며, 계절감을 살려주고, 하늘, 산, 물에서 나는 재료를 색깔별로 골고루 사용
- 조우니(雜煮：ぞうに)：떡을 주로 해서 여러 가지 고명을 곁들인 것으로 정월 축하요리에 없어서는 안되는 것이며 지방에 따라 만드는 방법, 떡 모양, 첨가하는 고명 등이 다르고 각각 특색이 있다. 크게 나눠 관동지방에서는 자른 떡에 맑은국, 관서지방에서는 둥근 떡에 된장국을 많이 이용한다.
- 조우스이(雜炊：ぞうすい)：여러 가지 재료를 사용해서 익히기 때문에 붙여진 이름. 쌀을 주재료로 어패류, 채소류 등을 첨가하여 만들며, 냄비요리를 먹은 후에 밥을 첨가하여 만드는 방법도 있다.

(4) た단

- 다네(種：たね)：요리재료를 부르는 말. 초밥의 재료는 스시다네(すしだね)라 하고 국의 재료는 완다네(わんだね)라고 한다.
- 다레(垂：たれ)：조미한 국물 즉 양념장으로 용도에 따라 여러 종류가 있다.
- 다마고도후(玉子豆腐：だまごどうふ)：달걀두부
- 다마고마키(玉子巻き：たまごまき)：달걀말이. 다시마키라고도 함

- 다마리쇼유(溜醬油 : たまりしょうゆ) : 다마리 간장. 대두와 식염으로만 만든 색이 진한 간장으로서 요리의 색을 내는 데 사용
- 다마미소(玉味噌 : たまみそ) : 기본 된장. 흰 된장에 난황, 청주, 미림 등을 넣어 가열하면서 굳힌 된장
- 다이콘오로시(大根 : だいこんおろし) : 무즙. 무를 강판을 이용하여 간 것을 취한 것
- 다즈나마키(手綱巻 : たづなまき) : 부드럽고 색이 좋은 재료를 여러 종류 나열하여 김발 위에 어슷하게 놓고 말아낸 초밥
- 다테마키(伊達巻 : だてまき) : 오세치요리에 이용되는 달걀말이
- 데리야키(照焼 : てりやき) : 타레를 발라가며 윤기 있게 구운 구이요리
- 데바보초(出刃包丁 : でばぼうちょう) : 생선 오로시용 칼 = 대바(出刃)
- 데즈(手酢 : てず) : 초밥을 쥘 때 손에 묻히는 식초물
- 덴가쿠미소(田樂味噌 : でんがくみそ) : 일본식 맛된장. 닭고기를 갈아 된장에 넣고 졸여낸 된장
- 덴돈(天丼 : てんどん) : 덴푸라덮밥. 밥 위에 튀김을 얹어낸 것
- 덴모리(天盛 : てんもり) : 요리의 돋보임을 위하여 요리 위에 색과 의미가 있는 재료를 얹는 것
- 덴쓰유(天汁 : てんつゆ) : 덴푸라를 찍어서 먹는 소스 = 덴다시
- 덴카스(天宰 : てんかす) : 튀김찌꺼기 = 아게다마
- 덴포우야키(伝法燒 : でんぽうやき) : 토기를 이용해 구운 요리로 흙 냄비에 파의 흰 부분을 채썰어 깔고, 열을 가해 조금 구운 후 가다랑어나 마구로를 썰어 얹어 구운 다음, 조미간장에 생강즙을 넣고 찍어 먹는다.
- 덴푸라(天婦羅 : てんぷら) : 밀가루에 난황과 냉수로 반죽한 고로모를 묻혀 튀긴 일본의 대표적인 튀김요리
- 뎃사(鐵刺 : てっさ) : 복사시미. 복어의 별명인 철포의 사시미란 뜻의 약어
- 뎃치리(てっちり) : 복지리. 복어냄비

- 뎃카마키(鐵火巻：てっかまき)：참치 김초밥
- 뎃판야키(鐵板燒：てっぱんやき)：철판구이, 철판구이요리
- 도나베(土鍋：どなべ)：질그릇 냄비. 흙으로 구워 만든 냄비
- 도라후구(虎河豚：とらふぐ)：범복. 복어 중에서 최상품
- 도로(とろ)：참치의 뱃살. 오토로, 주토로, 세토로 등
- 도로로(薯蕷：とろろ)：산마즙
- 도묘지아게(道明寺揚：どうみょうじあげ)：찹쌀을 쪄서 말린 식품을 재료에 묻혀 튀겨낸 요리
- 도빙무시(土瓶烝：どびんむし)：질주전자에 재료를 넣고 찐 요리
- 도사즈(土佐酢：とさず)：혼합초의 일종으로 혼합초 제조 시 가쓰오부시를 사용한 것
- 도우묘우지(道明寺：どうみょうじ)：찹쌀을 쪄서 말린 식품. うみょうじほしいい의 약칭. 옛날에는 군량 또는 여행용 식량으로써 귀중하게 사용됨
- 도우반야키(陶板燒：とうばんやき)：도기로 만든 납작하고 운두가 낮은 냄비. 또는 도판에 기름을 치고 쇠고기나 돼지고기, 채소를 구워서 폰즈(ポンズ) 등에 찍어 먹는 구이
- 돈부리(丼：どんぶり)：덮밥요리. 덮밥용 그릇 = 돈부리바치
- 쓰마미(つまみ)：손으로 집어 먹을 수 있는 간단한 안주류
- 쓰메(詰め：つめ)：초밥용어로 데리(てり)를 말함. 붕장어나 조개 위에 바르는 양념장
- 쓰미이레(つみいれ)：생선을 갈아 달걀과 녹말가루와 여러 가지 양념으로 간하여 뜨거운 물 속에 젓가락으로 뜯어넣어, 떠오른 것을 국의 다네(種：たね)로 사용함
- 쓰보야키(壺燒：つぼやき)：소라의 껍질을 그릇으로 이용하여 조리하는 것
- 쓰유(露 · 液 · 汁：つゆ)：맑은 국물을 말하며, 소바쓰유, 덴쓰유 등
- 쓰케(漬：づけ)：초밥의 언어로 다랑어를 말한다. 옛날에는 다랑어의 보존방

법이 없었으므로 간장에 절임해서 초밥에 사용했는데 이 때문에 이 이름이 붙여졌다.

- 쓰키다시(突出し : つきだし) : 전채의 일종으로 지극히 간단한 안주류. 관서지방에서는 손님의 주문 유무에 관계없이 먼저 내기 때문에 붙여진 이름
- 쓰키미(月見 : つきみ) : 달걀 노른자를 사용한 요리로 달이 보인다는 뜻이다.
- 지라시스시(散鮨 : ちらしすし) : 일본식 회덮밥
- 지리멘자코(縮緬雑魚 : ちりめんざこ) : 지리멘(縮緬). 잔멸치를 무즙 위에 얹어낸 요리. 또는 잔멸치 건조품
- 지아이(血合 : ちあい) : 생선을 삼마이 오로시하면 중앙에 작은 뼈가 있고, 그 주위에 길게 한 줄의 혈색이 진한 부분을 말한다. 혈액이 많아 비리기 때문에 생선회로 할 경우에는 제거한다.
- 토우자니(土佐煮 : とうざに) : 술, 간장으로 진하게 간하여 조림한 것

(5) な단

- 나나메기리(斜切 : ななめぎり) : 어슷썰기
- 나노히나(菜の花 : なのはな) : 유채꽃
- 나레즈시(馴鮨 : なれずし) : 생선을 소금에 절임한 후 밥에 간을 하여, 밥과 함께 자연 발효시켜 만든 초밥으로, 오우미(おうみ)지방의 후나즈시(ふなずし)가 유명하다.
- 나마스(鱠, 膾 : なます) : 생선회 또는 무, 당근 등을 썰어 초에 무친 것을 말한다.
- 나베(鍋 : なべ) : 냄비. 흙으로 만든 냄비를 나베라고 했었으나, 현재는 냄비를 통칭하여 사용
- 나베모노(鍋物 : なべもの) : 냄비요리
- 나베야키우동(鍋焼饂飩 : なべやきうどん) : 냄비우동
- 나시와리(梨割り : なしわり) : 세워서 두 개로 잘라 나누는 것으로, 생선머리 등을 두 개로 나눌 때 사용하는 단어

• 난바(難波 : なんば) : 옛날 오사카에 난바무라(なんばむら)가 파의 명산지였기 때문에 파를 사용한 요리에 이 이름이 붙여진다.
• 난반(南蛮 : なんばん) : 무로마치시대에 포르투갈, 스페인의 배를 난반선(南蛮船 : 남만선)이라고 부르는데, 고추나 파를 많이 사용해서 만들어진 현재의 중국풍 요리를 난반선에서 보고 배워서 만들기 시작하여 이 이름이 붙여졌다.
• 난반즈케(南蛮漬 : なんばんづけ) : 간장, 식초, 설탕, 파, 고추 등을 섞은 것으로, 남쪽 오랑캐(南蛮 : 포르투갈, 스페인)풍의 맛이 나는 국물에, 튀긴 생선이나 구운 생선, 그 밖의 채소를 넣어 절인 후 먹는 요리
• 난부(南部 : なんぶ) : 깨를 사용한 요리에 붙이는 말. たれ에 깨를 넣어 구운 것은 난부야키, 깨를 빻아 튀긴 것을 난부아게라고 한다.
• 낫토(納豆 : なっとう) : 대두를 삶아 단순발효에 의해 숙성시킨 일본의 대표적인 콩 발효식품
• 네다(ねた) : 스시용어로 초밥에 사용되는 재료들을 일컫는 말
• 네리모노(練物 : ねりもの) : 굳힘요리
• 네지우메(捩梅 : ねじうめ) : 매화모양으로 만들어 각 꽃 잎사귀마다 입체적으로 각을 주어 깎는 것
• 노리마키(海苔券 : のりまき) : 김초밥
• 노보리구시(登り串 : のぼりぐし) : 은어나 민물고기를 살아 있게 해서 강을 올라 오르는 모습을 살려 아름답게 꼬챙이를 끼우는 방법
• 노시구시(伸串 : のしぐし) : 새우 등을 똑바로 하고 싶을 때, 펴서 꼬챙이에 꽂아 데친다. 이때 사용되는 꼬챙이 꽂는 방법을 말함
• 누가즈케(糠漬 : ぬかづけ) : 쌀겨절임
• 누키(拔 : ぬき) : 요리 재료의 일부분을 빼는 것. 예를 들면 초밥에 와사비를 빼는 것(さびぬき)
• 니기리즈시(握鮨 : にぎりずし) : 생선초밥
• 니모노(煮物 : にもの) : 삶거나 졸여서 익힌 요리

- 니모노(煮物：にもの)：삶거나 졸여서 익힌 요리
- 니보시(煮干：にぼし)：어패류, 새우류를 데쳐서 건조시킨 것의 총칭. 정어리, 까나리, 새우, 조개, 멸치 등 니다시(にたし：재료를 삶아 국물을 우려내는 것)의 재료로 사용되는 것을 가리킨다.
- 니비다시(煮浸：にびたし)：한 번 끓여서 그 국물에 담가두었다가 사용할 때 다시 따뜻하게 하여 사용하기 때문에 이 이름이 붙여짐.
- 니코고리(煮凝：にこごり)：생선을 끓여 냉각하면, 생선의 젤라틴성분이 생기는데, 이것을 차게 굳힌 요리. 복어의 니코고리가 대표적이다.

(6) は단

- 바니쿠(馬肉：ばにく)：말고기로 살이 처음엔 담홍색이지만 조금 지나면 암흑색이 된다. 이것은 살 속에 미오글로빈 함량이 많기 때문에 농후한 색이 된다.
- 바라니쿠(ばらにく)：소나 돼지고기의 갈빗대에 붙어 있는 고기
- 바이니쿠(梅肉：ばいにく)：매화열매의 과육을 우라고시하여 설탕 등으로 조미하고 시소잎으로 색을 낸 것
- 밧테라(バッテラ)：오늘날 오사카지방의 고등어초밥을 일컫는 말
- 베타시오(べた塩)：시메사바 등을 만들 때 왕소금을 많이 두고, 그 위에 고등어를 놓은 다음 누르듯 해서 소금을 뿌리는 것으로 소금이 착 달라붙기 때문에 생긴 이름이다. 즉 틈이 없게 소금을 친다는 의미이다.
- 벤토(弁当：べんとう)：도시락(まくのうち：주먹밥에 깨를 뿌린 것과 반찬을 넣은 도시락)
- 본보리(雪洞：ぼんぼり)：초밥용어로 오보로다. 원래 새우로 만드는 것이지만, 지금은 새우가 비싸기 때문에 생선으로 만든다.
- 부도우마메(葡萄豆：ぶとうまめ)：탄바지방의 검정콩을 포도처럼 달고 부드럽게 조린 것을 말함
- 폰즈(ポンず)：과즙초로 밀감류(카보스, 다이다이, 스다치) 등을 이용하여 만

든 향산성 식초 소스

- 하란(葉蘭：はらん)：엽란. 초밥이나 요리의 가이시키(かいしき：음식물의 밑에 까는 것)로 사용
- 하루사메(春雨：はるさめ)：당면. 원료는 녹두의 배유부분을 이용한 것이 최고급이지만, 고구마 또는 감자전분으로 만들어진 것이 보통이다.
- 하리기리(針切：はりぎり)：재료를 바늘처럼 가늘게 써는 것
- 하리네기(針葱：はりねぎ)：파를 4㎝ 길이로 썰어, 옆으로 가늘게 바늘처럼 채쳐서 물에 헹군 것
- 하리노리(針海苔：はりのり)：김을 살짝 구워 가늘게 채썰기한 것
- 하리쇼가(針生薑：はりしょうが)：생강을 바늘처럼 가늘게 써는 것
- 하마야키(浜燒：はまやき)：막 잡아 올린 물고기를 해변에서 즉석구이해서 먹는 요리
- 하지카미(薑：はじかみ)：생강의 옛 이름. 생강의 대를 끓는 물에 데쳐 혼합초에 초절임한 것
- 하코즈시(箱鮨：はじずし)：상자초밥
- 한게쓰기리(半月切：はんげつぎり)：기본 썰기 방법 중 하나로 재료를 반달모양으로 자르는 것
- 핫슨(八寸：はっすん)：축하요리로 여덟 치 정도의 크고 넓적한 접시에 음식을 담아냈다고 하여 붙여진 이름
- 핫초우미소(八丁味噌：はっちょうみそ)：아이치켄 오카자키지방에서 생산되는 검붉고 짠 된장
- 핫포우다시(八方出し：はっぽうだし)：사방팔방으로 사용하기 때문에 붙여진 이름. 진한 니다시지루(煮出し汁：조림에 사용하는 국물)
- 호네누키(骨抜：ほねぬき)：생선의 잔가시를 제거하는 것 또는 그 기구(핀셋)
- 호네키리(骨切：ほねきり)：작은 뼈가 많은 생선에 가늘게 간격을 맞춰 칼질

을 하여, 작은 뼈가 입에 닿는 느낌을 좋게 하는 것이다. 갯장어, 쥐놀래미 등에 많이 사용

- 호소마키스시(細巻鮨 : ほそまきすし) : 반 장의 김으로 말아낸 가는 김초밥
- 혼다와라(神馬藻 : ほんだわら) : 모자반. 진바소(じんばそう)라고도 함
- 혼아지(本味 : ほんあじ) : 요리하기 전에 미리 엷게 맛을 들여두었다가 사용할 때 다시 고쳐서 맛을 들이는 것
- 효시기기리(拍子木切 : ひょうしぎぎり) : 기본 썰기 방법 중 하나로 길이 4~5㎝에 폭 1㎝의 사각막대 모양으로 써는 것
- 후리카케(振褂 : ふりかけ) : 밥 위에 뿌려서 먹는 가루로 참깨, 김, 어분(魚粉) 등의 재료에 맛을 들여 건조시킨 것
- 후미비(文火 : ふみび) : 약한 불을 말한다. 강한 불은 부카(武火 : ぶか)라고 함
- 후카노히레(鱶の鰭 : ふかのひれ) : 상어지느러미 말린 것
- 후키요세(吹寄 : ふきよせ) : 겨울철 요리로 바람이 부는 가을부터 초겨울에 걸쳐 먹는 음식. 몇 종류의 요리를 한 그릇에 담아내는 요리
- 후킨(布巾 : ふきん) : 행주
- 히라즈쿠리(平作 : ひらづくり) : 칼을 힘 있게 당겨 살을 평평하게 써는 것
- 히레자케(鰭酒 : ひれざけ) : 생선의 지느러미를 말려 구워 청주에 담가 먹는 술
- 히류우즈(飛龍頭 : ひりゅうず) : 으깬 두부 속에 잘게 썬 채소를 넣고 둥글게 하여 기름으로 튀긴 두부의 재가공품
- 히야시모노(冷物 : ひやしもの) : 여름철에 차게 하여 먹는 요리의 총칭
- 히야시소멘(冷素麵 : ひやしそうめん) : 냉소면. 삶아낸 소면국수에 차가운 국물을 곁들인 요리

(7) ま단

- 마루니(丸煮 : まるに) : 모양 그대로 끓이는 것

• 마루주우(丸十 : まるじゅう) : 고구마를 말함

• 마루지타테(丸仕立 : まるじたて) : 자라를 사용한 맑은국. 자라로 냄비요리를 만들거나 삶을 때, 그리고 국으로 할 때는 술을 많이 사용한다. 이처럼 술을 많이 사용한 요리를 말한다.

• 마사고아에(眞砂和 : まさごあえ) : 알무침. 대구나 청어의 알 등 모래알처럼 작은 크기의 알을 술로 씻어 조미하여, 오징어 채썬 것 등 가느다란 재료에 섞어 무친 요리

• 마쓰마에(松前 : まつまえ) : 다시마를 부르는 이름. 다시마의 산지가 松前(まつまえ)이기 때문에 다시마의 대명사가 되었다. 다시마를 이용한 요리에 이 이름이 자주 붙는다.

• 마쓰카제(松風 : まつかぜ) : 마른 과자와 요리 두 종류가 있다. 요리에서는 다진 닭고기에 미림, 설탕, 간장 등으로 간을 하여, 틀에 채워 중온의 오븐에서 구운 다음, 마지막으로 미림을 발라, 양귀비 씨를 뿌려 다시 구워준 것으로, 젠사이나 구치도리 등에 사용한다.

• 마키스(卷簾 : まきす) : 김발, 대나무 발로서 마키즈시를 마는 도구

• 마키즈시(卷鮨 : まきずし) : 말이초밥, 김초밥(太券 : ふとまき-굵게 만 것 / 細卷 : ほそまき-가늘게 만 것)

• 메우치(目打ち : めうち) : 장어류의 긴 몸의 물고기를 가를 때, 눈 근처를 찔러 도마에 고정시켜, 머리 부분의 움직임을 멈추게 한 다음, 오로시하기 쉽도록 하는 끝이 뾰족한 금속도구

• 멘토리(面取り : めんとり) : 요리에 사용하는 무, 순무 등의 면을 다듬는 것

• 모리소바(盛蕎麥 : もりそば) : 메밀국수를 삶아서 물에 잘 헹궈 대발을 깐 작은 나무그릇에 담은 것. 그리고 여기에 김을 뿌리면 자루소바(ざるそば)라 한다.

• 모리쓰케(盛付 : もりつけ) : 요리를 그릇에 보기 좋게 담아내는 것

• 모리아와세(盛合せ : もりあわせ) : 한 그릇에 세 종류, 다섯 종류를 함께 담

는 것을 말한다.

- 모미지아에(紅葉和：もみじあえ)：대구알, 명란 등의 색이 좋기 때문에, 이 것으로 오징어 등을 무친 요리
- 모미지오로시(紅葉卸：もみじおろし)：빨간 무즙. 무즙을 홍고추로 물들인 것으로, 단풍잎의 색과 같다 하여 붙여진 이름 = 아카오로시
- 모쓰(臓：もつ)：내장의 약칭
- 묘우반(明礬：みょうばん)：명반을 말하며, 요리의 떫은맛을 빼는 데 사용한다.
- 무코우즈케(向附：むこうづけ)：본선요리나 회석요리에서 밥상의 맞은편에 내는 것으로 보통은 초회를 내지만 무침을 담는 경우도 있다. 이때의 그릇 또는 요리를 말한다.
- 무키모노(剝物：むきもの)：무, 당근, 토란, 고구마, 오이 등으로 송, 죽, 매, 꽃 등을 여러 종류의 칼로 예쁘게 벗겨 만든 것
- 미도리즈(緑酢：みどりず)：오이를 갈아서 물기를 빼고 초에 섞은 것
- 미린보시(味醂干：みりんぼし)：말린 식품의 일종으로 간장과 미림을 섞은 것에 재료를 담근 후 말린 것
- 미쓰니(蜜煮：みつに)：설탕이나 꿀에 물을 섞어서 아마니(甘煮-달게 조리는 방법)를 한 요리
- 미조레(霙：みぞれ)：눈이 녹는 것처럼 내리는 것을 말한다. 어름을 간 모양이 みぞれ와 비슷하여 붙여진 이름으로 무를 간 것(だいこんおろし)과 비슷하기 때문에 다이곤오로시(だいこんおろし)를 이용하여 무친 것을 미조레아미(みぞれあえ)라 한다.
- 미진코(微震粉：みじんこ)：찹쌀미숫가루. 쪄서 찹쌀을 분쇄한 것으로서, 화과자의 원료로 사용
- 미진코아게(微震粉揚：みじんこあげ)：가와리아게 중 하나로 튀김재료에 미진코를 묻혀서 튀기는 것

- 미케(御食 : みけ) : 신에게 바치는 음식물

(8) や단

- 야나가와나베(柳川鍋 : やながわなべ) : 뼈를 발라낸 미꾸라지와 우엉을 넣고 질냄비에 끓여 달걀을 풀어 얹은 요리
- 야마카케(山掛 : やまかけ) : 다랑어를 주사위 모양으로 썰어, 와사비 간장으로 무치고, 마를 갈아서 맛을 들인 다음, 이것을 뿌리고, 그 위에 김을 뿌린 요리
- 야와라카니(軟煮 : やわらかに) : 문어나 전복 등을 연하게 푹 끓인 요리로 약한 불에서 천천히 끓여줘야 한다. 무나 중성소다를 약간 넣고 끓이면 빨리 연해진다.
- 야와타마키(八幡巻 : やわたまき) : 우엉에 뱀장어를 말아서 데리야키한 요리
- 야쿠미(薬味 : やくみ) : 요리에 맞는 향신료로 우동이나 메밀국수에 파나 와사비 등을 첨가하는 것으로, 요리에 곁들이는 양념, 향신료를 말함
- 야키도리(焼鳥 : やきとり) : 닭고기를 잘게 잘라서, 꼬챙이에 꿰어, 양념장을 발라가면서 굽고, 산초가루 등을 뿌려서 먹는 요리
- 야키모노(焼物 : やきもの) : 구이요리
- 야키시모(焼霜 : やきしも) : 강한 불에서 살짝 껍질만 구워 생선회에 이용함. 도미, 농어, 가다랑어 등에 많이 이용한다.
- 요모기(蓬 : よもぎ) : 쑥. 산과 들에 자생하는 국화과의 다년생 식물
- 요비시오(呼塩 : よびしお) : 소금에 절인 식품의 소금기를 뺄 경우, 소금을 소량 첨가한 물에 담가두면, 소금기가 빨리 빠진다. 그리고 맹물에 직접 재료를 넣으면, 표면이 변하기 쉽지만, 소금물로 하면 그런 경우가 적다.
- 요세모노(寄物 : よせもの) : 흰살 생선을 잘 다져서, 녹말가루, 소금, 미림 등으로 맛을 들인 다음, 체에 걸러 찌거나 약한 불로 데쳐 만든 요리
- 유데루(茹る : ゆでる) : 재료를 데쳐서 부드럽게 하거나 아쿠를 빼기도 하고 다음의 맛을 들이기 위해 사전준비로써 행하는 것을 말한다.

• 유도우후(湯豆腐 : ゆどうふ) : 일종의 냄비요리로 질냄비에 다시마를 넣고, 뜨거운 물을 넣어 불에 올려놓은 다음, 그 속에 두부를 썰어 넣고, 두부가 떠오르려 할 때 먹는 요리

• 유무키(湯剝 : ゆむき) : 재료에 뜨거운 물을 뿌리거나 뜨거운 물에 담가서 겉껍질이나 깃털 등을 제거하기 쉽도록 하는 방법

• 유부리(湯振り : ゆぶり) : 소쿠리에 재료를 넣어 뜨거운 물에 담그고, 재빨리 흔들어 표면에 열을 전해주는 방법으로 재료의 사전처리법 중 하나이다. 시모후리(しもふり)라고도 한다. 뜨거운 물에 재료를 한 조각씩 젓가락에 끼워, 바로 넣었다 빼서, 얼음물에 담그는 방법

• 유비키(湯引 : ゆびき) : 생선의 살을 끓는 물에 살짝 데치는 것을 말한다.

• 유아라이(湯洗 : ゆあらい) : 주로 민물고기의 생선회를 만들 경우에 많이 쓰는 방법으로 생선살을 얇게 썰어서 약 50℃ 정도의 물에 빨리 씻고 얼음물로 잘 헹군다. 이렇게 하면 병원균이 제거되고, 살을 단단하게 만들 수 있다.

• 유안야키(幽晻燒 : ゆうあんやき) : 간장에 미림, 유자즙을 섞어 재료를 담갔다(유안쓰케)가 굽는 구이요리방법 중 하나

(9) ら단

• 란기리(亂切 : らんぎり) : 채소를 써는 방법의 하나로 연근, 우엉, 당근 등을 돌리듯 해서, 비스듬히 써는 방법. 재료의 모양이 서로 달라도 크기는 비슷하다.

• 란모리(亂盛り : らんもり) : 담는 방법의 하나로 일정한 모양으로 담지 않는다.

• 로바타야키(爐端燒 : ろばたやき) : 술안주용 꼬치구이 또는 꼬치조림

(10) わ단

• 와기리(輪切り : わぎり) : 기본 썰기 방법 중 하나로 둥근 모양의 재료를 놓고 써는 것

- 와다(腸：わた)：창자
- 와리조유(割醬油：わりじょうゆ)：용도에 따라 간장과 다시를 섞은 것
- 완(椀：わん)：음식을 담는 식기의 총칭으로 나무로 만든 것. 진흙으로 만들어 구운 그릇을 말한다.
- 완다네(椀種：わんだね)：국물요리의 주재료
- 완모리(椀盛り：わんもり)：밥을 먹을 때 내는 국으로 생선, 닭고기, 채소 등을 맑은 장국에 끓여, 대접에 담아내는 요리

3. 중국조리용어

1) 조리법

중국 전통요리의 조리법은 세계적으로 유명하여 천하제일이라 할 수 있으며, 종류가 매우 다양하고 유구한 역사를 가지고 있다. 음식의 조리과정은 일반적으로 크게 두 가지 과정을 거치는데, 첫째는 식품을 가열하여 식품의 영양성분이 분해되어 향과 맛이 발산되는 과정이다. 둘째는 여러 방법의 조제식품이나 조미료를 첨가하여 식품이 가지고 있는 비린내나 기름기를 제거하고 맛과 향을 더욱 증가시켜 식욕을 증가시키는 과정이라고 할 수 있다. 중국 전통요리는 한 번에 익혀서 먹는 일이 많지 않다. 뜨거운 탕에 데치거나 미리 익히거나 기름에 데치는 등 먼저 초벌조리를 한 다음 마무리 조리를 하는 것이 일반적이다. 더불어 쪄서 튀겨내고 다시 볶는 식의 복합적인 조리법이 발달했고 열을 전달하는 매체에 따라 다음과 같이 나뉜다.

(1) 지엔(煎：전)

팬에 기름을 조금 넣은 후 가열하여 재료를 넣고 중간 불에서 천천히 익혀가는 조리법이다. 이때 화력이 너무 강하면 속은 익지 않고 표면이 쉽게 타며 화력이 약하면 조리시간이 길어져 영양소가 파괴되고 신선한 맛이 저하되므로 불의 강도에 주의한다.

(2) 찡(蒸 : 증)

고온의 증기를 이용하는 조리법으로 물이 끓어서 증기가 최대로 올라올 때 재료를 넣는다. 재료를 빨리 익히고 맛을 보존하기 위해서는 반드시 뚜껑을 닫고 조리해야 하며 조리 중에는 뚜껑을 자주 열지 않도록 한다. 재료에 따라 불의 강도를 조절하여 육류, 생선, 만두 등은 강한 화력에 조리하고 달걀 등 부드러운 것은 약한 화력을 사용하여 조리한다.

(3) 짜아(炸 : 작)

팬에 기름을 많이 넣고 가열한 후 재료를 넣어 튀기는 조리법으로 열량이 높아지고 기름의 성분에 따라 독특한 향이 난다. 재료에 따라 불의 강도를 조절하며 여기에는 다음과 같은 방법이 있다.

① 칭짜아(青炸) : 재료에 간을 하지 않고 전분을 묻히지 않는 상태로 튀기는 방법

② 깐차아(乾炸) : 재료에 전분을 묻혀서 튀김옷을 입혀 튀기는 조리법

③ 꺼어리(高麗) : 흰색으로 가볍게 튀기는 조리법

(4) 차오(炒 : 초)

팬에 기름을 조금 넣고 달군 후 강한 불에서 빠른 속도로 볶아내는 조리법으로 영양소의 파괴가 적어 가장 많이 사용된다. 조리할 때 재료를 많이 넣고 볶으면 재료가 골고루 익지 않으며 맛도 고르지 않으므로 한꺼번에 많은 양의 재료를 볶지 않도록 한다. 차오에는 다음과 같은 방법이 있다.

① 칭차오(青炒) : 재료에 아무것도 묻히지 않고 볶는 방법

② 깐차오(乾炒) : 재료에 튀김옷을 입혀 튀긴 다음 다른 재료와 함께 볶는 조리법

③ 징차오(京炒) : 녹말 이외의 달걀 흰자 등을 재료에 묻히고 녹말가루를 묻혀 튀긴 다음 다른 재료와 함께 볶는 조리방법

(5) 먼(燜 : 민)

재료를 살짝 튀긴 후 육수를 많이 넣고 약한 불에서 천천히 오랫동안 조리하는 방법으로 조리할 때는 반드시 뚜껑을 덮어야 한다. 이때 대부분의 영양소가 육수에 용출되므로 음식을 만들 때에는 반드시 육수와 재료를 혼합해야 한다.

(6) 둔(燉 : 돈)

쩡(蒸)과 먼(燜)을 혼합한 조리법으로, 과돈(鍋燉), 완돈(碗燉)의 방법이 있다. 재료를 넣고 적당한 육수와 향신료, 조미료 등을 첨가한 후 뚜껑을 덮고 끓이는 조리법

(7) 루(滷 : 로)

물에 각종 향신료와 조미료를 넣은 후 재료를 넣고 삶아내는 조리법으로 재료는 잠길 정도로 넣는 것이 가장 적당하다.

(8) 카오(烤 : 고)

재료에 양념을 하여 불에 직접 굽는 조리법으로 두 가지 방법이 있다.

① 밍루(明爐) : 재래적인 방법으로 시간이 많이 걸리고 많은 양을 조리할 수는 없으나 뛰어난 맛과 향을 낼 수 있다.

② 문루(燜爐) : 현대적인 설비를 이용한 방법으로 한번에 많은 양을 구워낼 수 있다. 또한 재료에 함유되어 있는 지방이 제거되기 때문에 담백한 맛이 나지만 맛과 향은 밍루보다 떨어진다.

(9) 쉰(燻 : 훈)

양념한 생재료나 익힌 재료를 훈제하여 색과 향을 내는데 이때 주로 톱밥, 엽차, 겨, 설탕, 감초, 회양가루 등을 숯불에 뿌려 연기를 내서 사용한다.

(10) 리오우(溜 : 류)

기름에 튀겨 그 위에 고물을 끼얹는 조리법으로 주재료를 먼저 튀기거나 삶거나 찌는 방식으로 조리한 후 다시 조미료를 혼합하여 삶고 즙이 걸쭉하게 되면 섞거나 주재료 위에 끼얹는 방법이다.

(11) 탕(湯)

육수나 즙에 재료를 넣어 만드는 조리법으로 수프 또는 국이라고 한다.

(12) 빠오(爆 : 폭)

재료를 자른 후 높은 화력에서 매우 빠르게 팬에서 뒤섞어 익혀 조미료를 첨가한 후 바로 팬에서 내린다. 이 방법은 재료 본연의 맛을 유지시킬 수 있고 가장 단시간에 조리할 수 있는 조리법이다.

(13) 삐엔(邊 : 변)

천천히 조리하는 조리법으로 소량의 기름과 약한 화력을 이용하여 재료를 팬에서 계속 저어가며 오랜 시간 육수를 조리거나 혹은 연하게 하여 반탈수상태로 만들어 다시 조미료를 첨가하여 섞는 방법이다. 천채(川菜 : 국물이 적은 요리)에 이 방법이 비교적 많으며 그 맛이 향기롭고 좋으며 찬 음식에도 사용할 수 있다.

(14) 사오(燒 : 소)

생재료 또는 이미 처리된 재료에 물과 조미료를 넣고 비교적 장시간 끓여 그것이 푹 삶아져 즙이 농축되면 그 맛이 농후해진다. 홍사오(紅燒)와 바이사오(白燒)의 두 종류로 나눌 수 있다.

(15) 아오(熬 : 오)

각종 재료를 덩어리로 잘라 먼저 기름에 볶은 후 다시 육수와 조미료를 넣고 약한 불로 비교적 장시간 푹 삶아 재료가 연하고 되게 하고 즙이 많지 않게 한다. 녹말을 넣어 걸쭉하게 하지 않는다.

(16) 후이(燴 : 회)

삶거나 구워서 조리하는 방법으로 재료를 자른 후에 먼저 끓는 물에 삶아 육수를 넣고 같이 삶는다. 조미한 후 녹말을 풀어 탕즙이 걸쭉한 상태가 되게 한다. 후이차이(燴菜)는 여러 가지 재료를 사용하여 육류, 채소 등에 고루 사용할 수 있는 조리법이다.

(17) 빠(扒 : 팔)

'사오(燒)'와 같은 조리법이고 시간이 좀 긴 편이다. 재료를 더 연하게 하나 그 남은 탕즙이 비교적 많고 전분을 넣어 매끄러운 감을 더한다.

(18) 웨이(煨 : 외)

은근한 불에 오랜 시간 삶는 조리법으로, 아주 약한 화력을 사용하여 육수와 조미료를 첨가한 후 비교적 장시간 동안 삶는다. 재료가 연해지고 맛이 들고 농후해지면 완성된 것이다.

(19) 쥐(焗 : 국)

조미한 재료를 비단 천이나 면지(綿紙)에 싸서 볶은 뜨거운 소금에 묻혀 소금의 열을 이용하여 재료를 익히는 조리 방법으로 재료의 질감이 연해지고 부드러우며 향기롭게 조리할 수 있다. 닭이나 새우 등에 사용한다.

(20) 추안(川 : 천)

날것 또는 조미한 재료를 적당한 크기로 잘라 이미 끓고 있는 탕에 넣어 맛이 배게 한 후 꺼내어 다시 조미를 한다. 빨리 만드는 탕요리에 속하며 재료의 신선함과 부드러움을 유지할 수 있고 탕즙을 맑게 한다.

(21) 쭈(煮 : 자)

재료와 육수를 솥 안에 넣고 익힌 후 조미료를 넣고 다시 익히는 방법으로, 가장 보편적인 조리법의 하나이다.

(22) 코우(扣 : 구)

날것 또는 이미 익힌 재료를 사기그릇에 담은 후 조미료와 육수를 넣고 찜통에 쪄서 연해지면 다시 뒤집어 쟁반에 올려놓아 반구형태를 유지하도록 한다. 많은 연회석 요리에 사용되는 조리법이다.

(23) 치앙(熗 : 창)

재료에 조미료를 섞고 채소, 조갯살 등을 넣어 무치는 방법. 날것이나 이미 볶거나 삶은 재료에 조미료를 넣고 잘 섞어서 빠른 시간 내에 섭취한다. '온반(溫拌)' 즉 '뜨거운 것을 섞는다'라는 뜻으로 해석할 수 있다.

(24) 빤(拌)

날것이나 익은 것의 재료에 각종 조미료를 넣고 골고루 섞는 방법을 말한다. 간편하게 조리할 수 있는 방법이며, 재료의 원상태를 유지할 수 있다.

(25) 똥(凍)

고기를 조린 국물을 묵과 같이 굳히는 조리방법으로, 덩어리로 자른 재료(닭, 오리, 해산물)의 탕즙에 조미료를 넣고 삶아 연하게 한 후 고기 껍질이 젤리화되면 재료를 차게 한 후 응고시켜 반투명의 냉채류를 만든다.

(26) 펑(烹)

먼저 기름에 볶은 뒤 간장, 기름 따위를 넣고 다시 조리하는 방법으로 이미 튀긴 것 혹은 지지거나 볶은 주재료에 부재료 및 조미료를 넣어 센 불에서 뒤섞어가며 국물이 재료에 배게 한다.

2) 써는 방법

재료를 썰 때는 주재료 써는 모양에 맞추어 부재료를 썰도록 한다. 태새(太細 : 아주 가늘게), 대소(大小 : 크게, 작게), 후박(厚薄 : 두껍게, 얇게)을 통일하는 것이 원칙이다. 이렇게 하면 보기에도 아름다울 뿐만 아니라 먹기에도 좋고 조리 시에도 편리하다.

써는 방법에 따른 용어

용 어	내 용
片 편 (피엔)	재료를 얇게 써는 것으로 칼을 눕혀서 손 앞쪽에서 끌어당기듯이 하여 저민다. 대소, 후박의 방법이 있으며 어육류, 표고버섯, 죽순, 배추 등을 써는 데 적합하다.
刀片 도편 (투에이따오피엔)	보통 크기로 써는 것으로 위에서부터 앞쪽으로 밀어내듯이 썬다.
斜刀片 사도편 (시에따오피엔)	엇비슷하게 얇게 써는 것으로 재료가 얇을 경우에는 칼을 비스듬히 하여 저미는 것처럼 썬다.
橫刀片 횡도편 (헝따오피엔)	재료에 칼을 평행으로 대고 써는 것이다.
滾刀片 곤도편 (꾸언따오피엔)	재료를 옆으로 눕히면서 칼을 평행으로 대고 벌리는 것처럼 써는 것으로 닭의 간처럼 작고 둥근 것을 크고 얇게 써는 데 적합하다.
絲 사 (쓰)	채써는 것처럼 가늘게 써는 것으로 길이는 6~7㎝, 두께는 성냥개비만한 굵기가 적당하다. 재료를 먼저 편 모양으로 썰어 쪼개놓은 후 작은 부분부터 가늘게 써는데 끌어당기지 말고 우측으로 눕혀 간다.
拾刀切 습도절 (타이따오치에)	손 앞으로 하나하나 끌어당기면서 써는 것으로 닭의 가슴살 등 연한 육류를 써는 데 적합하다.
隨片切 수편절 (쑤에이피엔치에)	재료를 돌려 한 장이 되도록 얇게 저민 후 가늘게 써는 것
滾筒切 곤통절 (꾸언통치에)	재료를 돌리면서 넓고 얇게 저민 후 원통형으로 다시 감은 다음에 얇게 써는 것. 길이가 긴 것을 원할 때나 질긴 고기를 써는 데 적합하다.
條 조 (티아오)	사각형의 길쭉한 막대모양으로 써는 것으로 두께는 7~8㎜, 길이는 5~6㎝가 적합하다. 絲로 썬 것보다 굵으며 생선, 무, 죽순 등을 써는 데 적합하다.
丁 정 (띵)	주사위꼴로 써는 것으로 기본 크기는 사방 1㎝ 정도이다. 사방이 5~7㎜인 것은 小丁, 2㎝ 이상인 것은 大丁이며 4각형 이외에도 3각형이나 마름모꼴도 있다.
一字條 일자조 (이쯔티아오)	두께는 6~8㎜ 정도이고 길이는 5~6㎝ 정도로 써는 것이다.
方形丁 방형정 (팡싱띵)	1㎝ 정도의 각으로 막대기 모양으로 썬 후 다시 주사위꼴로 써는 것이다.
三角丁 삼각정 (싼지아오띵)	재료를 3각 기품으로 만든 후 삼각형이 되도록 한다.
塊子頭 괴자두 (콰이쯔토우)	小丁의 크기와 같은 정도로 써는 것으로 크기가 일정하지 않아도 된다.

용 어	내 용
菘 숭 (숭)	小丁 정도의 크기로 잘게 써는 것
米 미 (미)	쌀알 정도의 크기로 잘게 써는 것
末 말 (모어)	잘게 써는 것인데 얇게 저며서 채로 썬 후 잘게 썰면 모양이 좋다.
細末 세말 (시모어)	末보다 더 잘게 써는 것
茸 용 (롱)	아주 잘게 다지는 것
塊 괴 (콰이)	토막으로 써는데 기본의 크기는 두께에 관계없이 2.5㎝ 정도이다.
蒜泥 산니 (쓰완니)	마늘을 잘게 다지는 것
方形塊 방형괴 (팡싱콰이)	2~2.5㎝ 정도의 각으로 막대기형을 만든 후에 다시 주사위꼴로 썬다.
三角塊 삼각괴 (싼지아오콰이)	삼각형의 꽃 모양으로 써는 것을 말함
방화괴 方花塊 (팡후이콰이)	네모꼴의 꽃 모양으로 써는 것을 말하는데 국화모양보다 크게 썬 것이다.
殷 은 (뚜완)	통째로 써는 것인데 긴 파 등을 토막토막 자르는 것
兎耳 토이 (투알)	馬耳(마이)보다 다소 길게 써는 것
馬耳 마이 (마알)	둥글고 긴 모양의 재료를 왼손으로 돌리면서 크게 막 써는 방법

3) 식재료 · 향신료 · 조미료

중국의 식재료는 광활한 영토만큼이나 그 종류가 다양하고 날아다니는 것은 비행기만 빼고 다 먹을 수 있으며, 걸어다니는 것은 책상다리만 빼고 다 먹을 수 있다고 할 정도로 특이한 재료들도 많다. 다음은 중국에서 사용하는 식재료들을 분류한 것이다.

(1) 육 · 가금 · 난류

용 어	내 용	용 어	내 용
猪肉(저육, 쭈로우)	돼지고기 (보통 류우)	挑骨(도골, 티아오꾸)	뼈째로 된 돼지고기
鴨子(압자, 야쯔)	오리	麻雀(마작, 마쵀)	참새
牛肉(우육, 니우로우)	쇠고기	鷄蛋(계단, 지딴)	달걀
羊肉(양육, 양로우)	양고기	鶉蛋(순단, 추언딴)	메추리알
鷄肉(계육, 지로우)	닭고기	火腿(화퇴, 후오투에이)	햄
鷄腿(계퇴, 지투에이)	닭다리살	鷄雜(계잡, 지짜)	닭내장

(2) 어패류

용 어	내 용	용 어	내 용
蟹粉(해분, 시에펀)	게	鮑魚(포어, 빠오위)	전복
蝦仁(하인, 시아런)	새우	蚝(황, 리황)	굴
明蝦(명하, 민시아)	대하	貝(패, 뻬이)	패주
鮃魚(평어, 핑위)	가자미	黑魚(흑어, 헤이위)	오징어
鯉魚(리어, 리위)	잉어	鮫(교, 지아오)	상어
帶魚(대어, 따이위)	갈치	螺香(라향, 샹로우)	소라

(3) 채소 · 과실류

용 어	내 용	용 어	내 용
白菜(백채, 바이차이)	배 추	芋頭(우두, 위토우)	토란
豆芽菜 (두아채, 또우야차이)	콩나물	黃瓜(황과, 황구와)	오이
青椒(청초, 칭이차오)	피망	冬菇(동고, 똥구)	표고
菜花(채화, 차이후아)	콜리플라워	地瓜(지과, 띠구와)	고구마
地豆(지두, 띠또우)	감자	包米(포미, 빠오미)	옥수수

南瓜(남과, 난구와)	호박	芝麻(지마, 쯔마)	깨
豆沙(두사, 또우샤)	팥	銀杏(은행, 인신)	은행
胡桃(호도, 후타오)	호두	杏仁(향인, 신런)	살구
香焦(향초, 샹지아오)	바나나	栗子(과자, 리쯔)	밤

(4) 건어물 · 가공품류

용 어	내 용	용 어	내 용
燕窩(연와, 옌워)	제비집	干鮑(간포, 깐빠오)	건전복
魚翅(어시, 위츠)	상어지느러미	火腿(화퇴, 후오투에이)	중국햄
海蜇(해철, 하이쩌)	해파리	羊腿(양퇴, 양투에이)	서양햄
海蔘(해삼, 하이선)	해삼	紫菜(자채, 쯔차이)	김
乾貝(건패, 깐뻬이)	긴패주	干瓜(간과, 깐구와)	건표

(5) 향신료

중국요리는 다양한 향신료를 많이 사용하는데 요리의 풍미를 살리고 육류와 어패류의 나쁜 냄새를 없애며 향미를 증진시키기 위해 사용하는 경우가 많다. 조미료와 함께 매우 중요한 역할을 하는 것으로 흔히 사용하는 것으로는 파, 생강, 마늘, 고추 등이 있으며 중국 고유의 향신료에는 다음과 같은 것들이 있다.

향신료 이름	용 도
花山椒(화산초)	재료의 냄새를 없애거나 요리의 맛을 더하기 위해 사용한다.
山椒粉(산초분)	산초 열매의 검은 심을 떼어내고 냄비에 볶아서 가루로 만들어 사용한다.
茴香(회향)	회향풀의 일종으로 다갈색이며 육류, 내장류, 생선의 조림, 찜 등에 사용한다.
五香粉(오향분)	팔각, 육계, 정향, 산초, 진피를 가루로 만들어 섞은 것인데 그 향이 매우 뛰어나다.
八角(팔각)	붓순나무 열매로 차이나타운의 향이 바로 이것이다.
陳皮(진피)	말려 묵힌 귤껍질인데 오래 묵은 것일수록 비싸다.
肉桂(육계)	계수나무의 껍질을 벗겨서 건조시킨 것

(6) 조미료

장유(醬油)	후추(胡椒粉)
면장(麵醬)	화초(花椒)
깨버터(芝蔴醬)	흑두시(黑豆豉)
토마토케첩(蕃茄醬)	설탕(白砂糖)
중국고추장(豆辨醬)	소금(食鹽)
정종(料酒)	식초(食醋)
호유(蠔油)	두시(豆豉)
해선장(海鮮醬)	노추(老抽)
랄유(辣油)	흑초(黑醋)
하유(蝦油)	X.O장(X.O醬)

4) 조리전문용어

(1) 요리형태에 따른 용어

용 어	내 용
丸子 환자(완쯔)	고기 및 재료를 갈아서 완자처럼 둥글게 만든 것
捲 권(챈)	재료를 말아서 만든 것
仝 전(췐)	재료를 합해서 만든 것
釀 양(랑)	재료의 속을 비우고 그 안에 다른 재료를 섞어 넣는 것
包 포(빠오)	얇은 재료를 펴서 싸서 만든 것(잘게 썬 채소나 고기)
排骨 배골(파이꾸)	뼈가 있는 재료로 만든 것
平餅 평병(핑삥)	둥글고 얇게 지져낸 것
元寶 원보(웬빠오)	전분 또는 쌀가루로 둥글게 빚어 만든 것
拔絲 발사(빠쓰)	재료의 생것에 전분 또는 쌀가루를 묻히고 꿀, 물엿, 설탕으로 옷을 입혀 프라이해 내는 것으로 감채류에 사용한다.

(2) 재료배합에 따른 용어

용어	내용
熷 증(후에이)	녹말가루를 연하게 풀어 넣어 만든 것
川 천(추완)	찌개와 같은 조리법으로 국물이 적고 건더기가 많은 것
溜 류(리오우)	달콤한 녹말 소스를 얹어 만든 것
酎 주(쑤)	술을 사용한 요리인데 술을 넣으면 기름의 높은 온도에 의하여 알코올이 증발되어 솔 성분이 맛을 돋우게 하여 음식에 윤기가 난다.
三絲 삼사(싼쓰)	세 가지 재료를 가늘게 채썰어 만든 요리
三鮮 삼선(싼시엔)	세 가지 재료를 써서 만든 요리인데 바다, 육지, 공중의 재료라는 말도 된다.
三片 삼편(싼피엔)	세 가지 재료를 골패쪽 모양으로 썰어 만든 요리
三丁 삼정(싼띵)	세 가지 요리를 정육면체 모양으로 썰어서 만든 요리
四寶 사보(쓰바오)	네 가지 진귀한 재료를 넣어서 만든 요리
八寶 팔보(빠바오)	여덟 가지 진귀한 재료를 넣어서 만든 요리
五香 오향(우시앙)	다섯 가지 향료를 쓴 요리
十景 십경(쉬징)	열 가지 재료를 사용해서 만든 요리
白景 백경(빠이징)	우리나라의 신선로와 같은 모양의 화과자라는 그릇을 이용해서 여러 가지 귀한 재료를 넣어 만든 요리

참고문헌

김기영. 『주방관리실무론』. 백산출판사, 2004.

김상철 · 안형기. 『조리실무개론』. 지구문화사, 2007.

김은미 · 안선정. 『조리기술과 용어』. 지구문화사, 2004.

김진 · 이광일 · 우희섭 · 김윤성. 『조리용어사전』. 광문각, 2007.

김혜영 · 고봉경. 『식품조리과학』. 도서출판효일, 2004.

박지곡. 『조리기술』. 서민사, 2004.

안효주. 『이것이 일본요리다』. 여백미디어, 2002.

윤덕인. 『식품과 조리과학』. 신광출판사, 2005.

염진철 외 5명. 『기초서양조리이론과 실기』. 백산출판사, 2006.

진양호. 『서양조리입문』. 지구문화사, 2004.

프랜시스 케이스. 『죽기 전에 꼭 먹어야 할 세계 음식 재료 1001』. 마로니에북스, 2009.

최수근. 『조리실무론』. 대명사, 2006.

최영진. 『和食』. 형설출판사, 2006.

최영진 외 2명. 『일식 · 복어조리기능사조리산업기사실기시험문제집』. 백산출판사, 2004.

한국해양연구원. 『해양생물대백과』. 국제피알, 2004.

한춘섭 · 염진철. 『정통 이태리 요리』. 백산출판사, 2011.

全國調理師養成施設協會. 『調理用語辭典』. 調理榮養教育公社, 2000.

中村幸平/설성수 옮김. 『調理用語辭典』. 다형출판사, 1999.

大田忠道. 『四季の刺身料理』. 旭屋出版, 2000.

早嶋健. 『人氣のすし』. 旭屋出版, 2002.

山本昌之. 『漬け物百科』. 家の光協會, 2005.

小澤. 『すしの技 すしの仕事』. 柴田書店, 2000.

佐竹宰始.『京料理の装い』. 柴田書店, 1993.

早嶋健.『和食の包丁技術人氣』. 旭屋出版, 2001.

阿部保.『日本料理技術大系』. ジャパンアート, 2001.

http://www.icepia.co.kr/

http://www.kitchen24.co.kr/

http://www.oxomall.com/

http://www.surlatable.com/

http://www.topicimages.com

저자와의
합의하에
인지첩부
생략

기초조리 이론 및 실무

2013년 8월 30일 초판 1쇄 발행
2024년 2월 28일 초판 2쇄 발행

지은이 최영진 · 김기남 · 이제웅
펴낸이 진욱상
펴낸곳 백산출판사
교 정 편집부
본문디자인 편집부
표지디자인 오정은

등 록 1974년 1월 9일 제406-1974-000001호
주 소 경기도 파주시 회동길 370(백산빌딩 3층)
전 화 02-914-1621(代)
팩 스 031-955-9911
이메일 edit@ibaeksan.kr
홈페이지 www.ibaeksan.kr

ISBN 978-89-6183-759-0 93980
값 22,000원